高等农林教育“十三五”规划教材

“十二五”普通高等教育本科国家级规划教材

《农业推广学》(第 4 版)配套教材

农业推广学案例

第 3 版

高启杰　主编

中国农业大学出版社
·北京·

内 容 简 介

本书是“十二五”普通高等教育本科国家级规划教材《农业推广学》(第 4 版)的配套教材，也是国内第一部农业推广学案例教材《农业推广学案例》的修订版。它是以作者近年来从事农村发展与推广研究和实践中获得的第一手资料为基础编写而成的。全书共 46 个案例，案例覆盖了《农业推广学》教材中有关农业推广理论、方法和实务的各大模块，具体内容涉及农业推广对象行为分析、农业推广沟通、创新的采用与扩散、农业推广方法、农业推广试验与示范、农业推广培训与咨询、农业科技成果推广、农村家政推广与社区发展、农业推广经营服务、农业推广信息服务、农业推广组织与管理、农业推广人员、农业推广计划与工作评价等。每个案例均由案例背景、案例内容和教学指南三大部分构成，而教学指南又包括教学目标、理论参考和思考题 3 个部分。

本书可用作农村区域发展、农业经济管理和农学类各专业本科生以及农业硕士专业学位研究生的教材，也可用作农业院校其他专业本科生的选修教材，同时还可作为从事农村发展与推广、农业经济管理以及农业科技与公共管理工作人员的参考用书。

图书在版编目(CIP)数据

农业推广学案例/高启杰主编. —3 版. —北京：中国农业大学出版社，2019.10
ISBN 978-7-5655-2282-6

Ⅰ.①农…　Ⅱ.①高…　Ⅲ.①农业技术-技术推广-案例　Ⅳ.①S3-33

中国版本图书馆 CIP 数据核字(2019)第 210320 号

书　　名　农业推广学案例　第 3 版
作　　者　高启杰　主编

策划编辑　张秀环　　　　责任编辑　刘耀华　翟海汝
封面设计　郑　川
出版发行　中国农业大学出版社
社　　址　北京市海淀区学清路甲 38 号　　　　邮政编码　100083
电　　话　发行部 010-62733489，1190　　　　读者服务部 010-62732336
　　　　　编辑部 010-62732617，2618　　　　出　版　部 010-62733440
网　　址　http://www.caupress.cn　　　　E-mail cbsszs@cau.edu.cn
经　　销　新华书店
印　　刷　涿州市星河印刷有限公司
版　　次　2019 年 12 月第 3 版　　2019 年 12 月第 1 次印刷
规　　格　787×1 092　　16 开本　　14 印张　　350 千字
定　　价　39.00 元

第 3 版编写人员

主　　编　高启杰(中国农业大学)

副 主 编　(按姓氏拼音排序)
傅志强(湖南农业大学)
李晓铃(四川农业大学)
谢小玉(西南大学)

编写人员　(按姓氏拼音排序)
曹流俭(安徽农业大学)
陈　曦(河北农业大学)
崔福柱(山西农业大学)
樊军亮(山西省农业科学院)
傅志强(湖南农业大学)
高启杰(中国农业大学)
海江波(西北农林科技大学)
黄　鹏(甘肃农业大学)
李晓铃(四川农业大学)
李争鸣(中国农业大学)
刘爱玉(湖南农业大学)
刘恩财(沈阳农业大学)
刘　正(安徽科技学院)
起建凌(云南农业大学)
乔佳梅(中国农业大学)
陶佩君(河北农业大学)
武德传(安徽农业大学)
谢军红(甘肃农业大学)
谢小玉(西南大学)
袁伟民(河北农业大学)
张瑞芳(河北农业大学)
赵洪亮(沈阳农业大学)
朱翠林(西北农林科技大学)

第2版编写人员

主　　编　高启杰（中国农业大学）

副 主 编　（按姓氏拼音排序）

傅志强（湖南农业大学）

李晓铃（四川农业大学）

编写人员　（按姓氏拼音排序）

曹流俭（安徽农业大学）

陈　曦（河北农业大学）

崔福柱（山西农业大学）

樊军亮（山西省农业科学院）

傅志强（湖南农业大学）

高启杰（中国农业大学）

海江波（西北农林科技大学）

黄　鹏（甘肃农业大学）

黄修杰（广东省农业科学院）

李晓铃（四川农业大学）

李永前（云南农业大学）

李争鸣（中国农业大学）

刘爱玉（湖南农业大学）

刘恩财（沈阳农业大学）

刘　正（安徽科技学院）

马　力（广东省农业科学院）

起建凌（云南农业大学）

陶佩君（河北农业大学）

谢军红（甘肃农业大学）

杨生超（云南农业大学）

袁伟民（河北农业大学）

赵洪亮（沈阳农业大学）

朱翠林（西北农林科技大学）

第 1 版编写人员

主　　编　高启杰（中国农业大学）

副 主 编　（按姓氏拼音排序）

曹流俭（安徽农业大学）
黄　鹏（甘肃农业大学）
李晓铃（四川农业大学）

编写人员　（按姓氏拼音排序）

曹流俭（安徽农业大学）
傅雪琳（华南农业大学）
高启杰（中国农业大学）
海江波（西北农林科技大学）
侯立白（沈阳农业大学）
黄　鹏（甘肃农业大学）
李晓铃（四川农业大学）
刘爱玉（湖南农业大学）
刘　正（安徽科技学院）
起建凌（云南农业大学）
申建为（中国农业大学）
王季春（西南大学）
王人民（浙江大学）
吴锡冬（天津农学院）
谢小玉（西南大学）
杨生超（云南农业大学）
衣　莹（沈阳农业大学）

第 3 版前言

作为“十二五”普通高等教育本科国家级规划教材《农业推广学》(第 4 版)的配套教材，本书是国内第一部农业推广学案例教材《农业推广学案例》的修订版(第 3 版)。同前两版一样，本书所有案例的素材均来自作者的第一手调研资料。本书由中国农业大学博士生导师高启杰教授主编，来自全国 13 所高等院校及科研机构的 23 名从事农村发展与推广科研和教学工作的人员参加编写。每一案例后面附有作者姓名。

第 2 版共含 50 个案例。此次修订过程中，删去了 20 个，保留了 30 个，同时新增加了 16 个。因此，这部新版的《农业推广学案例》一共包含了 46 个案例，覆盖了《农业推广学》(第 4 版)教材中有关农业推广理论、方法和实务的各大模块。同第 2 版一样，每个案例均由案例背景、案例内容和教学指南三大部分构成，而教学指南又包括教学目标、理论参考和思考题 3 个部分。案例的教学对象主要是本科生，同时兼顾硕士研究生。

本书由主编和副主编进行统稿，并对部分内容做了较大的改动，最后由主编修改定稿。在实地调查研究、获得案例素材以及案例文字整理过程中得到了朱素琴、黄殿成、李汉森、陈勇、袁义林、王旭平、任志萍、陈茂、冯赟的协助。本书出版过程还得到了教育部、中国农业大学、中国农业大学出版社的关心和支持。在此，我们对所有为本书出版付出努力的单位和个人表示衷心的感谢。

限于时间和水平，书中难免有不妥之处，敬请读者指正。

编写组

2019 年 6 月

第 2 版前言

本书是“十二五”普通高等教育本科国家级规划教材《农业推广学》(第 3 版)的配套教材，也是国内第一部农业推广学案例教材《农业推广学案例》的修订版。第 1 版《农业推广学案例》共包括 36 个案例，本次修订过程中删去了 12 个，保留了 24 个，同时新增加了 26 个。因此，摆在读者面前的这本新版《农业推广学案例》一共包括 50 个案例，覆盖了《农业推广学》教材中有关农业推广理论、方法和实务的各大模块，反映了近年来中国农业推广实践中出现的一些新进展和新经验。除了数量上的删减和增补外，我们对案例的编写体例也做了调整，每个案例均由案例背景、案例内容和教学指南 3 个部分构成，而教学指南又包括教学目标、理论参考和思考题 3 个部分。案例的篇幅有长有短，教学对象仍然是以本科生为主，兼顾硕士研究生。本次案例的编写仍然强调了原创性，所有案例都是以作者近年来从事农村发展与推广研究和实践中获得的第一手资料为基础编写而成的。

本书由中国农业大学博士生导师高启杰教授主编，参加编写的人员是来自全国 13 所高等院校及科研机构的 23 名从事农村发展与推广科研和教学工作的人员。每一案例后都附有作者姓名。所有书稿由主编和副主编进行统稿，最后由主编修改定稿，并对一些内容做了较大调整。在实地调查研究、获得案例素材以及案例文字整理过程中得到了案例中提及的有关单位与个人的支持以及朱素琴、黄殿成、隋华、徐健、刘鹏飞、曾祥渝、陈俐娥、李汉森、张乃楠、陈勇、袁义林、王旭平、任志萍等的协助。本书出版过程中还得到了教育部、中国农业大学、中国农业大学出版社的关心和支持。在此，我们对所有为本书出版付出努力的单位和个人表示真挚的感谢。

限于编者水平和时间，书中难免有疏漏与不妥之处，敬请读者指正。

编写组

2013 年 12 月

第 1 版前言

自 20 世纪 80 年代中期我国部分高校开设农业推广学课程以来，农业推广学科在农村发展与推广理论研究和实际问题分析中发挥了重要的作用，显示出了强大的生命力。现在全国许多高校都开设了农业推广学课程，国家还设有全国高等教育自学考试农业推广专业以及农业推广硕士专业学位，也将农业推广学列为重要的专业课程。

如何才能学好推广学，可谓仁者见仁，智者见智。然而有一点是非常重要的，那就是在实践中学习。作为一名学生，实践的直接有效的途径就是案例分析。案例是为了某种教学目标、围绕特定的问题而对某一真实的情景所做的客观描述。通过案例教学，让学生加深对推广理论与方法的理解，并学会将其应用于实际，提高分析问题和解决问题的能力。

目前，农业推广课程教学中使用的教材主要是教育部认定的普通高等教育“十一五”(也是“十五”)国家级规划教材《农业推广学》(高启杰主编，中国农业大学出版社，2008 年第 2 版，目录见本书附录)。本书是普通高等教育“十一五”国家级规划教材《农业推广学》的配套教材，也是国内第一部农业推广学案例教材。延续我们编写的农业推广学系列教材的风格，本书突出了系统性、创新性、针对性、应用性和可操作性等特点。全书共 36 个案例，覆盖了《农业推广学》教材中有关农业推广理论、方法和实务的各大模块，反映了近年来中国农业推广实践中出现的许多重大改革举措和新进展、新经验，例如，“农业科技 110”、科技特派员等新生事物，并针对各种推广方法与模式、组织与制度的创新进行比较深入的分析。本案例集的教学对象是以本科生为主，兼顾硕士研究生，因此所写的案例主要是自编的、中短篇的、结构性小品型或技术性问题解决型案例。所有案例都是以作者近年来从事农村发展与推广研究和实践中获得的第 1 手资料为基础编写而成的。多数案例都是按照引言与背景、问题与分析、解决思路与措施、效果与启示的体例安排内容。每个案例后面都附有精心设计的教学指南，包括教学目标、理论参考和思考题 3 个部分。

本书由中国农业大学博士生导师高启杰教授主编，参加编写的主要人员是来自全国 13 所高等院校的 17 名从事农村发展与推广科研和教学工作的教师。每一案例后面附有作者姓名。所有书稿由主编和副主编进行统稿，并对一些内容作了较大调整，最后由主编修改定稿。在实地调查研究、获得案例素材以及案例文字整理过程中得到了案例中提及的有关单位与个人的支持以及朱素琴、黄殿成、隋华、徐健、刘鹏飞、曾祥渝、陈俐娥、张乃楠、陈勇、郭超全等的协助。本书出版过程还得到了教育部、中国农业大学、中国农业大学出版社的关心和支持。在此，我们对所有为本书出版付出努力的单位和个人表示真挚的感谢。

由于推广学的知识面较广和推广实践中改革的步伐较快，加之编者水平有限，书中难免有疏漏与不妥之处，敬请读者指正。

编写组

2007 年 11 月

目　录

案例1

中国农业推广研究与人才培养

案例背景

农业推广学是农业推广实践经验、农业推广研究成果和相关学科有关理论经过较长时间演变与综合的产物。农业推广学的研究活动与研究成果最早出现在欧美国家。不过,早期的研究主要是针对当时农业推广工作中的一些具体问题而进行的,缺少学术性和系统性。从世界范围看,对农业推广理论与实践问题系统而深入的研究是在第二次世界大战后才开始的。从20世纪40年代末开始,农业推广学的研究中不断引入传播学、教育学、社会学、经济学、心理学及行为与管理科学等相关学科的理论与概念,对后来农业推广学的理论发展有着重要的影响。

在长期的学术研究中,国际农业推广学界形成了若干流派,当代影响较大的学派主要有德国(霍恩海姆)学派、荷兰(瓦赫宁根)学派和美国(赠地学院)学派等。与此同时,世界上许多国家在很多大学里都设立了农业推广系,开设农业推广专业的系列课程并进行不同层次的农业推广人员培训,即使在属于发展中国家的印度、孟加拉国、巴基斯坦、泰国以及非洲的很多国家,也能看到农业推广系比较普遍,这无疑促进了农业推广学科的发展、推广学知识的传播和农业推广专业人才的培养。

然而,在改革开放之前的中国大陆,不但很少有人关注农业推广研究,而且数量庞大的农业推广大军没有一人是农业推广专业出身的,甚至没有一人曾经系统地学习过农业推广学。即使在改革开放40多年以后的今天,农业推广专业人才的培养仍然严重滞后于国家"三农"发展的需要和举国创新驱动发展的实践。

案例内容

一、缘起与发展

我国对农业推广理论与实践问题的探讨在20世纪30～40年代就已开始。早在1933年唐启宇著有《近百年来中国农业之进步》,其中对农业推广相关的问题特别是农业教育问题做了很多论述。1935年由金陵大学农学院章之汶、李醒愚合著的《农业推广》,是我国第一本比较完整的农业推广教科书。1939 年农产促进委员会出版《农业推广通讯》，不断报道国内外农业推广信息与工作经验。

这种从民国时期发展起来的农业推广后来对中国台湾地区的农业推广研究产生了深刻的影响。从某种意义上讲，中国台湾地区的农业推广一直受着美国农业推广的影响，因而农业推广学的研究也大体上与美国相似。台湾大学设有农业推广学系，著名社会学家杨懋春于 1960 年任首任系主任，长期以来为中国台湾地区培养了大量的农业推广专业人才，为中国台湾地区的农业发展与社会进步做出了巨大的贡献。台湾大学农业推广学研究所编有《农业推广学报》，中国台湾地区的"中国农业推广学会"每年都选编有《农业推广文汇》，农业推广学的研究成果颇丰，主要著作有：1971 年陈霖苍编著的《农业推广教育导论》，1975 年吴聪贤著的《农业推广学》，1988 年吴聪贤著的《农业推广学原理》，1991 年萧昆杉著的《农业推广理念》以及 1992 年前后吕学仪召集编写的《农业推广工作手册》。

在我国大陆，农业推广学的发展以及农业推广专业人才的培养经历了曲折的历程。由于 20 世纪 50 年代以后人们只重视农业技术推广工作，因此农业推广学的研究甚少，农业院校也不开设农业推广学课程。

二、人才培养

20 世纪 80 年代后，农村改革不断深入，人们重新认识到农业推广的重要性，因而不断开展农业推广研究工作。从 1984 年起，一些农业院校相继开设农业推广学课程。中国农业大学(原北京农业大学)于 1988 年设置农业推广专业专科，并且和德国霍恩海姆大学合作培养了我国最早从事农村发展与推广研究的两名博士研究生；1993 年将农业推广专业专科升为本科，同年在经济管理学院成立了农村发展与推广系；1998 年，成立了 10 年的农业推广专业被取消，农村发展与推广系和综合农业发展中心合并成立农村发展学院。鉴于实践中急需的农业推广专业人才极其短缺，1999 年，在众多农业推广专家的建议下，国家决定招收和培养农业推广硕士专业学位研究生，运行 15 年，培养了数以万计的高层次农业推广的复合型、应用型人才，为我国的农业现代化建设、农村发展和生态文明建设提供了重要的人才智力支持。2014 年 7 月，"农业推广硕士"被改为"农业硕士"。至此，我国大陆本科生和研究生培养中都无农业推广专业，这与世界很多国家大学里农业推广系的发展形成了鲜明的对照。

在中国，一方面，人们普遍认识到农业推广的重要性，全国有大量的人员从事农业推广工作，科研项目立项和科研资源分配很多也都集中在农业推广领域；另一方面，农业推广专业人才培养一直跟不上推广事业发展的需要。有些人错误地认为农业推广门槛低，什么人都可以加入，甚至很多人既没系统地学过推广理论知识，也无推广实践经验，更没从事过推广研究，也来给大学生甚至研究生开设推广课程，最后只会误导学科的发展。加之少数不懂学科发展的教育行政人员在少数不负责任者的建议下不断对农业推广专业进行随意撤销，这些都会对推广事业的发展和人才培养产生负面的影响。

2012 年，为贯彻落实中央一号文件和《国家中长期人才发展规划纲要(2010—2020 年)》精神，加强农技推广人才队伍建设，提升科技服务能力，农业部决定组织实施万名农技推广骨干人才培养计划，每年在全国各地针对不同行业较大规模地举办农技推广骨干人才培训班，这在一定程度上缓和了农业推广人才短缺的局面。

三、科学研究与成果

尽管农业推广专业的高等教育与人才培养几经波折，但是由于中国农村发展实践的迫切需要，加之广大学者和实践工作者的不懈努力，农业推广学科发展、科学研究和农业推广学课程教学一直没有间断，农业推广学研究成果层出不穷，在国内外产生了重要的影响。根据中国知网的期刊数据(检索时间为2019年6月5日)，仅进行篇名中含有"农业推广"的精确检索，1979—2019年，全部期刊上就有1 433篇论文(其中1 402篇是1991年后发表的)，核心期刊上文献总数为224篇，中国社会科学引文索引(CSSCI)来源期刊上文献总数为63篇，中国科学引文数据库(CSCD)来源期刊上文献总数为22篇。农业推广论文的研究主题主要集中在农业推广组织及体系、农业推广经营服务、农业推广人员及管理、农业科技成果推广等方面。相比之下，关于农业推广的基础理论、农业推广方法与技能、家政推广方面的研究较少。可见，20世纪90年代以前，农业推广研究成果极少。改革开放40年来，学术界对农业推广组织与体系建设、农业推广服务、农业推广人员较为关注，而对于农业推广基础理论建设、农业推广方法与技能、家政推广的研究相对薄弱。

除了学术论文外，我国农业推广科研项目和著作数量也不断增加，质量不断提升。仅中国农业大学就先后主持完成了国家博士点基金项目"农业推广理论与方法的研究应用"、国家教委留学回国人员科研项目"中国农业推广发展的理论、模式与运行机制研究"、中华农业科教基金项目"高等农业院校农业推广专业本科人才培养方案、课程体系、教学内容改革的研究"、农业农村部软科学研究项目"农业推广投资政策研究"、国家自然科学基金项目"农业推广投资的总量、结构与效益研究"、国家社会科学基金项目"农业技术创新模式及其相关制度研究"、国家软科学计划项目"基层农业科技创新与推广体系建设研究"、国家自然科学基金项目"合作农业推广中组织间的邻近性与组织聚合研究"等重要项目，出版了《农业推广教育概论》(北京农业大学出版社，1987)、《农业推广学》(北京农业大学出版社，1989)、《推广学》(北京农业大学出版社，1991)、《农业推广》(北京农业大学出版社，1993)、《农业推广模式研究》(北京农业大学出版社，1994)、《农业推广学》(中国农业科技出版社，1996)、《现代农业推广学》(中国科学技术出版社，1997)、《推广经济学》(中国农业大学出版社，2001)、《农业推广组织创新研究》(社会科学文献出版社，2009)、《合作农业推广：邻近性与组织聚合》(中国农业大学出版社，2016)、《现代农业推广学》(高等教育出版社，2016)等一系列重要的专著、译著和教材。目前全国有关农业推广研究的专著、译著和教材多达数十部。自从教育部在全国推行普通高等教育规划教材后，农业推广领域第一部普通高等教育国家级规划教材《农业推广学》于2003年由中国农业大学出版社出版(2018年第4版发行)。2008年，出版了我国第一部用于农业推广硕士专业学位研究生教学的教材《农业推广理论与实践》(2018年第2版发行)，同年在进行第一手调研的基础上出版了我国第一部《农业推广学案例》(2019年第3版发行)。

这一系列的工作与成果反映了我们在农业推广研究领域，经历了从了解与引进国外农业推广理论与经验，到全面、系统、客观地比较、评价国内外农业推广实践模式，再到建立我们自己的、对我国实践具有指导价值的理论体系，提出我们自己的专业人才培养与教育改革方案以及解决我国农业推广实践中的重大问题的过程。同时也表明，改革开放40多年来，农业推广一直是我国学界、政界和商界关注的一个重要领域，农业推广学研究在中国大陆进入了新的历史时期。

教学指南

一、教学目标

通过本案例的学习，加深学生对农业推广研究与人才培养的意义的理解，了解我国农业推广研究发展的历史与成果，认识我国农业推广专业人才短缺的国情以及人才培养过程和推广教育改革的复杂性与艰巨性。

二、理论参考

农业推广学是农业推广实践经验、农业推广研究成果和相关学科有关理论经过较长时间演变与综合的产物。在长期的学术研究中，国际农业推广学界形成了若干流派，当代影响较大的学派主要有德国（霍恩海姆）学派、荷兰（瓦赫宁根）学派和美国（赠地学院）学派等。与此同时，世界上许多国家在很多大学里都设立了农业推广系，开设农业推广专业的系列课程并进行不同层次的农业推广专业人才培养。

在我国大陆，尽管农业推广专业的高等教育与人才培养几经波折，但是农业推广学科发展、科学研究和农业推广学课程教学一直没有间断，农业推广学研究成果层出不穷，农业推广研究进入了新的历史时期。

三、思考题

1. 怎样认识中国农业推广研究的历史与今天取得的成就？

2. 怎样缓解我国农业推广专业技术人才短缺的现象？

3. 为了加强我国农业推广专业不同层次人才的培养，怎样完善相应的高等教育改革和人才培养方案？

（高启杰）

案例2

怎样认识和学习推广学

案例背景

农业推广学是农业推广实践经验、农业推广研究成果和相关学科有关理论经过较长时间演变与综合的产物。目前我国很多大学里都开设了农业推广学课程。然而，大多数学习农业推广学的学生，不管是有无实际工作经验，也不管是在学习之前或者学习之初，都不大清楚推广学究竟学些什么以及如何去学。一提起推广，很多人就将其视同于技术推广，就只想到现阶段农业农村部系统的各级技术推广机构与人员，就认为推广的对象只是从事种植和养殖工作的农民，就认为推广的方式方法很简单，只要有好的技术，然后让农民去用就行了。同样，在推广研究中，很多人甚至学者对有关概念与原理也存在各种模糊与错误的认识。所有这些现象都误导了人们对推广学的认识与学习。

针对农业推广教学和科研中提出的各种问题，中国农业大学推广与创新研究中心(原农村发展与推广系)近年来开展了一系列的调查研究与教育教学改革活动：①主持各级各类农业推广科学研究项目，例如，国家教委留学回国人员科研项目"中国农业推广发展的理论、模式与运行机制研究"、农业农村部软科学研究项目"农业推广投资政策研究"、国家自然科学基金项目"农业推广投资的总量、结构与效益研究"、国家社会科学基金项目"农业技术创新模式及其相关制度研究"、国家软科学项目"基层农业科技创新与推广体系建设研究"等；②主持教育与教学改革项目，例如，中华农业科教基金项目"高等农业院校农业推广专业本科人才培养方案、课程体系、教学内容改革的研究"；③主持精品教材与精品课程建设项目，例如，主编的教材《农业推广学》为教育部审定的普通高等教育"十五""十一五"及"十二五"国家级规划教材，同时也是北京高等教育精品教材，负责的农业推广学课程是教育部高等学校农林经济与管理类教学指导委员会的精品课程、北京市的精品课程、中国农业大学的精品课程以及网络教育国家级精品课程；④改进实践教学活动以及在全国举办相关的学术会议和教学研讨会。通过这一系列的活动，研究人员在实践中加强与各类相关人员的沟通与互动，从他们那里学习并获得反馈信息。有关研究成果对于指导人们如何认识和学习推广学具有一定的启示。

案例内容

研究发现，在认识和学习农业推广学中存在各种偏差与误区的主要原因是学员对农业推广的历史与发展趋势、农业推广改革实践、农业推广学科特点及其理论来源与相关学科等缺乏了解，同时在学习方法上也存在一定的误区。因此，在实际教学过程中，要特别注意从以下 3 个方面启发和引导学员。

一、关注农业推广事业发展的历史与趋势

理论来源于实践，只有增加对农业推广历史及其发展趋势和改革实践的了解，才能加深对农业推广工作和农业推广人员的理解。

（一）农业推广事业发展的历史

“推广”(extension)一词的实际使用，起源于 1866 年的英格兰。当时剑桥大学和牛津大学首先采用“大学推广”系统。“推广教育”一词，是剑桥大学于 1873 年首先使用的，用来描述当时大学面向社会，到校外进行农业教育活动的教育创新，以体现“知识就是力量”。后来，“农业推广”一词在美国得到广泛使用。1914 年美国国会通过合作推广服务的《史密斯-利弗法》，给“农业推广”(agricultural extension)赋予了新的意义，从而也形成了美国赠地学院教学、科学试验和农业推广三结合的体制，实现了“把大学带给人民”和“用知识替代资源”的目标。需要进一步说明的是，20 世纪英国将推广工作的职责移交至农业部，相应的术语改为“咨询服务”(advisory services)，此后多数欧洲国家在农业主管部门建立类似的咨询服务体系，并采用同一术语。

在多数发展中国家，建立农业推广或咨询服务体系时采用的术语在很大程度上与体系援建机构有关。美国国际开发署在 20 世纪 60～70 年代建立农业高校和推广体系中影响较大，因此很多国家使用“推广”这一术语。同时，由于农业推广体系与农业行政主管部门密不可分，所以越来越多的国家使用“咨询服务”这一术语。今天可以看到，这两个术语尽管存在一些差异，但是经常可以互换使用，或者连在一起使用，即农业推广(与)咨询服务。

我国历史上虽然有关于农业推广活动的记载，然而，从事现代先进的农业科学技术推广工作，直到 19 世纪后期的清末洋务运动时期才见萌芽。我们现在使用的“农业推广”一词是 20 世纪 20 年代开始使用的，当时许多大学的农科都学习美国赠地学院模式，设立农业推广部。例如，金陵大学农林科于 1920 年成立棉作推广部，聘请美国农业部的一位棉花专家进行指导，从事中棉育种和美棉驯化工作，开始推广棉花良种，还到各省宣讲农业改进方法，并以安徽和县乌江为据点，推广爱字棉，为后来在该地建立农业推广实验区打下了基础。1929 年 6 月，我国通过历史上第一部农业推广法律《农业推广规程》，同年 12 月成立中央农业推广委员会，用词都是“推广”而非“技术推广”。农业推广在中华民国时期基本上都是由政府包办的，由政府设立专管机构和实验区，推广的总体实力不强。这期间的推广工作主要是学习欧美，称“农业推广”，内容包括技术推广、农民教育、农村组织和农民生活指导等，这种模式一直延续到现在的中国台湾地区。但在组织形式方面，对今天中国台湾地区的企业型及自助型农业推广组织具有重要的影响。

新中国成立后，大陆开始使用“农业技术推广”一词，政府制定了一系列农业技术推广的指导方针和组织体系建设的政策法规，促进了农业推广组织的发展。20 世纪 50 年代中期，全国已经基本建立了比较完整的农业技术推广体系。60 多年来，为适应农村生产关系的变革，政府农业推广组织不断调整，经历了不同阶段的曲折起伏。

大而言之，中国农业推广发展的历史可谓一波三折，即可以分为以下 3 个大的阶段。

(1)20 世纪 20 年代(甚至略早几年)开始学习和引进欧美国家的农业推广理念与做法,可是战争不断致使农业推广没有大的作为,也难有用武之地,这一阶段持续到 1949 年。

(2)1949 年后,大陆和中国台湾地区走的是不同的农业推广道路。中国台湾地区沿用和发展了中华民国时期与欧美接轨的农业推广理念与做法,直到今天仍然如此。大陆开始发展农业技术推广事业,数十年来,覆盖全面、庞大的农业技术推广体系为我国发展农业、支援工业和保障人民生活做出了巨大的贡献。然而自上而下行政指令式的农业推广终究要受制于其与生俱来的缺陷,显现出来的问题中最突出的有 3 点,即推广内容和服务对象太窄,推广理念陈旧、方式与方法落后和推广体系与队伍受人为因素影响波动较大。这一阶段一直持续到 20 世纪 70 年代末。

(3)实行改革开放后,大陆的农业推广事业步入全新的阶段,农业推广的国际交流、理论研究、实践探索日益深入,非政府农业推广组织不断发展和壮大,从而使我国农业推广呈现出明显的多元化特征。尽管在农业推广人才培养、科学研究、体系建设等诸多方面仍然存在一些大大小小的波动,但总体上讲,农业推广事业的发展势不可挡。可以说,目前中国农业推广改革与发展进入了一个新的阶段,同时面临许多新的机遇和挑战。目标单一、内容狭窄、自上而下行政指令主导的"农业技术推广"的内涵和理念已不适应现代农业及农村发展的需要,在众多的改革建议中,人们谈论的主题思想还是要采用"农业推广"的理念和方式。

通过以上的历史分析可以看出:①无论是农业推广在欧美的起源与发展,还是中国近代农业推广的起步,都是和大学密不可分的,大学在农业推广事业的发展中具有举足轻重的地位与重要的影响;②中国近代历史上最早使用的专业名称就是"农业推广"而非"农业技术推广";③"农业推广"的内容极其丰富,主要采用以人为本的教育与咨询服务的方式,远远不同于一般意义上的"农业技术推广";④新中国开始的"农业技术推广"在今天改革的浪潮中,需要在一定意义上回归到约一个世纪前"农业推广"的基本理念。

可以说,20 世纪 20 年代译自美国英语"agricultural extension"的"农业推广"一词的出现,标志着我国开始进入现代农业推广萌芽时期。虽然今天看来,译词"推广"可能不是很确切,但是随着该译词在世界华人范围内近一个世纪的流传,其特定的专业与学术含义(推广与咨询服务)已为广大学者和决策者所接受。

(二)农业推广发展的基本趋势

从最近 70 多年全世界的情况看,以科技为基础的推广工作有了很大的发展。这种发展趋势在以下 4 个方面尤为明显。

1. 推广工作的内容已由狭义的农业技术推广拓展到生产与生活的综合咨询服务

农业推广已日益超出严格意义上农民与农业生产的范围,进入了农村居民以及一般消费者生活的领域,工作范围由单纯的生产技术性逐步向经济性和社会性扩展。不可否认,早期的农业推广是为了促进农业生产的目标而产生和发展的,然而目前世界上大部分农业推广工作都包含了技术服务以外的农业政策与信息传播、经营管理与市场营销指导、农家生活改善咨询服务、农民组织发展的辅导、各类教育服务事项、农村社区发展及环境改善等内容,推广的目标由单纯的增产增收发展到促进农村、农业、农民生产的发展与生活的改善。由于农民、农业及农村三位一体,当农业推广工作针对农民和农业进行指导活动时,其内容自然无法排除包含农家生活和农村发展所需要的各种知识、技能和信息。例如,家庭经济咨询活动在很多地区已成为农业推广工作的一个重要组成部分。

2.推广对象的范围扩大

推广对象系统是指由推广服务潜在消费者(即用户)构成的社会系统。当前在许多国家与地区,无论是一般性的还是专业性的推广工作,都在针对改善农村生活的各种需要,开展信息传播、技术教育以及其他各种农村发展综合咨询服务,而且在某些情况下还以农村中从事非农经济活动的居民、小型企事业单位甚至部分城镇居民为服务对象,扩大业务范围。因此,农业推广工作对象不只限于农民、农村妇女、农村青少年、农村老年等农村民众,还包括农业经营者、农民基层组织和一般消费者。这说明农业推广工作是全社会所需,而不仅是为农村民众所提供的服务。例如,推广在农业功能拓展、食品质量、人类健康、环境保护以及其他有关民生的诸多方面满足社会的需求和解决社会中的问题。

3.推广人员与组织机构多元化

目前世界上影响较大的推广组织机构主要有行政型、教育型、科研型、企业型和自助型5种类型。例如,在中国台湾地区,农业推广机构主要包括各级主管机构及所属的试验与改良场、公立农业学校、农民组织(农会及农业合作社等)、农业推广财团与社团法人。即使在中国大陆,经过过去20多年发展,现在明显可见从事推广工作的人员远远不只是政府各级推广机构和人员,各类学校、科研机构、企业、民间组织在农业推广工作中发挥的作用越来越大。

4.推广方法与方式更加重视以沟通为基础的现代信息传播与教育咨询方法

人们对沟通过程的理解越来越深刻,特别着重于研究如何根据推广对象的需要及其面临的问题以项目的方式向其提供有效的知识、技术与信息,以诱导其行为的自觉自愿改变和实现问题的有效解决。

以上4个趋势实际上回答了认识和学习推广学时必须面对的4个基本问题,即推广做什么?推广为谁做?谁来做推广?怎样做推广?

基于农业推广的基本哲学和现代农业推广的本质特征,对农业推广可以这样理解:现代农业推广是一项旨在开发人力资源的涉农传播、教育与咨询服务工作。推广人员通过沟通及其他相关方式与方法,组织与教育推广对象,使其增长知识、提高技能、改变观念与态度,从而自觉自愿地改变行为,采用和传播创新,并获得自我组织与决策能力来解决其面临的问题,最终实现培育新型农民、发展农业与农村、增进社会福利的目标。

由此,可进一步延伸和加深对农业推广工作与农业推广人员的理解:农业推广工作是一种特定的传播与沟通工作,农业推广人员是一种职业性的传播与沟通工作者;农业推广工作是一种非正规的校外教育工作,农业推广人员是一种教师;农业推广工作是一种帮助人们分析和解决问题的咨询工作,农业推广人员是一种咨询工作者;农业推广工作是一种协助人们改变行为的工作,农业推广人员是一种行为变革促进者。

二、了解推广学的理论来源、相关学科、研究范围和研究成果

只有熟悉了推广学的理论来源、相关学科、研究范围和研究成果,才能更好地把握推广学的含义及其理论体系、学科性质与特点。

(一)推广学的理论来源和相关学科

从农业推广发展的基本趋势及农业推广学的研究进展看,现代农业推广学的理论是建立在一般行为科学理论的基础之上的,因此行为科学与管理科学是农业推广学理论结构的核心,经济学、社会学、传播学、教育学、心理学等相关学科以及农业推广工作实践是农业推广学的重要知识来源。

(二)推广学的研究范围

同农业推广的工作内容一样,农业推广学的研究范围也在不断发展,不过,主要还是研究推广服务系统与目标群体系统之间的沟通原理、方法与具体实务。农业推广学要研究在农业推广沟通过程中推广对象行为变化的影响因素与变化规律,从而探讨诱导推广对象自愿改变行为、提高农业推广工作效率的原理与方法。从组织化的推广框架模型中可以体会到,整个农业推广服务工作效率的高低取决于以下几类因素:①推广服务系统的扩散效率;②目标团体系统的接受效率;③两个子系统之间的沟通与互动效果;④推广工作的外部环境。这些因素可以具体表现为推广组织的资源、组织机构结构、组织运行机制、目标团体的情况、推广的策略方式与方法、推广的目标与内容以及其他的宏观环境变量。因此,这些方面就构成了农业推广学研究的基本问题。

(三)推广学的研究成果

正如在本书第一个案例里所言,在长期的学术研究中,国际农业推广学界产生了大量有影响的学术成果,并形成了若干流派,当代影响较大的学派主要有德国(霍恩海姆)学派、荷兰(瓦赫宁根)学派和美国(赠地学院)学派等。为创建和发展适合中国国情的农业推广学理论体系,我国农业推广科研与教学工作者进行了长期的探索,也取得了丰富的成果。

现有研究成果表明,农业推广学是一门研究农业推广过程中行为变化与组织管理活动的客观规律及其应用的科学。它侧重研究在农业推广活动中推广对象行为变化的影响因素与变化规律,从而探讨诱导推广对象自觉自愿地改变行为以及提高农业推广工作效率的原理与方法。因此,农业推广学的研究对象主要是推广对象在推广沟通过程中的心理与行为特征、行为变化的影响因素与规律以及诱导推广对象自愿改变行为的方法论。农业推广学可称为农业推广咨询学,在国际上也简称为推广学。

现代农业推广的对象主要是农村居民但不限于农村居民,农业推广要解决的根本问题就是通过推广沟通,传播实用信息,改变推广对象行为,促进农业创新的扩散,满足推广对象需要,解决推广对象所面临的问题。作为指导农业推广实践的推广学的理论体系由推广的基本理论、方法和实务等构成,主要涉及农业推广基础理论(沟通、教育与咨询)、推广对象行为改变理论、创新的采用与扩散理论、推广的策略方式与具体的方法和技能、科技成果转化与推广、家政推广与社区发展、推广经营服务与技巧、推广信息系统与信息服务、推广组织与人力资源管理、推广项目的计划与评估、推广工作环境的优化等内容。

可见,农业推广学的理论体系十分丰富,它来自实践,又高于实践、指导实践。今天我们学习和研究农业推广学,显然不能只把目光放在传统的技术推广或者我国实践中的基层农业技术推广站上,而要深入到农业推广实践中各类推广对象、推广人员、组织机构以及众多的农业推广实务和复杂的农业推广环境之中去。只有这样,才能充分体会和发挥推广学在当代农村发展中的指导价值。

三、改进学习方法

应当说,很多学科的学习方法是具有共性的。但是,学习推广学,以下两点尤为重要。

一是要求在准确、深入地掌握推广学的基本概念与原理的同时,改进思维方式与方法。基本概念与原理是构成推广学体系的基础,应当把握其内涵与外延,既要知其然,又要知其所以然。要改进过去单一的思维方法，培养发散思维，对问题的看法要学会转换角度，不能死抠字眼，因为推广学中有些内容很难准确表达，学习时需要“悟”。

二是关注推广实践，同时又要处理好理论和实际、学习和应用的关系，坚持理论联系实际，学以致用，提高分析问题和解决问题的能力。理论来源于实践但又高于实践和指导实践。推广学理论是对推广实践经验的概括与抽象，学通弄懂这些理论需要了解和联系推广工作的实际情况，并用所学理论解释和分析实际问题，逐渐提高分析和解决问题的能力，而在此过程中又会深化对基本概念与原理的理解和把握程度。同样，一个优秀的推广人员一定要有悟性，因为完成许多新的工作常常需要将各种所学的理论加以选择并应用到实践中来，需要将实际面对的各种繁杂的问题归纳为一些理论所能解决的范式，需要考虑各种条件。这种综合处理问题能力的核心就是悟性。可以认为，推广是一门艺术，对于没有实践工作经验的本科生来说，应当具备有关的知识与能力，才能适应未来的工作和实践。

教学指南

一、教学目标

通过本案例的学习，加深学生对农业推广发展的历史与趋势、农业推广工作与职业特征、推广学的含义及其研究进展等的理解，同时改进思维与学习方法。

二、理论参考

现代农业推广是一项旨在开发人力资源的涉农传播、教育与咨询服务工作。推广人员通过沟通及其他相关方式与方法，组织与教育推广对象，使其增进知识，提高技能，改变观念与态度，从而自觉自愿地改变行为，采用和传播创新，并获得自我组织与决策能力来解决其面临的问题，最终实现培育新型农民、发展农业与农村、增进社会福利的目标。

农业推广学是一门研究农业推广过程中行为变化与组织管理活动的客观规律及其应用的科学。它侧重于研究在农业推广活动中推广对象行为变化的影响因素与变化规律，从而探讨诱导推广对象自觉自愿地改变行为以及提高农业推广工作效率的原理与方法。

推广学的理论是建立在一般行为科学理论的基础之上的，因此行为科学与管理科学是农业推广学理论结构的核心，经济学、社会学、传播学、教育学、心理学等相关学科以及农业推广工作实践是农业推广学的重要知识来源。

三、思考题

1. 推广学教科书包括的内容一般都比较多，学生和教师该如何使用教科书？

2. 推广实践是一门艺术，而指导这种实践活动的有条理的知识，可以称之为一门科学。该如何去学推广学？

（高启杰）

案例3

"121"水窖改变了山区农民的行为

案例背景

秦安县地处陇中黄土丘陵沟壑区，境内梁峁起伏，沟壑纵横，植被稀少，土地瘠薄，水资源奇缺，自然条件严酷，95.7%的耕地全属山旱地，是甘肃中部干旱县之一。20世纪80年代以来，该地平均年降水量在300 mm左右，降水季节和农业需水季节严重错位，春旱频繁，伏旱不断。干旱缺水是制约全县农业生产发展和农村人民群众生活的主要因素。特别是山区，粮食产量低而不稳，人畜饮水十分困难，每逢大旱灾年，人们不得不翻山越岭到数公里以外的地方拉水，学校的学生和教师也因缺水而被迫停课。大多数群众长期处于贫困状态。如何解决干旱缺水，保证这一地区农村尽快脱贫和经济持续稳定发展，一直是政府、广大干部和科技工作者苦苦思考思索的一个重大课题。经过长期的探索和实践，逐渐认识到秦安县这个十年九旱，既无地表水，又缺乏地下水的地区，唯有积蓄"天上来水"，发展集雨节灌农业，走旱作农业之路才是人畜饮水，促进农业和农村经济发展的根本出路。基于这样的思路，秦安县委和政府在中央、省、市的大力扶持下，确立了着眼于天然降水和节约用水，走出了推广"121"雨水集流及节灌技术解决人畜饮水问题，发展特色庭院经济这样一条成功之路。

"121"雨水集流工程是指每个农户建设1块100 m^2 左右的雨水集流面，修建2眼30 m^3 的蓄水窖，配套1处以上庭院经济，在丰水年除满足人畜饮水外，通过应用点浇、点灌、注水灌、喷、滴灌等节水措施，进行庭院经济作物的灌溉。由于集雨水窖构造简单、见效快，社会各界的支持力度大，再加上推广措施得力，在全县干旱山区得到了大面积推广应用，在多年连续的大旱中，发挥了显著的社会经济效益，广大群众已把集雨节灌工程作为干旱山区治旱兴农的新途径，作为发展旱作农业的希望之路，群众称之为"救命工程"和"扶贫工程"。目前，"121"雨水集流工程这一在干旱地区具有重大战略和社会经济意义的小型水利工程已在干旱缺水山区全面推广，已成为秦安县乃至甘肃省及整个西北干旱山区缺水农村解决人畜饮水的主要模式，也是干旱山区水利建设史上的一大创举。

案例内容

一、"121"雨水集流技术的推广措施创新

(一)党、政、技齐抓共管,层层落实任务和责任

县里专门成立了由县委、县政府的主要领导任正副指挥,水电局、农牧局等有关部门参加的集雨节灌工程指挥部,各乡镇也成立了相应的机构,由水利、农技部门具体实施,形成了县乡两级一把手亲自抓,分管领导具体抓,技术部门全力抓,其他部门配合抓的上下联动的指挥协调及实施网络。同时全面实行目标管理责任制,县、乡、村逐级签订责任书,进行严格的检查评比和考核。在工作中做到规划、任务、技术、物资、责任五到位,及时准确地完成了施工规划、技术培训、物资供应和质量检查,使全县兴建的集雨节灌工程合格率达到100%。

(二)抓好典型样板建设,用事实教育农民

为了把"121"雨水集流工程人畜饮水的成功经验延伸扩展到集雨节灌农业,解决降水和需水时间的错位和农民的温饱问题。首先抓了一个村人饮、集雨节灌综合示范点和彭洼三村千亩集雨节灌示范区建设。取得了成功经验之后,多次组织乡、村、村民组三级干部和骨干村民参观学习,印发宣传资料,宣传先进经验,用典型教育农民,用事实说服农民,用效益诱导农民,极大地调动了广大农民的积极性,出现了乡里要任务,村里争任务,农民抢任务的良好势头。县里因势利导重点抓境内5条主要公路沿线的水窖建设和百亩以上连片集雨节灌工程样板,推动了该项技术成果推广向高起点、高质量、高层次发展。

(三)全社会动员,建立激励机制,争取多渠道筹资

在解决资金的筹措方面,主要采取了3条有力措施:一是在坚持以农民自筹为主,国家补助为辅的前提下,动员社会各方面力量,争取多元化、多渠道、多层次筹资,大力支持集雨节灌工程;二是建立激励机制,采用公开补助办法,实行点上多补、多干多补、少干少补、先干早补、不干不补的激励政策,鼓励早干多干,激发农民的投资热情;三是明确"121"工程谁投资建设归谁所有、使用和受益的政策,让群众无所顾忌,放手发展。这些措施,极大地调动了广大干部农民兴建集雨节灌工程的积极性。

(四)抓好技术骨干培训,建立专业化技术服务网络

在技术服务方面,层层开展技术培训,从点上抓起、在面上突破、向全县延伸,县农技中心、水电局组织专业技术人员,深入到田间地头,进行现场指导,提供全程化服务。采用县培训到乡,乡培训到村的办法,以各种用途的水窖及配套建设的验收标准及质量管理、集雨节灌实施方案、技术规程为基本内容,举办县、乡两级培训班,培训技术骨干3 000余人,树立示范户3 000多户,建立了一支农民技术员队伍,形成了技术服务网络。

二、"121"雨水集流技术的推广,促进了山区农民行为的变革

(1)促进了种植结构的调整,改变了当地农民自古以来自给自足生产方式,推动了商品生产的发展。随着集雨水窖建设的发展,带动了蔬菜、水果等经济作物的种植,打破了干旱山区

的传统单一的种植制度和粗放的经营方式，从开始种植少量番茄、茄子等蔬菜零星流向市场，后来发展为成片建设集雨节灌型日光温室，种植反季节蔬菜，使山区农民逐渐抛弃了自给自足小农经济意识的束缚，开始接触市场、研究市场和经营市场。

(2)改变了千年来的生活习惯，促进了农民生活方式的改变和农村文明建设。雨水集流工程的实施极大地改变了当地农民的生活习惯和生活方式，促进了农村文明建设，主要表现在以下三方面：一是改善了农民饮水卫生条件，减少了疾病，提高了农民的健康水平。二是改变了山区农村的卫生习惯，实现了被服换洗、庭院能够扫得干干净净、房前屋后绿树成荫、家畜实行圈养，促进了精神文明的建设。如刘坪乡赤山村"121"工程建成后，家庭院子都打成了集雨场，打扫得干干净净，猪鸡单独圈养，同时有些农户还建起了花园，居住环境十分优雅，被县委、县政府授予文明村。三是推动了当地农民逐步走向现代文明，购买了电视机、收录机等，使农村面貌和村民生活方式发生了根本性变化。如郭加乡天上王村民小组11户农民，现拥有彩电11台，收录机10台，缝纫机11台。安伏乡杨寺村地处干旱山区，发展节灌水窖240眼，户均2眼，补灌花椒园近千亩，收入230万元，村里靠花椒收入建起了学校，修建了村委会办公用地，成为全县有名的文明村。

(3)促进了养殖业的发展，增加了经济效益，走上畜多、肥多、粮多的良性循环路子。过去由于长年缺水，为保证人的基本生活用水，养殖业发展受到严重限制，"养牛为耕田，养鸡为换盐，养猪为过年"是山区养殖业及农民思想的真实写照。集雨水窖建成后，农民充分利用窖水发展养殖业。全县已有很多村成了规模养殖村和百头规模养殖场，越来越多的畜产品走向市场，取得了明显的经济效益，农业生产开始走上畜多、肥多、粮增产的良性循环的路子，形成了发展养殖、增加肥料、改良土壤，提高农作物产量和品质的持续发展新模式。

(4)集雨补灌提高了果、菜的质量，在市场上卖到了好价格，培养了农民的市场竞争意识。山区80%以上的集雨水窖安排在果、菜园周围，补灌果园面积10万多亩，由于山区光热条件好、远离城市，纯雨水灌溉的泰安水蜜桃、苹果、杏等特色果品，色、味俱佳，是公认的无污染绿色食品，在市场上很受青睐，价格连年看好。如郭家乡暖泉村上王村民小组，户均5眼水窖，年补灌果园50多亩，仅此一项，人均纯收入达到1 500元，最多的户收入达1.5万元。因此，山区的农民都特别珍惜"121"的工程，积极接受和采纳各种先进栽培技术，努力提高果、菜的品质，参与市场竞争。

教学指南

一、教学目标

通过本案例分析讨论，加深学生对农业创新扩散与采用、农业推广中农民行为的改变、农业科技成果转化等原理的理解，认识农业科技推广中成果示范的意义。分析在我国目前的推广体制下，要实现农业科技推广的目标，一般需要实行怎样的推广方法和组织措施。

二、理论参考

(1)影响农业科技推广的因素是多方面的。从本案例中创新本身的特点看，关键是要适用于干旱山区，对一般农民而言，一看就懂，一学就会，立竿见影；对生产者而言，解决人畜饮用水和发展灌溉，提高产量，增加收入是贫困地区农民祖祖辈辈的渴望。得到农民的充分认可和接受，再加上当时政府及社会各界的政策、资金支持，是该项成果能够迅速推广的保证。

(2)试验示范是实现科技成果向农户转化的必要条件。案例中，首先经过严密的试验和示范，做出了成功样板，然后通过各种形式大面积向农民演示成果的优越性，培训骨干，整片带动，吸引其他农户效仿，这是一种有效的推广方法。

(3)影响和改变农民行为要因地制宜地运用相应的原理和方法。本案例中，突出了农民的需求(水)，也运用了政府的权力(层层签订合同)，提供了相应的条件和服务(资金、材料、技术)，影响农民的知识水平(培训)。

三、思考题：

1.案例中“121”的含义是什么?

2.分析“121”雨水集流科技成果能够迅速推广的原因。

3.“121”雨水集流及节灌技术的推广影响了农民哪些方面的行为?

(黄　鹏)

案例4

中农富通公司的现代农业科技推广综合服务

案例背景

在市场化的背景下，农业推广经营服务和信息服务显示出越来越重要的作用，相应地出现了许多农业推广经营实体类型。近年来，以高校和科研机构为依托的农业科技企业在农业推广实践中尤其活跃，使农业推广服务在很多领域和地区发生了全新的变化，为农业技术扩散及农业生产产前、产中和产后服务提供了综合平台，形成集技术、销售与信息于一体的综合服务模式，在一定程度上代表了未来农业科技推广服务的发展方向。

北京中农富通园艺有限公司（以下简称为“中农富通”）成立于2008年，是以中国农业大学、中国农业科学院、北京市农林科学院、北京农学院等科研院校的专家和技术为依托的农业科技推广企业，专门从事各类农业园区规划设计、园区景观设计、设施农业设计及施工，并提供配套技术服务。近年来，中农富通努力尝试打造全产业链推广服务，打造农产品产销对接服务平台，利用农产品电商，为各类客户提供生产、加工、仓储、包装设计和销售于一体的专业化、综合化的精品服务。中农富通在全国许多地方设立了分支机构，已经规划设计600余个精品项目，自建、参与运营10余个千亩以上农业高科技示范基地，与国外众多的农业机构也有密切的技术交流。公司秉承“聚世界一流农业人才、建中国优秀推广平台”的战略理念，以“专注一站式农业高科技服务”为经营目标，在农业推广服务领域进行了很多新的尝试，也取得了明显的成效。

案例内容

作为国家高新技术企业和北京市农业产业化重点龙头企业，中农富通依托现代信息技术发展和互联网应用，在庞大的农业技术推广服务队伍的协助下，在农业规划、设施农业推广、农产品产销对接等诸多方面为推广对象提供产前、产中和产后的全方位服务。在长期的实践中，中农富通形成了多样化的农业推广服务模式，以下3种做法尤为突出。

一、创建农业科技示范园区

中农富通在全国自建和运营着众多的现代农业园区和农业科技园区，后者更突出以科技为支撑的农业发展新型模式。

通过建设现代农业园区，对特定区域投入较多的资金，引入现代技术和设施，采用先进的组织和管理方式，进行规模化、集约化的高效运作，可以更好地开发和提升农业产业，打通全产业链，促进一二三产业融合发展。

农业科技园区拥有很强的科技开发能力，较完善的人才培养、技术培训、技术服务与推广体系，较强的科技投入力度。例如，通州北京国际都市农业科技园(以下简称为"科技园")的运营就体现了高科技服务农业的推广模式。科技园是中农富通的基地，位于北京市通州区潞城镇，园区总规划面积10 000亩，其中一期建设6 000亩。园区依托首都北京的区位、科技、人才和信息优势，以"聚世界一流农业人才，建国际优秀推广平台"为目标，以集聚国内外先进农业技术、产品及人才，引进全国农业高等院校及涉农研究机构的科研项目为特色，以创新发展为灵魂，以技术孵化为手段，大力发展现代农业高端服务业，培育发展国际水平的示范农业产业集群，将园区建设成为国内领先、国际知名的现代都市农业科技产业孵化园区，并成为北京市农业科技成果转化、实用技术人才培训基地和国际设施农业展示示范基地。

二、承办农业科技节

为了提升农业竞争力，加强农业创新体系建设，推进农业绿色化、优质化、特色化、品牌化发展，加强农业绿色生态、提质增效技术的研发与推广，中农富通每年在通州北京国际都市农业科技园承办北京(通州)国际都市农业科技节。到2019年，在科技园已经举办了9届国际都市农业科技节，累计有3 000余项科技成果推广，600余家单位参展，10万人次参加。

(一)科技节期间的主题展示主要内容

(1)社会化服务展。例如，优质农产品供应、新型职业农民培训、技术指导、生产标准规范、农技服务、植保服务、检测服务等。

(2)新品种展。例如，新奇特蔬菜、花卉品种景观式展示等。

(3)绿色优质农产品产销展。例如，农产品生产销售全程追溯系统展示与互动、绿色投入品展示、农药残留检验、农产品质量检测、绿标认证等。

(4)农业信息化展。例如，大数据应用、5G网络技术、发射基站、水肥一体化手机控制系统、园区语音导览系统、3D打印技术等。

(5)现代农业生产现场展。例如，农业机械化生产演示、植保演示、灌溉演示等。

(6)生态循环展。例如，废弃物循环处理、果树枝粉碎种蘑菇技术、鱼菜共生、高密度水产养殖、污水净化循环利用等。

(7)主题院校展。包括国内外知名涉农科研机构及院校科技成果集中展示与对接等。

(8)主题国家展。包括农业发达国家涉农企业、协会、商会、使馆等展示与对接等。

(二)国际都市农业科技节的活动特色

1. 突出科技引领

以先进科技示范与推广为主线，开拓新理念、新模式，集聚国内外农业高等院校及涉农研究机构的科研项目，推广国内外农业企业自主知识产权产品，引进新技术、新设施、新设备、新品种，引领都市农业科技发展。

2. 坚持市场导向

识别和判断国内外市场的需求和最新趋势，促进新技术和新产品的研发与推广，实现可持续发展。

3. 拓展农业功能

依托农业科技展示与实用技术集成落地的基础，发挥农业多功能性，实现农产品全程绿色生产以及初级加工，推动农业科普观光，促进一二三产融合发展。

4. 注重政、产、学、研、用协同推广

政府、企业、高校、科研机构以及用户等创新主体，在科技创新、产品创新、科技人才培养等方面进行资源优势互补，提升科技创新能力，促进科技成果转化。

5. 强化平台建设

强化国际现代农业技术交流合作、国内外先进农业设施装备展示、农业科研院校先进技术中试、农业先进理念模式及技术输出、农业实用技术推广培训等多个平台建设，推进多方深度交流与合作。

6. 加强合作共赢

举办多场技术项目对接会、专题研讨会，助力成果应用落地。活动参观群体来自各驻华使馆、全国各地政府部门、涉农企业、农业园区等，多家媒体全程报道，传播渠道精准。

(三)科技节期间采用的推广方式与方法灵活多样

在展示新技术和设备时，嘉宾不仅可以与展商进行有效的沟通交流，而且还可以与先进技术进行近距离的接触。例如，蔬菜大棚里到处悬挂有最新研制的补虫技术，通过轻便、污染较小、涂有引虫制剂的纸片，捕捉大棚中飞行的小虫，不仅可以展示最新的科研成果，还可以保障大棚中其他科研展品不受其影响。

为了促进农产品产销对接，科技节中有“农业奥特莱斯”项目发布会，农业奥特莱斯利用电子商务、区块链、大数据等手段，坚持创新引领、绿色发展，为农产品产销对接提供更好的服务平台。在科普教育方面，通过开办“小蜜蜂，大功劳”大讲堂的形式，向孩子们讲授蜜蜂的特点和作用，运用案例讲述蜜蜂为草莓传花授粉可以降低化学农药使用率，增加农作物安全系数，提高草莓种植质量、产量。通过带领孩子参观蜜蜂的劳作过程，丰富其生物知识，提高其对生物保护的兴趣。

此外，专家问诊也是科技节期间很受欢迎的一种推广方法。中农富通拥有近千名高学历、高素质、实战经验丰富的一线人才组成的团队和 1 000 余位来自国内外知名科研院校的资深专家，多次承担并荣获多项国家重大攻关课题奖项，并通过 ISO 9001 质量管理体系认证和 ISO 14001 环境管理体系认证。中农富通通过专家问诊模式，为有需求的各方提供技术指导和培训。专家除了平时每周定期坐班，为公司技术人员提供培训和指导外，还通过科技节或者其他活动面向社会提供农业咨询与技术指导。科技节通常邀请资深专家现场“问诊”，为嘉宾答疑解惑。专家还未到齐，早已有嘉宾前来询问，专家对于农业种植、农产品质量规范、农产品物流仓储等方面有丰富的经验和独特的见解。通过向专家进行咨询、求教，嘉宾心中的疑惑得以解答，真正实现了“拿着问题来，带着方案走”。这种推广形式拉近了公司与市民、农业企业、农民等推广对象之间的距离，因而可以更好地服务高科技农业的发展，推动一二三产业融合，促进政、产、学、研、用协同发展。

三、举办农业嘉年华

农业嘉年华是以农业为基础、以科技为支撑、以文化为纽带、以旅游为特色的农业休闲体验模式，是集购物、休闲、研学、旅游、体验于一体的大型创意农业节庆活动，活动内容富有知识性、趣味性、参与性、互动性、休闲性。农业嘉年华挖掘了农业的多功能，实现农业在文化创意、科技创新、科普教育、人才培养、休闲体验、精品展销、社会化服务等方面的融合发展。依托当地农业发展状况和农业特色资源，农业嘉年华内容丰富，呈现出生态绿色、科技示范、休闲观光、互动体验、产业拓展、企业孵化、特色农业、养生文化等主题，而且根据主题内容一般分为不同的场馆或功能区进行多样化产品展示和现代农业高新技术展示。

1. 产销对接平台

立足于当地农业，嘉年华为农业生产者和市民消费者提供了产销对接平台，满足了生产者和消费者的需求。

2. 特色文化展示

农业嘉年华结合当地特色与地方特色农产品，以农业文化为纽带，将与其相关的饮食、艺术、文人志士、建筑等文化内涵和地方特色呈现出来，有利于地方文化传承。

3. 科普教育基地

农业嘉年华成为大、中、小学生研学、实践、农事体验的基地，培养学生亲近自然、热爱农村和农业的情怀，也培养他们尊重科学和技术的精神。同时也是市民了解最新现代农业技术的窗口。

4. 休闲旅游示范

农业嘉年华成为市民进行农业休闲体验、旅游观光的好去处。这有利于促进城乡融合协调发展。

中农富通参与了全国各地很多农业嘉年华项目的策划、设计、施工、技术支持和运营管理。中农富通致力于打造农业奥特莱斯，建立产销对接平台、要素集聚平台、社会化服务平台、信息共享平台、品牌孵化平台、创新创业平台。

教学指南

一、教学目标

通过本案例的学习，学生能够对企业型的农业推广服务组织以及多样化的农业推广服务方式与方法有更深入的理解，认识到农业推广综合服务的重要意义。

二、理论参考

(1)企业型农业推广组织主要是指涉农企业设置的农业研发与推广组织，多以实体形式出现,其工作目标主要是为了增加企业的经济利益,服务对象是其产品的消费者或原料的提供者。企业型农业推广组织具有比较敏锐的感知市场变化的能力、规范化的提供技术服务的能力。

(2)农业推广经营服务涉及产前、产中和产后诸多环节。农业推广经营服务需要坚持以服务为宗旨、以技术为核心、以经营求活力、以管理求实效的指导思想。

(3)不同类型的推广组织之间需要加强沟通与合作,农业科技成果推广、经营服务与信息服务可以采取多种模式。以节庆活动形式开展推广活动有其自身的优势与特点,可以结合地理位置、经济发展情况、产业聚集效应选择合适的推广方式。

三、思考题

1.结合本案例,谈谈节庆活动与科研成果转化相结合的推广方式对于农业发展的作用。

2.农业推广公益服务和经营服务同等重要,在实际的推广工作中,企业应该如何处理好二者的关系?

(高启杰　乔佳梅)

案例5

姚村农民爱上种药材

案例背景

姚村是云南省的一个集高寒、冷凉、民族集聚为一体的贫困山区村落，长期以来主要种植小麦、玉米、大蒜等农作物。全村有农户 118 户，人口 465 人，其中男性 229 人，女性 236 人，劳动力 310 人，其中从事第一产业人数 250 人。该村以彝族为主（是彝族、汉族混居地），其中彝族 442 人，占 95.1%，汉族 20 人，全村分为 3 个居民小组。2010 年农民年均纯收入 2 081.00 元。

长期以来，在云南省的经济社会发展过程中，烟草种植和加工扮演着十分重要的作用，甚至在云南塑造了“烟草王国”“烟草支柱”“烟草经济”等神话。在云南的基层地区，特别是贫困地区，从干部到群众的头脑当中，一想到增加收入的产业，首先想到的就是种烟。因此，为了增加收入，姚村每年也会拿出 30～40 亩极为有限的耕地用来种植烤烟。后来，为了拓展增收的渠道，人们尝试推广中药材的种植，取得了良好的效果。

案例内容

一、大学介入，协助选择项目

姚村是云南农业大学的挂钩扶贫点。从 2002 年开始，姚村村民在农大下派专家的指导下，把从前亩产只有三四百斤的水稻田进行了“水改旱”改良，变为亩产八九百斤的玉米地，并且套种蔬菜，大大提高了产量和收入。并在农大畜牧专家和果树专家的指导下，通过品种改良和采用先进的种养技术，畜牧业和水果种植得到了很好的发展。经过多年的扶贫工作，姚村村民对农大的老师非常信任。

通过实地走访，云南农业大学的老师了解到以下情况。首先，姚村村民目前主要的收入还是靠打工，家里只要有劳动力能够出去打工，家庭的收入就明显好转。但是家里如果没有劳动力，或者劳动力素质不高（比如文化程度低，不识字，甚至连汉语都不太会讲），就很难实现劳动力转移。留在村里的劳动力主要是一些妇女和文化素质较低的男性劳动力。其次，村里种植的作物主要是一些经济效益不好的常规经济作物，收益很低。再次，通过对村民走访调查，一个70多岁的老会计说，村里曾经在20世纪60年代种过中药材，产量还是挺高的。

在村民小组长家里召开了会议，参加会议的有村里的干部、老人、妇女及部分男性青壮年劳动者等20多名村民，以及云南农业大学种植业和养殖业方面的专家。会议讨论的议题主要是如何通过调整村里的产业结构来增加村民的收入。在发言过程中，一个外出打工回来的妇女的发言引起了大家的注意。她原来在云南白药厂打工，为了照顾老人和孩子回到家乡。在打工的过程中她发现在家乡很常见的一些野生中药材，比如重楼、金银花等，在市场上价格昂贵。因为采药材的人多，现在野生的药材越来越少了，她认为这是一个很大的商机，并提出如果可以人工种植这些野生药材的话，收益一定很高。

云南农业大学专家教授分析认为：目前，天然药物市场销售额以每年10%～20%的速度递增。随着我国中药产业科技化、现代化、国际化行动的全面展开，我国一些中药生产企业也将目光瞄准了国际市场，并将国际市场的开拓作为企业发展的重要发展目标。中药材种植产业在我国发展前景远大。云南白药集团股份有限公司、昆明中药厂有限公司、云南生物谷灯盏花药业有限公司等几十家药品生产企业和省药材公司、鸿翔药业、菊花园中药材市场等药品经营企业对中药材的年需求量在10 000 t以上，企业大部分原料靠收购野生中药材来满足需求，当地发展中药材种植前景很好。考虑到当地的实际情况，云南农业大学专家教授向村主任、村书记以及3个村民小组长建议，把中药材种植作为村民脱贫致富的一个重要产业来发展。

二、通过宣传和咨询活动改变农民对中药材的认识

种植业的专家通过开会与走访村民的形式，向村民详细介绍了中药材基本种植技术和中药材的收益。中药材相对简单的种植技术和较高的收益引起了村民的兴趣。很快，村民们开始主动向种植专家咨询中药材种植的各种问题。通过专家介绍和村民的咨询，村民们认为种植中药材有很好的发展前途和较高的经济价值。其中有几个村民当即表示打算从山上采集野生中药材到家里进行试种。会后，村主任、村书记以及3个村民小组长和专家一起对中药材种植推广制订了初步的发展计划。

三、实地参观、示范、体验帮助村民建立发展中药材产业的信心

针对农民想发展中药材但缺乏技术及对中药材产业发展信心不足的问题，按照计划，专家和村干部决定带领部分村民异地参观。通过自愿报名和当地村民小组长的推荐，云南农业大学组织了姚村近20名对中药材种植感兴趣的普通农民和村、镇干部到中药材种植比较成功的丽江玉龙县、大理鹤庆县进行实地参观。

首先参观的是丽江的一家重楼种植企业。企业技术人员在重楼采收现场重点向村民们介绍了重楼的收益，重楼高额的收益让村民很震惊，也让村民们非常兴奋。在为重楼巨大的经济效益而欢欣鼓舞的同时，他们有两点顾虑：一是重楼种植初期投入太大，他们没有这么多资金来进行投资；二是企业的科技力量很强，企业能种好中药材，普通农民不具备企业的这些技术条件，普通农民是否能种好中药材。

其次，针对农民的疑虑，云南农业大学又组织姚村农民到大理鹤庆县的一户普通中药材种植户家里进行交流。主人向姚村村民介绍了当地种植中药材的品种以及收益，在介绍和交流的过程中，药农还亲自带着姚村的农民到自家的药田里进行了现场技术示范。晚上，药农全家

用中药材给姚村农民做了一顿丰盛的药膳。通过和鹤庆药农的实地交流，姚村村民认识到中药材种植相对于传统的种植业有着技术容易掌握、劳动强度相对较小的优点的同时，还了解到中药市场情况，看到了中药材种植技术上的可行性及经济收益的可观性。特别让姚村村民吃惊的是，他们没想到中药材还可以做成这么多营养丰富、美味可口的膳食，这让他们更加看好中药材市场。通过对比，参观的村民大都认为种植中药材这个事情他们是可以做的，而且也是可以做好的。

四、村民开展小规模种植试验，认识中药材的良好发展前景

回到姚村后，村民种植积极性高涨，有 3 户人家开始进行中药材种植试验。他们有的拿出几分地试验，有的在房前屋后的小块土地上进行试验，其中，从云南白药厂打工回来的那户农户，对中药材种植特别有信心，除了留下小部分土地种植口粮外，其他的土地全种上各种中药材。中药材种植的第一年，全村药材种植面积达到 15.7 亩。前期种植的中药材开始采收和销售后，和当地传统种植业对比，村民们明显地感觉到药材的种植投入小、效益好，对中药材的种植信心更足了。大部分村民们开始意识到种植中药材是一个很有发展前途的产业。

五、中药材种植开始被大多数村民接受

受前期村民种植中药材良好收益的刺激，村民开始大面积种植药材后，云南农业大学及时派遣中药材种植专家定期到姚村进行技术指导。从品种选择、育苗到病虫害的防治，甚至药材的采收、销售都进行手把手指导。一些以前没种的农民也开始动心，有事没事的都到种植中药材的村民家打听中药材的种植技术和收益情况，更多的农民开始拿出家里的部分土地进行中药材种植。3 年后，姚村已经成为当地著名的中药材种植村，种植面积达到了 200 多亩，种植品种 10 多个，主要品种 3 个，并且涌现出一批种植大户。

六、推广活动取得较好的社会、经济、生态效益

通过发展中药材，姚村的妇女、老人以及一些无法实现劳动力转移的男性村民，靠着种中药材，使家庭收入明显增加。此外，中药材种植劳动强度小，使用农药、化肥的量少，对当地的生态环境影响小，中药材越来越受到当地村民的欢迎。同时，当地官员的观念也因为看到姚村的成功而发生改变。他们普遍认为，通过种植中药材可以提高农民收入，是一次成功的当地农村产业结构调整。以往一提到农民增收的产业，当地官员想到的往往是发展烤烟种植，现在提到农民增收，除了种烤烟，发展中药材种植产业也是官员们首先考虑的产业。

教学指南

一、教学目标

通过对案例的学习和讨论，学生能够了解农业推广工作的基本程序和内容，加深认识农业推广活动过程中农民行为改变的阶段以及推广人员在农民行为改变过程中所做的工作。

二、理论参考

(1)大多数农民在接受和采用推广项目的过程中,“眼见为实”的特点比较显著,看到和听到成果的实际效果会让农民产生兴趣,甚至开始试用。

(2)农民行为改变的顺序要经历知识改变、态度改变、个体行为改变、群体行为改变,也可以划分为3个方面:一是具体学习的改变,二是行为的改变,三是发展性的改变。

(3)推广项目的成功除了能够改变农民的行为,也能影响周边人员和机构的行为。

三、思考题

1.姚村村民对云南农业大学的老师很信任,原因是什么?这种信任对农业推广工作有什么帮助?

2.村民和官员的观念是怎么改变的?请用行为改变理论加以说明。

(起建凌)

案例6

问题解决策略在德宏州甘蔗生产实践中的应用

案例背景

德宏州是云南省下属的自治州，位于中国云南省西部，面积为1.15万km^2。德宏州是我国甘蔗优势产业带中重要的蔗糖原料生产基地，而蔗糖业是德宏州的传统支柱产业，在增加农民收入、促进全州经济发展和边疆稳定中，起着举足轻重的作用。蔗糖产业涵盖全州五县市43个乡镇，涉及70多万农民和近4 000名制糖工人。德宏州境内有4家糖业公司、13座糖厂和14条生产线，已形成集科研、种植、加工、营销配套比较完善的生产体系。

但在蔗糖生产的基础环节，即甘蔗种植业中，其长期的连作和蔗农单一的种管模式，致使甘蔗叶部害虫的危害逐年加重，加大了农民的种蔗成本，给企业和农民带来了重大的损失，给蔗糖产业的持续、健康发展带来新的威胁，已成为继品种及地下害虫因素之后，制约高产、高糖、高效和产业巩固提升的主要问题之一。

2009年以前，德宏州甘蔗叶部害虫存在的问题主要有以下几点：甘蔗叶部害虫种类多、分布广；发生面积大、为害重；为害时间长，甘蔗种植损失大；喷药次数多、劳动强度大，防治成本高、控制时间短；环境污染重，易发生安全事故。

针对德宏州甘蔗叶部害虫存在的主要问题，有关人员采取以目标为导向的问题解决策略，使德宏州甘蔗种植水平得到快速提高。目标导向行为的基本理念是：寻找目标，选择目标，制订计划，组织协调，实施控制，最终达到目标。在德宏州甘蔗生产的植保问题上，正是采取了这一做法。

案例内容

一、确定目标提出方案

（一）分析问题及确定目标

德宏州甘蔗科学研究所（德宏综合试验站，以下简称为“甘研所”）作为德宏州唯一从事甘蔗综合实用技术研究与示范推广和科技培训的专业机构，为德宏州蔗糖产业的发展做了大量的、卓有成效的工作。德宏州甘研所先后与德宏英茂公司、德宏力量公司签订了科技合作协议，开展广泛合作。每年德宏州甘研所科研人员与制糖企业农务人员深入到田间地头，调查甘蔗生产中存在的退化、栽培管理、病虫草害问题。在此基础上，德宏州甘研所提出问题解决的主要目标是：提高产量，解决技术上的不确定性，降低成本，减少人工使用。而技术上不确定性的主要问题是植保问题，即甘蔗叶面病虫害问题。

(二)针对目标研发综合解决方案

围绕这次研究和推广的目标，德宏州甘研所提出了综合解决问题的一揽子方案思路，既要解决植保问题，同时又要提高效率和降低成本。

第一，甘研所的科研人员对药物的种类、剂量、施用方法进行了多重试验。在筛选出最适合的药物、剂量之后，为了降低药物施用的难度，使其既要达到标准又要容易学习，他们还试验出两个关键技术："三次扩大法拌药技术"和根施技术。这两个技术的主要要点是："三次扩大法拌药技术"是用肥料、农药和土壤的三次扩大混合，以保证用药的均匀性；根施技术则是利用新型农药的内吸传导活性传到甘蔗的茎叶组织中，达到防虫目的。根施技术还将植保环节与耕作环节结合起来，减少了喷雾环节的人工，也加强了用药安全。

第二，在技术成熟的基础上，推广人员花了大量时间对这些技术进行研究、简化，专门印制成文字简单、图文并茂、通俗易懂的"明白纸"，便于村民使用。

第三，为了配合综合解决方法的推广，他们还编印了《甘蔗种植技术手册》。该资料的编写和印刷都围绕着甘蔗植保中的"做什么"和"怎么做"两个主要问题。该资料也图文并茂，将关键环节和关键技术都做了浅显的配图和强调，使农民易于掌握。

第四，设计了依托各种机构，既结合原有推广力量，又拓展新的利益相关体的路线图。依托云南省甘蔗现代产业技术体系，整合高校、研究所、企业的科研力量，在对云南省甘蔗产业发展规划的基础上，对德宏州甘蔗产业推广体系进行建设。

二、相关组织和人员的密切配合

(一)政府是公益性推广的主要力量

州、县及各部门领导高度重视甘蔗叶部害虫的防治工作，成立了"项目实施领导小组"，负责制定政策、协调全面工作，以抓紧、抓实、抓好研究和推广工作。领导小组由政府部门、农业局、相关企业、科研单位相关领导组成，负责防治区的规划、技术培训、田间指导、检查督促、防治情况监测、试验示范及农用物资的组织供给等，确保了该项目的顺利实施。由地方政府牵头，在基层成立专业合作社，"趁热打铁"做好相应的铺垫，使农民尽快了解、学习和掌握新型农药防治甘蔗叶部害虫的信息和技术。州及县市两级财政按照政策规定将政策性甘蔗保险补贴资金及时、足额拨付到位，确保政策性甘蔗保险工作顺利开展，降低农民种植甘蔗和企业发展甘蔗产业的自然风险，保护甘蔗生产的经济利益和提高蔗农们的生产积极性。

(二)社会各相关推广组织是公益性推广的有力支持

采取"请进来，送出去"的办法提高科技人员的素质，邀请云南农业大学、云南省农科院和国内外其他高校、研究机构专家来到德宏州，采取办培训班、召开现场会、发放技术资料等多种形式，加大科技培训力度，全面提高蔗农的种管水平，引导农民从各个方面下功夫，普及推广新科技。

(三)重视发挥村民领袖的带头、带动作用

结合几年来在甘蔗病虫害综合防治上取得的研究成果，在甘蔗栽种、施肥培土及收砍等虫害防治关键时期，先后到各单元厂农务科及种植面积大的村委会，以糖厂农务员及蔗农为培训对象，以甘蔗害虫综合防治技术及甘蔗丰产栽培田间管理技术为主题，重点对新型农药防治技术进行了培训。通过培训，极大地提高了各级甘蔗工作人员及蔗农的防治意识和防虫技能，推动了新型农药的推广、应用。

(四)多种方式的推广指导相结合

为了有效地推广甘蔗生产及叶部害虫的防治，自 2009 年起，全州广泛进行农民培训，召开采收现场会，进行科技蹲点和巡回指导。州甘研所每年派出科技人员 200 多人次，在甘蔗种植、管理、病虫草害防治等关键时期进行科技培训和技术指导，做了大量耐心细致的工作。在“十二五”期间，全州累计开展科技培训 265 场次，共 17 202 人参加。其中，对甘蔗科技人员培训 40 场次，共 2 563 人参加；对蔗农及村社干部培训 225 场次，共 14 639 人参加，共发放技术宣传资料 17 000 余份。通过培训，极大地提高了各级人员对新技术的认识和掌握程度。此外，德宏州在甘蔗生产环节的先进经验得到了其他地区的认可，德宏州甘研所还先后应邀到思茅区的景谷县，红河州的元阳县，西双版纳州的景针、勐阿、勐棒，文山州等地进行了交流和培训。

三、建立合理的利益链接和驱动机制

在整个甘蔗产业链中，各种角色有共同的利益，也有各自的利益。共同的利益存在分配问题，各自的利益存在平衡问题。在这次甘蔗植保项目的综合推广过程中，制糖企业和农户之间的利益是相辅相成的，是利益的共同体。一方面，制糖企业是农户强大的后盾，有了制糖企业的稳定收购，农户种植的甘蔗才有销售保障；另一方面，只有广大蔗农种植好甘蔗，蔗糖企业才有充足的优质原料，才能获得好的经济效益，政府才有稳定的财政税收。为促进和稳定甘蔗的种植与生产，充分发挥制糖企业作为当地龙头企业的优势作用，制糖企业利用优惠的价格及扶持政策，充分调动蔗农的种蔗积极性，形成企业、农户、政府三者在甘蔗种植和生产上的利益共同体。

(一)差异性的农业补贴政策落实到产业链的利益相关者

制定惠农政策，建立制糖企业反哺蔗农的机制，切实抓好制糖企业“第一车间”建设。按照云南省人民政府推进蔗糖产业振兴 3 年行动计划意见，制糖企业每年每入榨 1 t 甘蔗提取 3 元原料发展专项投入资金，由企业支配，主要用于甘蔗生产所需化肥、农药、地膜、良种、机耕机耙、蔗区道路建设、机械化应用、管理培训、运费补贴等方面的补助。

1. 实施甘蔗种植直补政策

制糖企业对新种、翻种水田甘蔗每亩直补 150 元，对新种、翻种旱地甘蔗每亩直补 50 元，机耕机耙费每亩补助 50 元。根据甘蔗品种细化价格政策，甘蔗优新良种收购价格每吨比最低保护价上浮 20～50 元。

2. 实行贴息贷款种植

每种植1亩甘蔗由制糖企业贴息贷款供给种植户80 kg复合肥、3 kg地膜、3 kg农药。

3. 实行良种种植调运补贴

对种植优新良种的，县市内调种补贴50%的运费，县市外调种的运费全额补助。

(二)建立完善利益联动机制

全州统一执行云南省物价局制定的甘蔗收购价格政策。各级政府、各有关部门和制糖企业，对甘蔗收购价格政策大力的宣传，通过公告、涉农价格公示或新闻媒体向广大蔗农宣传甘蔗收购价格政策，做到家喻户晓。各制糖企业为维护农民利益，按时兑现甘蔗收购资金，不拖延支付蔗款或给蔗农打白条，建立起了甘蔗生产与制糖企业风险共担、利益共享价格管理机制，坚持"谁投入，谁受益"原则，规范蔗区市场秩序，推动产业健康发展。

四、目标导向推广机制的成效及经验

(一)科技与生产领域的创新

面对生产的具体问题进行有目标的公关，使新型农药的引进、试验成功填补了德宏州多项空白，改变了长期以来使用喷雾器喷雾防治甘蔗叶部害虫的历史，在州内处于领先地位。使用的新技术简化了施药方法，降低了劳动强度，节约了防治成本；防治时间长，防虫效果显著；改变了传统的防治模式，减少了蔗农与农药接触的时间和次数，保障了人畜安全；保护了害虫天敌，维持了蔗田良好的生态平衡，促进人与环境和谐相处；减少了虫害带来的产量损失，提高了整个产业链的经济效益，在德宏州得到了广泛推广。与技术配套的各项政策和措施充分调动了广大蔗农的积极性，促进了全州甘蔗种植面积的扩大和单产的提高。

(二)突出的防治效果使该项技术被农民广泛的采用

自2009年使用叶部害虫防治新技术以来，6年内甘蔗蓟马平均防治效果达到85.2%，甘蔗蚜虫平均防治效果达到了98.8%。除这两种害虫之外，6年来，甘蔗没有发生过飞虱、叶蝉、介壳虫、粉虱、食叶象甲、潜叶蛾等明显虫害。由于使用新技术防治甘蔗害虫省工、省时、防效显著，已迅速成为德宏州甘蔗叶部害虫防治的一项实用新技术，并被推广应用。蔗农的行为方式也渐渐发生改变，防治方式由被动防治变为主动防治，购药方式由企业统购补助变为个人自购、网购等，部分蔗农甚至提出没有噻虫嗪不种甘蔗的说法。该技术的推广应用对德宏州甘蔗产量五连增发挥了重要作用。

(三)显著的经济效益

首先，新型农药根施防治甘蔗害虫技术的推广应用，达到了省工、省时、降低劳动强度、节约防治成本、经济环保、安全高效的目的，共节约防虫劳动力100多万个，降低防治成本10 209.7万元，防治效果达85%以上。其次，新型农药防治甘蔗害虫技术促进了蔗糖产业的可持续发展，促进了中耕管理，提高了管理水平，降低了种蔗成本，提高了甘蔗单产。防治项目实施后，增加了蔗农的收入，扩大了社会就业机会和范围，拉动了其他行业的连续效益，促进了农村经济的发展，对社会稳定起到了积极的作用。

(四)深远的社会影响

由于应用噻虫嗪系列农药防治甘蔗害虫采用了根施技术，改变了过去使用喷雾器喷雾和乳油农药防治甘蔗叶部害虫的习惯，减少了与农药接触的时间和次数，保障了人畜安全。这种新型农药是一种完全不含有机溶剂的剂型，对环境友好且节省资源；对人畜的毒性低，较为安全；对害虫天敌的毒性较小，不会破坏农田的生态平衡。

项目实施后，蔗农的防虫意识、防虫技能得到显著提高，防虫观念也大为转变。这一次目标导向的农业推广项目采用企业、科研机构、农民三者相结合的方式，兼顾了三者的利益，取得了较好的成果，调动了各方人员防虫工作的积极性，培养、锻炼了一批从事植保工作的农务队伍和种蔗能手，促进了甘蔗生产的健康发展，社会效益十分显著。

五、启示

(1)农业科技人员必须保持不断创新的科研精神才能适应社会的发展，才能解决百姓在农业生产中遇到的难题。

(2)农业推广需要直面农户需求和农民的困难。在农业领域，田间生产是农业推广的主要方向，是产业链的关键环节，也是产业链的薄弱环节。

(3)结合科研单位、政府、企业和农民的力量，可以发挥“1＋1＋1＋1＞4”的作用，有助于推广工作的开展。

(4)目标导向的问题解决策略是一种综合性很强的推广方式与方法。该方法在发现问题、分析问题的基础上，提出一揽子推广方案，并通过各种渠道达到共同目标，是农业推广的一条有效途径。

教学指南

一、教学目标

通过案例的学习和讨论，加深学生对农业推广功能与目标的理解和认识，熟悉“政府＋科研＋企业＋农户”这种农业推广模式的运行、实践过程，理解在整个案例中目标导向的问题解决策略的逻辑与工作路线。

二、理论参考

(1)问题解决策略也称问题(或目标)导向策略。这种策略的基本思路是：评价推广对象的情况(需求与问题)以及形成解决问题的方案，不能仅依赖计划制订者的知识水平及其所掌握的信息，还要考虑目标团体存在的问题以及目标团体自身对问题的认识，并且以此为出发点来寻求发展的创造力并制订推广计划，那么计划的依据会更加充分，计划的不确定性也会减少。

(2)示范是重要的农业推广方法。成果示范是科技成果的优越性和最终效果尽善尽美地展现出来，以引起周围生产者的兴趣及采纳激情，并采用适当的方式鼓励、敦促他们效仿的过程。国内外的推广实践证明，在多种不同的技术推广方法中，成果示范是最为有效的方法。方法示范是把农业技术一步一步完成的过程展示给农业推广对象的方法。方法示范属于技能类示范。

(3)农民的需要是农业推广项目获得成功的重要保证。在本案例中农民与蔗糖厂的利益关联起到了这个保证作用。

三、思考题

1.德宏州蔗农对于新型农药的接受是通过哪些途径实现的?

2.企业在本次推广中起到了什么作用?

3.结合案例分析说明“政府主导,企业主体,市场运作”的原则是如何实现的。

4.以目标为导向的农业推广活动中,政府、企业、农民的目标如何进行协调?

(起建凌)

案例 7 岗底村荒山治理过程中农民行为的转变

案例背景

改革开放以来,耕地和四荒地的经营在全国农村有明显分歧。绝大多数乡村将所有的土地都承包给农户经营,使耕地、林地、草场和荒地都成为农户个人的生产要素。个别乡村没有将土地承包给农户,而是将这些土地集中开发,发展集体产业。在依托村集体发展集体产业的乡村中,最为典型的就是华西村。与本案例相比,华西村不同的是依托村集体发展非农产业,如钢铁、建筑、烟草等。而本案例中,土地的治理和整理是统分结合的。这样的方式,在需要集中力量整治土地时发挥了集体的力量,在需要各负其责经营时承包给了农户经营,符合农民的心理需要和利益诉求。

科研单位和高校需要长期与农村社区合作,以丰富科研和教学;农村社区需要长期与科研单位和高校合作,以获得长期的技术支持。在本案例中,长达 10 年的荒山治理和接下来 10 余年的经营,是科研单位、高校与社区长期合作的过程。

案例内容

一、岗底村荒山治理的基本情况

岗底村位于太行山中南部地区,属河北省内丘县管辖,南连邢台县,西临山西省昔阳县,北靠临城县。隆昔公路与邢昔公路的连接线在这里交汇,白鹿角川与摩天岭川两条山川河流在这里汇集。20 世纪 80 年代的岗底村是河北省内丘县侯家庄乡有名的“贫困村”,当时村里 160 户 690 口人的全部家当是 8 000 亩荒山和 200 亩山间农田,人均收入只有 50 元。而且,它具有太行山里村子的通病:山秃、人穷、观念旧。

在 20 世纪 80 年代初,岗底村山场全部承包到户。可是 5 年过去了,山依然秃,地依然贫瘠。在这一举措失败的背景下,当时的村主任及其领导班子,经过深入的调查研究,实行了一个逆潮流而动的举措:收回山场,实行“五统一分”治山的路子,即统一设计规划,统一组织施工,统一组织服务,统一质量标准,统一检查验收和分户承包。

从 1985 年开始,岗底村党支部带领全体村民请专家设计规划,请技术人员现场指导施工,按照经济、生态、社会同步发展的格局，大打了一场治山仗。经过几年的努力，村民投义务工40万个，动土石210万 m^3，修地上、地下水库6座，拦水坝2 500 m，栽种果树15万株，高标准治理了“三沟两峪一面坡”，治理荒山7 800亩。荒山治理工程部分完成后，将管护和收益的权利全部分给村民。为此，岗底村被授予“全国造林绿化千佳村”的称号。1996年8月，太行山南部大多数山区发生了严重的洪涝灾害。而在岗底村，洪水从排水沟有序地流下来，植被安然无恙，有效地抵抗住了这场自然灾害，岗底村的治山经验也因此而声名远扬。

二、岗底村的治山做法与经验

岗底村的治山做法与经验主要体现为以下几个方面。

(一)在荒山治理和经营管理上的两个“统分结合”

治理工程上的“五统一分”是指:统一设计规划，统一组织施工，统一组织服务，统一质量标准，统一检查验收和分户承包。

山林管理上的“五分一统”是指:分户产业承包，分散经营管理，分类技术指导，分清权利责任，分级独立核算和统一品牌销售。

通过两个“统分结合”，将技术标准和实施过程很好地结合起来，将权利与义务很好地结合起来，保证了农户投入与农户收益的紧密关联。

(二)以校地合作作为长期的技术支撑

岗底村经过20世纪80年代的大力治山治水，凭借治理后的山地开始发展林果产业，而这也是岗底村走向富裕，奔向小康的关键开始。他们没有走传统的道路，而是注重科技，借助于先进的管理技术和理念，走上了一条科技致富之路。他们请来河北农业大学的专家进行实地考察，专家们因地制宜地做出了“洋槐头、板栗腰、苹果柿子栽山脚”的规划。并在专家的帮助下培育出了适合当地自然环境生长的优良品种，并实行统一管理，统一生产。

通过不断创新，治山做法逐步呈现出以农业院校先进技术为支撑、以产品质量为保证、以基地建设为保障、以公司形式发展经营，注重品牌营销的多元化的鲜明特点。

(三)农民专业合作组织的经营

岗底村于1996年在富岗山庄发展集体经济的基础上建立起了“股份制”有限责任公司——富岗集团。自此，岗底村人以公司的形式对产业进行管理开发，运用科学的管理方法增强了当地产业的竞争力与长久性。最重要的是他们更加懂得如何在市场经济中打开销路，赢得市场。因此，他们注重品牌效应，并且注册了远近闻名的富岗品牌，同时严把质量关，并创立了企业自身的产品质量追溯体系，得到了广大消费者的一致好评。

(四)以果品为主业，打造循环经济

在科研单位的规划下，岗底村也在探索发展循环经济之路:在果园内饲养家禽、间植牧草—牧草用于饲养小尾寒羊—羊粪进沼气池—沼渣给果树施肥。同时，岗底村人委托科研机构研发出了多元化特色食品加工项目，如富岗生态鸡、富岗杂粮、富岗山葱花、富岗板栗、富岗核桃、富岗葡萄等，这些绿色生态农产品也取得了良好的销售业绩。2007年，富岗集团又涉足了房地产开发和白酒生产。这些项目的成功标志着富岗集团在多元化发展方向上迈出了坚实

的一步，已经形成了“以果品业为主，多元化发展为辅”的战略发展格局。

从1984年到2010年，岗底村人均纯收入由80元增长到了15 300元，增长了近200倍，其中人均果品收入9 000元。现在的岗底村山绿、水清、人富、观念新，总资产达10 553万元，年总产值6 800万元，植被覆盖率达到82%，实现了生态效益、经济效益和社会效益的高度统一。

三、岗底村促进农民行为转变的内在机理

农业推广学中农民行为转变的一般规律表明，农民行为的变化有一个过程，在这个过程中会发生不同层次和内容的行为变化。首先是知识的改变，这是最基本的行为变化，因为只有知识水平提高了，才有可能使行为发展到以后的层次；其次是态度的改变，它是在知识改变的基础上，通过认识的变化，特别是情感的改变来达到意向的改变，这也是行为转变的关键一步；再次是个人行为的改变，它是个人在行动上发生的变化，会受到态度、动机、个人习惯和环境等因素的影响；最后是群体行为的改变，它是某一区域内大多数人行为的改变。以下将基于这一规律，对岗底村治山模式的运行机制和其促进农民行为转变的机理进行分析。

(一)岗底村治山模式的运行机制

1.先进的科学技术是岗底村发展致富的源头

纵观岗底村的发展历程，可以发现，岗底村的每一步发展都是在科技指导下实现的。从治理荒山开始，培训农民、培养果艺技师、建立标准化生产基地、指导农产品营销策略、建立产品质量追溯体系到如今的多元化经营阶段，科技始终贯穿于岗底村的发展。在“科技专家—基地—农户—技术员—技术推广”这条技术推广路线中，我们可以很清楚地看到新技术从科技专家到农户的传递过程。科技专家要把新技术带到传递环节中，就要对农户进行标准化生产技术培训，使农民真正掌握果树种植技术。村民通过学习和培训，又可以获得专业院校颁发的职业资格证书。而后他们在劳动力市场再被聘用到其他村做技术指导工作，并且享受一天50元工资，管3顿饭，两顿酒，一盒烟的“5321”待遇。这种技术培训不同于以往的“输血”式培训，因为它不仅使农民真正地掌握了技术，而且也为公司的长远发展提供了人员保障，储备了人力资源。

2.“公司+基地+农户”的连接方式是岗底村治山模式运行机制的核心

一方面，岗底村将土地改革时期分包到户的山场收回来，通过统一规划，合理利用有限的资源。而后在发展林果阶段，富岗集团又将果树分包给本村农民，将发展良好的果园种植基地承包给先进农户，并通过向村民介绍先进的管理办法，从根本上保障生产能够达到预期效果。岗底村这种将传统的村域管理改为现代化公司管理的方式，减少了市场经济中单个农民的利益风险，实现了个人与集团的利益共赢。

另一方面，富岗集团为实现苹果产量的增加和质量的保证，从而满足日益增长的市场需求，还制订了充分发挥当地自然资源优势，逐步扩大产品生产规模和提高产品质量的发展战略。村外基地的建设也随之兴起，公司制订了严格的限制条件来保障村外基地的质量。在符合条件的情况下，公司与农户签订互相约束的连锁协议，同时，公司定期对基地进行技术跟踪指导，实施动态管理，如果发现连锁基地不按程序生产或者有不符合条件的地方，当即取消其

资格。通过连锁基地建设,富岗苹果的连锁基地现已扩展到河北省多个市县。

3.政府成为推动岗底村脱贫致富的桥梁

通过对前南峪模式的参观考察,以杨双牛为代表的村干部带领村民积极探索发展道路,解决了脱贫致富的思路问题。与此同时,政府为贫困山区农村的发展制定各种政策,并提供资金支持和技术支持,激发了农民脱贫致富的主动性。政府对科技人员推广工作的支持使得农民敢于去尝试新技术和新方法。政府投资建成的"路路通"工程使农产品能够及时通达市场,从而也保障了农民的经济收入。政府适时发布的市场信息,架起了农村与科研机构、农村与市场的沟通桥梁,使农民的生产不再盲目跟风,这些政府行为都为岗底村治山的成功打下了坚实的基础。

(二)岗底村促进农民行为转变的机理

一方面,农业推广活动中的行为产生理论表明:人的行为是由动机产生的,而动机则是由内在需要和外来刺激而引起的,其中内在需要是产生动机的根本条件。动机是行为的驱动力,它驱使人们通过某种行为达到某一目标。要想调动人的积极性,就要满足人的需要,从而激发人的动机,引导人的行为,使其发挥内在潜力,自觉自愿地为实现所追求的目标而努力。农户采用新技术具有现实性的特点。他们在决定是否采用一项技术时,通常会考虑两方面的内容:①估算一下该技术和新实践可能带来的最好产量以及与此相关的变异性范围,从而得出最终可能带来的收益水平;②将要采用的技术和已使用过的或正在使用的比较熟练的技术进行比较。比较的内容一般是可预测的产量、可能的变异和最终净收益水平,以及接受此技术或实践的难易程度等。岗底村正是通过早期的治山治水阶段,为其大力发展林果产业和村民的集体致富奠定了基础。经过这一阶段,村民最基本的生存所需已经基本得到满足,这时他们进一步尝试新技术的愿望就变得更迫切,而这种尝试新技术的愿望也正是岗底村农民行为发生转变的初始动机。

另一方面,农业推广活动中的农民群体心理理论表明:农民群体的力量在于群体意识,"人心齐,泰山移"就充分说明农民群体意识和群体观念的重要性。而农民群体意识的形成,其核心人物起着非常重要的作用。由于农民的知识、经验、见识等条件有限,很容易产生从众心理,往往追随他们当中的核心人物行事,核心人物的思想和行为带动影响着农民群体成员。农民群体有核心人物,凝聚力强,工作就会比较顺利。相反,没有核心人物,松散的农民群体和组织各自为政,工作就难以开展。岗底村治山的成功,同村主任及其领导班子的创新精神与努力工作是分不开的。岗底村创新的治山模式和先进成熟的无公害绿色果品生产技术,解决了农民迫切需要解决的问题。加之市场需求引发市场价格的外在诱导,富岗苹果逐渐被市场认可,就进一步激发了农民对新技术的内在需求,使岗底村农民采用新技术的积极性空前高涨。进而使农民的行为和观念发生转变,由被动接受到主动参与,积极索取新技术并安排生产和销售。另外,政府的政策导向也是一种外在的辅助推力,"五统一分"的治山、管山政策,因地制宜、实事求是,为岗底村创造了良好的外部环境条件,使得农业新技术可以更快、更好地传播扩散。

此外,根据经济学家熊彼特关于创新的理论,我们可以一般化地认为,只要是有助于解决农业生产中的实际问题,与推广对象的生产生活有关的各种实用技术、知识与信息都可以理解为创新。在岗底村治山过程中，既有“五统一分”和“五分一统”的组织管理创新，又有先进成熟的无公害绿色果品生产技术创新，还有品牌运作的观念创新等，正是这些创新铸就了岗底村治山的成功。

教学指南

一、教学目标

通过本案例的分析和讨论，加深学生对农业推广中农民行为的改变、农业创新扩散等原理的理解。分析在我国目前的农业推广体制下，要实现农业科技推广的目标，需要怎样的推广方法和组织形式与措施。

二、理论参考

(1)动机理论表明，人的动机是由需要和外在刺激共同引发的，它是为满足某种需要而进行活动的意念或想法。动机是行为的动因，它规定着行为的方向。在案例中，岗底村经过治山治水阶段的努力，生存环境得到大幅度改善，村民进一步发展生产、改善生活条件的愿望变得越发急切，也正是这种迫切发展生产、改善生活现状的愿望，加之果品市场的需求，最终促成了村民集体行为的转变。

(2)农业推广活动中的心理学原理表明，当农民遇到了信赖的推广人员时，他们更容易接受新技术和新观念。在岗底村治山过程中，农民群体中的核心人物——村主任，就扮演着这样的角色。在村主任及其领导班子的引导和带动下，创新的治山模式和先进的果品生产技术等新观念和新技术，能够及时、迅速地传播、扩散到农民中，从而促使村民的行为发生了转变。

三、思考题

1. 岗底村治山做法与经验主要是什么？
2. 岗底村治山过程中体现着哪些农业推广学的基本原理？

（陶佩君　袁伟民　陈　曦）

案例 8

“精英农民”卞大姐

案例背景

在农业创新采用过程中，根据目标群体在创新采用中对新技术接受与采用的积极性，可以按采用先后分为创新先驱者、早期采用者、早期多数、晚期多数和落后者。

这种划分表面上看起来只是创新采用的先后，其实每类人群却具有心理学和社会学方面的独特特征。在这个系列中，创新先驱者和早期采用者在人格特征上具有更多的现代性。他们勇于创新，敢于承担风险，对成功和财富充满渴望，精力充沛，对新事物充满好奇心和探索欲望。

同样人格特征的人群，无论在哪种社会环境中都具有这样的共性，他们也会在自己的社会圈中充当同样的角色。在农村中，创新先驱者和早期采用者是创新扩散的积极推动者和参与者，也是农村中具有影响力和示范性的精英人物。无论是推广人员主动地寻找社区精英，还是这些社区精英主动寻找推广人员，都可以给农业推广工作提供有力的帮助。

案例内容

谁是卞大姐？卞大姐只是一个普通农村妇女。而这个热热闹闹、风风火火的卞大姐，又不那么普通。

一、经济上的灵活性，心理上的创新性

卞大姐原本是村里一个普通农家妇女，与丈夫一起做着卖广告牌匾的小买卖，家里的 20 亩责任田以每亩 150 块钱的价格承包给别人种玉米，一年可得租金 3 000 元钱。在当地，虽然算不上富裕户，但生活也算殷实。

但是，卞大姐是个乐观积极的人，也是个喜欢新生事物的人。在守着小店有比较稳定收入的日子里，卞大姐又开始盘算了。在卞大姐看来，种田也好，做小生意也好，都是赚钱。如果有什么事情既能赚更多的钱，又能让自己生活得更有意思，那为什么不试试？2007 年，她听说有一种新品种“寒富”苹果，能在沈阳栽种，来钱快，效益比较可观，而家里的地租给别人每亩才 150 元的租金。闲着也是闲着，不如自己种，既能赚钱也能打发时间。就这样，卞大姐决定收

回承包给别人的土地，自己引种新品种“寒富”苹果。

二、怀着求知欲望，带着问题去学习

卞大姐夫妻俩都是勤快人。开始栽种果树时，她家挖的坑比别人的都深，浇水施肥也比别人更卖力，很快她家就有了回报，别人的果树成活率只有七成多一点，她的果树成活率居然达到九成五。可俩人的高兴劲儿还没过，就遇到困难了。第二年，眼看着树苗噌噌往高长，看到别人在果园里给果树整形、拉枝、防治病虫害，自己如何管理呢？卞大姐当时是“两眼一抹黑”，不知所措。看来必须要找师傅学艺，将苹果栽培技术学到手，她暗暗下决心。

2009 年春季，辽宁省农展馆举办农业博览会，听到这个消息后，一门心思想要拜师学艺的卞大姐决定到博览会上“淘金”。在博览会上，卞大姐听说沈阳农业大学（以下简称为“农大”）开办了一个“青年农民上大学培训班”，专门招收青年农民，讲的全是农业生产上的技术。这个信息让卞大姐心情十分激动，当天没回家，直接去报名参加农民技术员培训。按照规定，48 岁的她已经超过了年龄限制，但她软磨硬泡，最终工作人员破例允许她参加了第 6 期培训班。

在一年的脱产学习中，卞大姐和普通大学生一样，坐在明亮的教室里系统学习专业知识。这个经历让她感到自己仿佛又年轻了，充满了活力和自豪感。周末，她回到自己的果园，把老师教的本事一样样施展出来。转眼间，一年的学习结束了，她也由一名普通的农村妇女变成了果树栽培的行家里手，育苗、嫁接、剪枝、摘果，苹果生产的各个环节她都得心应手。

正当大家都以为她学到了技术应该安下心来栽培果树时，卞大姐又报名参加了 2010 年农大举办的第 7 期培训班。她说：“学完一年，感觉不解渴，还有很多不懂的地方，得再加强一下。”在大学里，她对学习农业科技知识是彻底“着了迷”，什么都想学，什么都要懂。

三、投入终有回报，卞大姐风生水起

用知识武装起来的卞大姐深刻体会到靠知识才能致富的道理。过去，自己忙活一年收入不到 5 万元。现在，果园里已有 1 500 多株“寒富”苹果树，第一年结果产了 4 万多斤，共卖了 10 多万元；此外还培育苹果苗 20 多万株，按每株 4.5 元计算，能入账近 90 多万元。从过去的年收入不到 5 万元到现在的 100 多万元，卞大姐感慨地说：“感谢省科技厅给我这个机会，以后只要是科技培训，我一准儿会参加。”

四、致富不忘乡亲，“精英”成为“核心”

如今的卞大姐已今非昔比，在大学里所获得的一切，让这个农村大姐真正找到了自我，焕发出从未有过的青春和活力。现在她已是沈阳地区远近闻名的“女能人”。一花独放不是春，百花盛开春满园。在农大学习期间她就志存高远，如今已学业小成，是该发挥能量的时候了。看来这“自然领袖”已是众望所归，非她莫属了。在卞大姐影响下，村里不少农户也都种植了由她引进的“寒富”苹果。

五、组织农民专业合作社，从产品创新走向市场创新

眼看响应的农户在逐渐增多，她想到不能让农户单枪匹马闯市场，必须将农民组织起来形成合力。与丈夫商量后，她便毅然申请并获准成立了鑫盛源农民专业合作社，并被乡亲们推荐为社理事长，带动村里的乡亲们种起了新品种苹果。

由于果树不同于农作物，生产周期较长，投入较大，因此预期风险是比较大的。一开始村民的思想保守、怕担风险等是最大的推广阻力。正是她的热情、责任感、吃苦精神、现身说法、表率带头等合力作用，使村民们通过“眼见为实”，逐渐消除疑虑，觉得跟着她做这件事“靠谱”。在她的义务指导、百问不烦、好善乐施等的感召力下，新品种“寒富”苹果的推广面积大幅度增加，效益也日见明显。她在民众中的威信和知名度也与日俱增。

六、态度决定命运，命运又改变态度

卞大姐可今非昔比了。充实忙碌的生活让50多岁的卞大姐好像又找到了青春，她忙着呢！她忙着管理合作社，忙着为合作社开拓市场，而且听说她又要去读书了——她要去农大参加沈阳市农民企业家培训班，计划第三次走进高等学府，再深造一年。

卞大姐把年轻时候没读大学的遗憾也弥补了。她说，前两期学习，她被评为“优秀学员”，并且被农大推荐上了第33期党校学习班学习，回到村里被发展为中共预备党员。她说：“党员就要发挥先锋模范作用，光有热情还远远不够。要想更好地带领农民致富，凭目前掌握的本领还难以实现，因此我还要继续充电。”在大学学习期间，她还参加了计算机学习班，现在通过互联网营销果树苗就是那时候学会的。而这种能上网销售的本事，可不是她同龄的乡村妇女们会的。

如今，卞大姐家的年收入已达百万元以上，并带动村里乡亲纷纷种上受消费者青睐的“寒富”苹果。在她的带领下，许多加盟农民都走上了致富路。这次农大举办的沈阳市农民企业家培训班，她说要抓住这个好机会，丰富自己，为带领农民共同致富做出新的更大的贡献。

教学指南

一、教学目的

通过本案例的学习与分析，学生能够理解作为农业创新先驱者和早期采用者应具备观念新、素质高、较有名望、受人尊重、有责任感及乐于助人等特质，同时认识到观念和态度的改变，既与性格有关，也与境遇有关。为农民创造改变观念和行为的环境，也很重要。

二、理论参考

(1)农业推广教育与培训是农业推广的根本且最为有效的方法之一。按照以人为本的科学发展观，教育式农业推广也是未来的发展方向。由地方政府组织，高等农业院校承担的农村基层干部、农民企业家、农民技术员、科技示范户及农民经纪人等不同层次的农民培训，既体现了高等农业院校在国家经济与社会发展中的培养农村一线科技与管理人才，服务“三农”和服务社会的职能作用；同时，也以其自身的优势实现了农业推广培训的五大目标，即培养一支高水平的农村干部队伍，培养一支精干的农民技术员队伍，培养一支优秀的农民企业家队伍，培养一支高素质的骨干农民队伍和培养“永久牌”的农民培训者。

(2)农业推广工作的高效运行离不开“科技二传手”“土专家引领”和“名人效应”等的支持。

农民群体对当地“头面人物”，即本案例所称的“精英农民”的崇拜、信任、效仿欲望、从众心理及“眼见为实”等因素，是他们行为改变的动力。智者当借力而行，这是助推农业推广的最好动力。

(3)充分发挥受训农民的作用是农业推广通常的方式与策略之一。农业农村部颁布的《农民技术资格证书制度管理办法(试行)》和《国务院关于积极实行农科教结合推动农村经济发展的通知》中对受训持证农民的权利和义务都做了相应规定。除了享受各种优惠政策、成为当地经济与社会发展的带头人外，还可以优先报考和被选送到高等农业院校进一步学习和深造；当然他们也有义务将所学的技术与管理知识和经验，传授给当地的民众，促进农业推广事业的发展，带领一方百姓致富，推动当地农村经济建设和区域发展。这在本案例中体现的也很充分。

(4)本案例女主人翁不同凡响的创业经历验证了农民行为改变原理与一般规律。从农民行为改变的顺序与层次看，体现了由易到难，由内涵质变到行为表现，由低级到高级的升华态势。从农民行为的改变过程看，体现了行为改变的“三步曲”：①具体学习的改变。以获取新知识、转变态度和提高技能为特征，即实现知识的改变、态度的改变和技能的改变。②行为的改变。以在知识、态度和技能综合改变的基础上，实现了个人行为的改变，并产生实绩实效为特征。③发展性的改变。以个人观念的更新、素质能力的提高，最终达到提高分析问题和解决问题的能力，具有社会责任感和奉献精神，具有组织管理才能、合作共事能力和以身作则等为特征。从农业推广的终极目标看，无论何种推广方式与策略，都要直接或间接地达到促进目标群体行为改变的目的。

三、思考题

1.你对本案例标题中“精英农民”在农业推广中的双重角色是如何理解的？

2.案例中卞大姐于2009年和2010年先后两次走进高校，参加了由沈阳农业大学承办的“青年农民上大学培训班”和“她要去沈阳农业大学参加沈阳市农民企业家培训班，计划第三次走进高等学府再深造一年”字段的表述，主要反映了什么含义？

(刘恩财)

案例9

牛大哥的华丽转身

案例背景

熊彼特所赞许的企业家精神，在任何领域的任何企业家身上都能体现出来。创新者或许成功或许失败，成功者无一例外地都具有企业家精神——首创性、成功欲、冒险和以苦为乐、精明和敏锐、强烈的事业心。也就是说，企业家精神是真正的企业家与一般雇员的最大区别。

但是，一个人除了要有企业家精神外，还需要有知识，有机会，有创新的途径。在农业领域，为精英农民提供培训，提供成长的帮助，是帮助企业家成长的重要途径。

案例内容

一、养牛大哥牛大哥

2000年的时候，牛大哥真是“牛大哥”——他家养了40多头奶牛。牛大哥是个勤快人，更是个有心计的人。除了养牛，他还养了1 000多头猪，承包了100多亩土地。牛大哥经营规模说大不大，说小不小，在当地也算是一个养殖大户了；然而他却总觉得规模不够大，效益很一般，没有太大的发展。

牛大哥是个不安分的人，总想走一条别人没走过的路。他当时尝试着进行“东北民猪”和野猪的杂交试验。“东北民猪”口感好，缺点是膘肥，野猪虽瘦但口感较差，他想通过杂交选育出一种“瘦肉量多且口感好”的新品种，但却一直收效甚微，没能如愿。

二、爱学习的牛大哥

机会总是偏爱有准备的人。2003年，牛大哥有幸成为沈阳市东陵区首批“公费农民培训生”，进入沈阳农业大学应用技术学院动物科学专业进修。

牛大哥自跨入大学校门，如饥似渴，努力汲取知识营养。他选学了各种针对养殖业的相关课程，包括动物营养学、家畜育种学、家禽繁殖学、饲料学、市场营销学等。经过在沈阳农业大学一年的进修，牛大哥不仅学到了知识、技术，更为重要的是拓宽了视野，培养了创新思维。他说:“过去自己胆小,不知道该怎么办,不敢干。通过大学课堂学习,拓宽了视野,现在胆子也大了……”他大胆尝试采用“用牛奶喂猪,在果树间种饲料草,猪在果园里自由采食,猪粪成为果园有机肥……”这个关于养殖与种植良性循环的绿色生态链,普通沈阳农民牛大哥的新创意居然与生态农业技术不谋而合。有人曾问他这种饲养方式的成本是不是太高了,“我用牛奶喂猪,按绿色无公害标准养殖,所以,吃过的人都想再买……”他说:“进修回来后,每个月我都要和农大的老师进行沟通,经老师指点,我发现用牛奶喂猪比用精饲料省钱,猪肉的口感也好。虽然投入有些高,但产出也高,效益总体上算还是增加的。”

三、创新能手牛大哥

带着问题学,方向更明确。进修期间,牛大哥时刻不忘新杂交品种猪选育的事。功夫不负有心人,他充分利用学到的动物科学专业知识,依靠沈阳农业大学专家的技术支持,终于利用野猪资源与“东北民猪” 杂交,成功地选育出了一种新型三元杂交猪新品种“肥中瘦”,攻克了困扰已久的难关。这种新品种“三元杂交猪”的瘦肉率比“传统民猪”的瘦肉率高出两个百分点。由于该猪瘦肉率高,上市后深受消费者的青睐,市场前景很可观。

四、企业家牛大哥

牛大哥生来就不是循规蹈矩的人,总是走在创新的路上。2003 年,他创办了沈阳李相畜牧养殖有限公司。但较低的生猪出栏量与日益增长的市场需求量之间的矛盾凸显出来,进一步发展出现了瓶颈。从那时起,建一个规模化、现代化的养猪场就成了牛大哥的心愿。一己之力难以成事,他想,要干事业就不能怕风险。他从市场营销知识中得到了启发,决定通过联合和融资等方式来解决这一问题。于是,他与沈阳某副食集团合作,共同投资开发建设了“肥中瘦”无公害猪肉生产基地,养殖规模为每年生猪饲养量超过 3 万头,年出栏生猪 2 万头。基地严格按照无公害生产标准要求进行生产饲养管理。在生猪育肥前期加喂牛奶,当体重达到65～75 kg 时,由舍饲转为果园生态运动场进行饲养,让生猪呼吸新鲜空气,自由采食苜蓿草。这种饲养方式能提高瘦肉率。同时,通过大量的自由运动,有效改善生猪的饲养环境,提高猪肉的品质。尽管“肥中瘦”的市场售价比普通猪肉高一倍以上,但仍然供不应求。

牛大哥在事业逐渐兴旺发达之际,想到了自己的成功离不开党和国家的培养,离不开人民群众的支持,自己有责任、有义务带领乡亲们共同致富。为了加快推广杂交猪新品种“肥中瘦”,牛大哥采用公司加农户的生产经营模式,与本地区数十家农户签订包销合同。公司负责提供养殖技术指导,在养殖户向公司购买仔猪时可采取“先养后付”的赊销方法。对于特困户,他无偿提供仔猪。订单户按无公害标准把猪养到 80 kg 后,由他回收,在自家果园再饲养 2 个月出栏销售,这样一来,肉的质量更好了。经过论证,这样运作既可以使农户有钱可赚,同时也保证了公司的利益。他说:“我要扩大养猪规模,进军更多的超市……”现在加盟农户逐渐增多,公司经营规模不断扩大,规模效益也逐渐提高,实现了公司与农户的双赢,带动大家共同走上了致富路。牛大哥还建造了 1 个 150 m^2 左右的培训室,把自己的技术无偿传授给周围的农民。他说:“致富应不忘国家,我要回报社会!”

五、牛大哥华丽转身背后的力量

像牛大哥这样在农村“留得住、用得上、情况熟、干得好”的“精英农民”，只是沈阳农业大学众多学员的典型代表。近年来，沈阳农业大学充分发挥丰富的教育教学资源优势，以服务“三农”为己任，开展各种农民培训工程，形成了多形式、多层次、多规格的办学格局。沈阳农业大学先后与沈阳、朝阳等7个市签订了“一村一名大学生工程”培训协议，选拔优秀青年农民到校脱产系统学习1～2年，为农村培养了一大批有较高综合素质的知识型、管理型人才，使其成为当地名副其实的“精英农民”。沈阳农业大学还实施了“辽宁省农民技术员培养工程”“乡土拔尖人才、致富带头人的培训工程”等十几项培训工程，承担了中央组织部组织的“涉农县区的县长专题研究培训班”工作。在成人教育和继续教育这种模式下，沈阳农业大学累计为全国培训各级、各类农业人才24 000余人。

同样是政府出资补贴支农，传统农民可能喜欢“直接补助”，而现代农民更希望得到“间接补助”。这恐怕就是现代新型农民对“袖里藏金不如技艺在身”这一深刻含义的理解吧。

教学指南

一、教学目标

通过本案例的学习，学生能够认识农业推广教育的重要性，了解农业推广教育的不同渠道和对不同的推广对象因材施教的农业培训方法；同时，加深对农业创新采用过程中的创新者的理解，即他们在创新采用中是领头羊，是承担风险者。农业推广工作者应针对不同采用阶段的对象选择不同的推广内容，采取不同的推广方法。

二、理论参考

(1)在创新采用过程中，创新者一般都不甘平庸，具有企业家精神和创新欲望。对于这样的推广对象，应给予更高层次的教育培训，并提供更多的学习机会，更多的后续支持，更多规避风险的帮助。

(2)农业创新的主要来源，在过去总是科研机构和高等学校。然而，在农民创新意识和现代市场经济的背景下，农民也往往成为农业创新的发起者。作为农民企业家或者有企业家精神的农民，他们的创新也同样具有市场价值和应用前景。积极帮助农民或者涉农企业创新，也是农业推广的重要任务。

三、思考题

1.养牛者不少，但只有牛大哥成为企业家。请你分析，从养牛者牛大哥到企业家牛大哥的华丽转身过程中，是什么外部力量支持了牛大哥的转变？

2.中国农民从自给自足的小农，到逐渐更深地卷入市场，最后成为市场化农民或者企业家。在这个过程中，农民所采取的生产方式、面临的风险、需要的技术都在变化，面对这样的情形，农业推广工作者和农业推广机构应该如何与时俱进？

3. 案例中“牛大哥采用公司加农户的生产经营模式，与本地区数十家农户签订包销合同，公司负责提供养殖技术指导；……订单户按无公害标准把猪养到 80 kg 后，由他回收，……经过论证，这样运作既可以使农户有钱可赚，同时也保证了公司的利益。……现在加盟农户逐渐增多，……实现了公司与农户的双赢，……”字段的表述，符合哪种农业推广原理？所采用的是哪种农业推广方式与方法？

（刘恩财）

案例10

从一个乡镇看农业推广沟通中的问题

案例背景

成功的农业推广工作离不开推广人员和推广对象之间的有效沟通。通过沟通，农业推广人员可以向农民宣传、介绍有关的农业政策，提供各种农业技术，帮助农民调整农业生产结构以适应国家和市场对农产品的需求；通过沟通，农业推广人员能更加了解农民需求，并根据他们的需求，及时向农民提供各种市场信息、推广先进的农业技术，并向农民传播先进的思想观念，提高农民科技文化素质，最终促进农民自觉自愿地改变行为，增加农民收入，促进农业和农村的综合发展。

但是，在实际工作中，农业推广沟通尚存在不少问题。下面以四川省某乡镇为例了解一下目前农业推广沟通中存在的问题。

案例内容

该镇是一个典型的农业镇，全镇国土面积46.8 km^2，共有耕地24 719亩，其中水田15 120亩，旱地9 638亩，林地4 250亩，另有果园1 380亩。除了2个砖场和4家毛织厂外，几乎没有工业。全镇3.22万人口中农业人口有2.95万人。因此，农业是该镇的主导产业，主要种植水稻、玉米等传统大田作物，经济效益不高，农民收入始终在低水平徘徊。因此，该镇大部分的青壮年劳动力外出打工。据统计，该镇外出打工人数有8 300余人，约占全镇人口总数的1/4，占全镇劳动力17 800人的近1/2。

在这样一个农业镇，农业推广极为重要，但是实际农业推广工作做得极不到位。对此，仅举两个例子。

例1 脐橙种植推广。该地种植脐橙的条件得天独厚，所产脐橙曾获1999年、2001年全国农业博览会金质奖章。近年来，该镇所在县积极调整农业产业结构，努力提高农业经济效益，将该县的优质水果脐橙作为主导产业，制定水田种水稻吃饭、旱地栽脐橙挣钱的发展蓝图。县里为了鼓励农民调整产业结构，免费提供树苗和技术指导，并积极培训乡村脐橙技术人员，以期为脐橙生产提供技术保障。但是，2006年一年全镇新植脐橙面积仅有150亩，而且成活率极低，大约只有50%，只完成计划面积1 380亩的10.9%。农民对此颇有意见，对政府调整产业结构的政策措施持怀疑态度。

例2 水稻害虫防治。农民最看重的是水稻，因为水稻是该镇农民的主要粮食作物。2007年是水稻害虫稻飞虱的爆发年，该县启动了三级紧急预案，要求各个乡镇做好稻飞虱防治工作，确保粮食安全。但该镇还是出现了稻田"通火"——即稻飞虱长成成虫，造成水稻减产，有的田块甚至绝收。其原因是农技人员没有下乡直接指导农民如何使用农药所造成的。

这些问题的出现，究其原因，主要是农业推广人员与农民之间的沟通渠道不畅。具体表现在以下几个方面。

一、农业推广人员和农民沟通频率低

在农业推广过程中，本应沟通频繁的双方却很少沟通。调查发现，从2007年7月10日到9月5日近2个月的时间内，该镇农业推广人员下乡的情况为：7月16日，根据上级要求调查稻田稻飞虱虫口数量，3名农业技术人员全部下乡；7月17日稻飞虱防治现场会后，3个农业技术人员下乡，到自己负责的区域抽查稻飞虱虫口数量；8月3日，接到该镇9个村稻田"通火"的报告，9个村的会计等人员到稻田核实，下午2个农业技术人员陪同分管农业的副镇长下乡，走访了两处，向受灾户宣传稻飞虱防治方法，但为时已晚；8月31日，农业技术推广站站长陪同县农能办工作人员验收沼气池及配套改造。

可以看到，在两个月的时间内，3个农业推广人员与农民直接沟通的次数仅有9人次，据此推算，每年和农民直接沟通大约只有50多人次。但是，这是在县里采取了三级紧急预案（县级能够启动的最高级别的紧急预案）时采取的非常手段，9人次中还有1人次与稻飞虱防治无关。

接受调查的农民也反映，有的农民已经有10年左右没有见过农技人员下乡了，他们的农业生产技术完全依靠自己的摸索以及向邻居、亲戚借鉴学习。

二、农业推广人员和农民之间的间接沟通多于直接沟通

农业推广人员和农民之间的沟通渠道过长，中间环节过多，造成信息大量流失和失真，严重影响农业沟通的效果。例如，在稻飞虱防治中，镇政府的安排是将全镇分成四片，3名农技人员各自负责一片，县里派来的农技人员负责一片。他们负责教会自己负责区域的村干部，村干部负责教会自己负责的几个村民小组的农民代表，农民代表负责教会村民小组的农民。信息传播渠道为农技员—村干部—农民代表—农户，有3个环节。

这种多级沟通渠道的结果是2007年8月3日接到9个村的农民报告，稻田已经"通火"，通过实地调查发现两个村民小组的"通火"田块面积已达10.3亩（但镇里没有向县农业部门上报），以后的几天在其他地方也发现了"通火"田块，面积大都在1亩以上。农民反映自己已经打了药，但是为什么没有效果？仔细询问才发现是因为农民打药的方法不对，稻飞虱的栖息场所在水稻根茎部，所以打药时应该打根茎部。但是由于农技人员没有当面向农民传授打药方法，而是通过村干部转达，经过3个中间环节后，农民得到的信息就是需要打药。所以他们按照过去的方式在稻田上面喷洒，肯定不会有理想的效果。

三、农业推广人员与普通农民沟通不畅

农业推广人员与村干部之间沟通通畅，与先进农民的交流也比较多，但与绝大多数普通农民沟通不畅，次数极少。农业推广人员和村干部的手机形成了一个内部网，相互之间拨打只需要拨 3 位数的短号，通话不产生费用，沟通十分畅通。但是，农技人员没有农民的联系方式，所有的工作除了直接找农民外，就只能依靠村干部来完成了，其农业推广工作效果是可想而知的。同时，在与农民之间的直接沟通中，农业推广人员偏爱先进农民，经常向他们推荐好的项目、技术，使他们成为各种各样的示范户。而上级检查工作时不可能跑遍每一个地方，因此每次检查都是看看先进农民的示范。"落后"农民就很少或根本没有机会得到先进的技术或者项目，成为被遗忘的角落。

四、农业推广人员同上级的沟通多于同农民的沟通

农业技术推广人员的选用、考核与提升均由上级掌握，因此他们必须满足上级的要求。他们的工作绩效不是农民说了算，也不是实际情况说了算，而是上级的检查验收说了算。所以他们只要把工作做得足够应付上级的检查就是完成了工作任务，通常的做法是培养先进农民，把他们培养成各种示范户，上级检查验收时他们就代表了全部，甚至有些工作只需要编制一些数据就可以了。而事实上这些示范户仅是应付上级检查的示范户，对普通农民的示范作用极其有限。在秋季生产安排中，县里给该镇下达了各项任务，如秋红苕、秋芋、秋菜、再生稻等各多少亩(其中示范面积多少亩)。而镇农技人员的工作就是把这些指标分派给每个村，让村干部分派到每一个村民小组，汇总后再向县里报送。事实上究竟哪些地方适合种植，农民愿不愿意种植等问题都没有落实，因此也没有记录各个村的情况。

可见，在实际工作中，至少部分地区的农业推广沟通还相当不够，沟通次数少，面向农民的直接沟通、正式沟通相当少，沟通层次过长，中间环节过多，造成信息大量流失、扭曲和失真，严重影响了农业推广的效果，致使这部分地区农业发展缓慢，农民的农业收入持续低迷。

增进农业推广人员与农民的沟通是农业发展的必然要求，是农业现代化的重要一环。有效地沟通能够增进农业推广人员与农民的相互了解，消除彼此之间的误解，提高农业推广的成效，促进农业产品结构和产业结构的调整。为了促进农业推广人员与农民的直接沟通，需要改革农业推广人员的考核制度，重视农民对农技人员的评价意见，并注重农业推广实际成效。

教学指南

一、教学目标

通过本案例的学习，学生能够对农业推广沟通现状有比较深入的认识，并认识到农业推广沟通在农业推广工作中的重要作用。

二、理论参考

本案例涉及推广学原理中农业推广沟通理论及其运用，包括在农业推广沟通中沟通的要素、类型与特点、渠道、技巧、障碍等方面的问题。

三、思考题

针对该镇农业推广沟通中出现的问题，你认为该如何改进？

（高启杰）

案例11

从一场售后服务纠纷看农业推广沟通

案例背景

近年来,市场需求不断增加,从事营销工作的应届大学生越来越多。对于刚踏出学校大门,社会经验不足,人脉短缺,技能缺失等多方面因素影响的大学生,往往找不到发展的空间与市场,无法完成销售任务。那么大学生该如何完成新产品的销售任务?如何在实践中学以致用发挥自己的专业优势?在新产品的销售工作中会遇到哪些问题?沟通能力可能是入职新人展开工作的基本功,而这基本功是不是都被重视呢?

案例内容

一、入职新人小韩

小韩是河北某大学2009级农学专业的学生,她积极乐观、有责任心、乐于助人,家境富裕。在学校期间,她努力学习专业理论知识和专业技能,就是为了毕业后能找到一份中意的工作,同时能在工作中得心应手。然而事实如何呢?

2013年4月初,小韩在校园招聘会上将自己精心准备的简历投给了中意的河北某公司。后来,小韩顺利地通过了面试考核,成为该公司的一名新员工。

4月底,小韩进入该公司。在正式工作前,公司要对新员工统一进行岗前培训。培训内容包括3个部分:基础技能培训、工作态度培训和销售推广技巧培训。其中,在销售推广技巧培训中特别强调了农业推广的基本方法的应用,包括大众传播、成果示范、专家入户指导、典型示范等方法。公司还强调,推广销售就是去满足客户的需求,并艺术性地让客户认同和接受推广人员的工作。公司要求每个新员工都要充分了解公司的产品和服务,并具备优良的推广技巧和方法。

二、小韩的第一笔业务

小韩接受培训之后就进入该公司的开发部工作,该部门主要的工作是推广生物农药、有益生物,将其应用在大棚蔬菜生产上。其中,有一种有益生物是荷兰进口的科伯特熊蜂(以下简称为“熊蜂”)，用于授粉。大棚种植的西红柿通过熊蜂授粉后，可提高其产量和品质，该技术在大棚西红柿生产中很有推广力。

小韩进入开发部的保定片区工作小组，他们推广的主要区域是保定周边。经过保定农业局牵线，小韩的工作小组将276箱熊蜂出售给一批大棚种植户。在大棚种植户采购之前，小韩专门对他们进行了技术培训。培训的主要方法有两个：一个是讲授，由小韩讲解熊蜂的用途、使用方法和注意事项；另一个是发放说明书，说明书的主要内容也是介绍熊蜂的使用方法和注意事项。

在培训中，小韩讲解了熊蜂使用前的准备工作和使用过程中的注意事项。培训过程中和培训资料上都特别强调说明：在大棚西红柿种植过程中，不要底施、喷施、熏蒸高毒、高内吸、高残留的药剂。培训资料还特别罗列了这里可能遇到的不应使用的农药，如一颗一片、辛硫磷、甲拌磷、特丁硫磷、吡虫啉、高效氯氰菊酯、毒死蜱、丁硫克百威、氰戊菊酯、甲胺磷、氧乐果等。小韩在培训时特别强调，如果在大棚西红柿种植过程中使用过高毒、高残留、高内吸的农药，就不能使用熊蜂。

三、售后服务纠纷

在熊蜂发放给种植户3天后，小韩和技术人员去该县回访熊蜂使用情况，发现有些种植户大棚中的熊蜂出现轻微中毒现象，表现不太活跃。但是当询问种植户是否使用过高毒农药时，农民都否认使用过高毒农药。农民有点生气，认为熊蜂产品有问题，他们让农民再观察几天，要按说明书要求放置蜂箱，之后便离开了，接下来的一段时间没有再去该县。

过了一个月，小韩去该县零售商处送产品，就有部分使用过熊蜂的农民过来，说他们的熊蜂都死了。农民还说是熊蜂有问题，导致西红柿授粉率低，错过了最佳授粉时间，导致西红柿减产。农民让小韩给个说法，不然不让小韩走。小韩不断地给农民解释熊蜂使用的注意事项，并询问他们的西红柿棚内是否使用过高毒农药，农民们都否认了，并说是熊蜂有问题。农民不让小韩离开，让她把公司领导找来给个说法。这样一直持续了好几个小时，农民仍不让小韩离开。无奈之下，小韩报警等待民警处理。民警到达后询问了事情的经过，做好笔录后劝农民先回去，待调查清楚再给他们答复。但事情没有解决，农民无论如何也不放小韩走，这样居然僵持了一天一夜。民警只能将小韩和农民都带到当地派出所调解，并通知小韩的领导也来派出所沟通解决问题。

整个事情的相关方，除了小韩的公司与农民之外，还有农业局。派出所民警将三方的当事人集合在一起，开会调解这次纠纷。农业局负责人的出现，使这件事情的解决有了转机。农业局领导细心地询问了农户使用熊蜂过程中的一些细节问题，也耐心地回答了农户提出来的问题。作为被调解的双方，小韩和农民都认识到了自己的问题，矛盾的化解就有了可能。

从农户的角度来说，他们认识到自己的知识欠缺，对高毒农药认识不足，存在失误，不该把责任推给小韩他们。因此，他们决定对这事不再追究了。

然而，这次事件中貌似很委屈的小韩，她的工作真的是无可挑剔的吗？

四、纠纷与沟通

这次纠纷，主要的原因是沟通不畅。作为这次沟通的发起人，小韩存在着以下不足。

(一)没有完成沟通的全部过程

小韩发出的信息是不是被所有的农民都完整地接收了？有100多户农户使用熊蜂没有出现问题，说明这100多户农户可能得到了完整的信息。但出现使用问题的那20多户农户是否接收到了完整的信息？是否理解了完整的信息？小韩和她的公司都没有设计一个环节来让农民反馈。

(二)没有考虑到农民的接收能力和接收习惯

讲解，只是信息发出方做出的自认为有效的努力。但是否所有的农民都是这样接收的？有没有其他接收习惯？文化水平的差异会不会影响到接收信息？你讲解的内容农民到底接收了多少？说明书存在的问题也是类似的，正如普通人都不会去阅读手机的说明书一样，农民也很少去阅读农资产品的说明书。说明书是不是应该有所改进？

(三)没有考虑到过去的推广工作对现在的沟通过程的影响

这里已经进行了很多年的大棚蔬菜栽培，使用过的农药、化肥的品种和名称数不胜数，而且名称都是那么相似。文化程度不高、年龄不小的农户，很多都不能清楚地记得农药的名称，也弄不明白到底哪些是高毒、高残留农药。使用熊蜂的过程中，让农民再去回顾他们用过的农药，核对他们农药的说明书，是一件很难完成的任务。

(四)相关沟通内容的有机结合不足

如果小韩在推广熊蜂前，去当地的农药商店详细地调查研究，了解目前销售的农药的品种和农民的购买偏好，然后为农民列出一个可以与熊蜂配套使用的农药清单，就能降低农民识别信息的难度和改变行为的阻碍力量。

(五)沟通的技巧不仅在于表达，更在于倾听

农业局领导的出现就解决了沟通的问题，而小韩和农民就只会各执一词。耐心询问并诚恳倾听，可能是比耐心讲解更重要的沟通方式。询问的过程不仅是了解信息的过程，也是让对方宣泄情绪的过程，还是让对方自我认识的过程。年轻的小韩并没有认识到沟通过程中"让对方说"的重要性，而这是推广工作者都需要注意的。

(六)沟通中"肩并肩"优于"面对面"的角色关系

"我讲给你听""我发给你看"，这其实一直是"面对面的沟通"，是人与人的沟通。但是我们在农业推广中的任务，却是帮助农民解决问题，从而获得自己存在的价值及收入。那么，和农民共同面对问题，一起分析问题，共同解决问题，一起动手做，成为事务上的"伙伴"和感情上的"自己人"，把"面对面"变成"肩并肩"会有更好的推广效果。

教学指南

一、教学目标

通过熊蜂事件，学生能够深刻理解农业推广人员的作用与职责，认识沟通在农业推广中的重要性；理解应沟通的各个环节，沟通过程中信息传递和反馈的渠道、方式；了解沟通信息传递的过程中，推广人员表达的信息与农民所理解的信息之间的差异及其产生的原因。

二、理论参考

(1)集体指导和个别指导是农业推广的基本方法，岗前培训往往采用集体指导的方法。通过岗前培训掌握的知识和技能，不能完全胜任农业推广工作。

(2)农业推广沟通中，沟通双方由于沟通工具运用不当、沟通方法选择不当，可能会产生沟通障碍。

(3)农业推广人员的知识与技能在一定程度上可以从实践中获得，一个人的经历与经验同其掌握的知识和技能密切相关。

(4)农业推广对象中很多是农业生产劳动者，具有丰富的传统农业生产经验，但大多数人对现代科学技术和知识还缺乏认识和掌握。在改变推广对象行为时，首先要增进推广对象的知识水平，可通过推广教育与培训使推广对象对新成果、新技术有一定的认识并产生兴趣，进而产生愿意学习和采用这一成果、技术的行为趋势。

三、思考题

1. 结合本案例简单说明，在农业推广中信息传递和理解受到哪些因素影响。

2. 在农业推广中如何与农民有效沟通？

3. 结合本案例，你觉得一名新推广人员应该掌握哪些业务技能？

（崔福柱）

案例 12

太谷县科技节
——传统赶集与现代科技相结合

案例背景

大专院校和科研院所一般都能对周围的社区产生很大的影响。太谷县境内的山西农业大学和山西省农科院果树研究所就对当地农业生产起着重要的促进作用。

山西省太谷县位于山西中部盆地，是山西省主要产粮区之一。这里土地肥沃，灌溉条件较为便利，易于农作物生产。太谷县交通发达，距离太原市仅 63 km，农产品运输及销售十分方便。太谷县的地理区位和土地条件，非常适合农业产业化的发展。

从 2001 年开始至今，太谷县已经举办了 17 届科技节。太谷县科技节的口号是“政府搭台、农民唱戏、科技带头、文化添彩”。前 13 届的举办地点为紧邻 108 国道的太谷县科技市场、畜牧市场，从第 14 届开始，举办地点迁至金谷广场。金谷广场交通便利，活动场地宽阔。随着科技节的成功举办，参与赶集的农民逐年增加，参与范围也由榆次、清徐、孝义、平遥、文水、祁县等周边几个县市扩展到全省各地；除了农民外，知识分子、退休人员、基层农技人员、工人和大、中、小学生等其他人员也加入了赶集大军。近几年来，每年参与科技节的群众可达 3 万多人次。

2016 年，山西省人民政府启动山西农谷科创城建设项目。该项目以山西农业大学为核心，打破大学“围墙”，吸纳国内外科研团队和“草根”机构，探索产、学、研一体化和园区大学一体化发展路径，形成“谷城融合”和“政、产、学、研、用”五位一体发展模式。农谷建设项目的开展，使第 17 届科技节活动又上了一个台阶，这一届科技节以“创新驱动引领、助力农谷发展”为主题，重点围绕功能食品和功能农业，聚焦“山西农谷”建设，引领科技创新理念，引进人才智力资源，实现政、校(院)、企共建共享，形成科技创新驱动合力，为太谷实现“上台阶、强实力、进前列”的奋斗目标提供科技支撑和保障。

案例内容

太谷科技节是在农村传统赶集的基础上，融入农业科技文化元素，逐渐发展成为政府引导、社会各界广泛参与的重大节日。农民在科技节期间购买农资、学习科技、交流信息、欣赏传统的文化节目。如今，科技节已成为太谷县服务“三农”、服务经济社会、加快农业和农村经济结构战略性调整的一个大舞台，已经成为一种新“传统”，成为一个真正的节日。

一、热闹而有效的科技节

太谷县科技节活动内容丰富，包括农业科技新成果展示和展销，名、特、优产品展示和展销，新技术展示和示范，科普宣传，科技咨询，招商引资洽谈等。

（一）新成果展示、展销

科技节活动中，最吸引人的是新成果展示、展销。在太谷县金谷广场及科技市场内，摆满了农机具、种子、农药、肥料、苗木、花卉等农用物资。农民在这里既可以购买自己需要的农资，也可以向商家咨询自己想了解的新成果、新技术。

1. 优质新品种引起农民的关注

在新成果展示物资中，种子的比重最大，主要有玉米、大豆和蔬菜种子。由于目前玉米生产上普遍采用杂交种，农民每年需要购买玉米新种子；同时，太谷县及周边地区玉米在大田作物中所占比例最大，因此，在科技节上，展示玉米新品种的商家特别多，来咨询、购买种子的农民也很多。参展的玉米品种都是商家自己设点宣传、销售，种子质量有保证，可供选择的品种多，有些农民就直接在科技节上购买了自己需要的玉米品种。近年来，耐密型玉米品种在生产上的广泛使用，大幅度提高了玉米产量，逐步代替了稀植大穗型品种。如“先玉 335”“大丰 26”“大丰 30”就是山西省广泛推广的耐密型品种。这些品种均采用单粒播种，种植密度每亩在 4 000 株以上，在充足的水肥条件下亩产可达 1 000 余 kg。

太谷县科技节也展出部分苗木，主要是果树。果树是太谷县农业产业化发展的主导产业之一，山西省果树科学研究所每年都在太谷县科技节上展示他们选育的新品种。在 2013 年科技节上，山西省果树研究所苹果育种专家向前来了解苹果新品种的果农介绍了自育品种“丹霞”苹果，并请果农现场品尝。“丹霞”为中晚熟品种，其肉质细、脆，风味香甜，口感好，在太谷县种植可于 10 月上旬成熟，耐贮藏，在果农传统贮藏的土窑洞中可贮藏到翌年 6 月，因此在市场上很走俏。

养殖业也是太谷县主导产业之一，其中，养猪业的比重最大。每年有许多养猪专业户专程赶来参加科技节，在这里他们能够了解优良猪新品系。在 2013 年科技节上，山西农业大学展出的“山西白猪高产仔母系”就深受养殖户关注。该品系具有产仔数高、肉质好、杂优猪生长发育快等特点，是一个优良的专门化母本品系，适合在我国大部分地区饲养。

2. 多样化肥料激发农民的兴趣

肥料在农用物资中所占比例也较大，科技节展示的肥料主要有专用肥、缓释肥、生物菌肥、微肥等新型肥料。山西农业大学针对不同作物需肥特点，研发了蔬菜专用肥、果树专用肥、西瓜专用肥等。这些专用肥整体表现好，肥效高，可有效提高果蔬的抗寒、抗旱能力，而且能改良土壤，改善生态。每年科技节到山西农业大学专用肥销售点了解专用肥的农民特别多。销售人员给他们详细介绍不同专用肥的特点、用途、性价比等。2016 年参加展出的明月海藻肥，包括叶面肥、有机肥、冲施肥、菌肥等种类，适用于不同的作物，农民施用后，感觉效果很好，因此，在 2017 年科技节上受到了更多农民的青睐。

3. 创新型农机具开阔农民的眼界

农机具在新成果展示、展销中比重较大，每年都有新农机具展出。这些农机具既有大中型播种机、收获机，又有小型化农机具。多样化的农机具不仅拓宽了农民的视野，还为农民提供了更多的选择，也给商家提供了发展的机遇。近几年享受政府补贴的农机具在科技节中卖得特别快。每年在农机具展览现场，总能够看到农民三五成群地围在手扶拖拉机、农用车等农机具旁议论着这些机械马力如何、性能怎样，并向商家索取有关农机知识的宣传资料。从2016年开始，农机具展示点增加了电动农机具及无人机。这些电动农机具小巧、实用，受到了农民的欢迎。在无人机展示区，商家展示了无人机喷洒农药作业，观看的农民特别感兴趣，纷纷询问无人机价位、作业效率等。

（二）新技术展示、示范

新技术展示、示范也是科技节活动的重要内容，如“谷子全程机械化栽培技术”“母猪纳米营养液技术”“现代沼气在温室大棚中的利用技术”“红枣秋季防裂技术”“营养模块育苗技术”“水肥一体化技术”等。这一活动往往采用展板展示、现场讲解、理论培训等相结合的活动方式。2010年，与太谷县相邻的榆社县农业局计划引进并推广营养模块育苗技术和穴盘育苗技术，其工作人员就曾专门赶到太谷县参加科技节。在科技节上，榆社县农业局领导详细了解了营养模块育苗技术和穴盘育苗技术，并就这两项技术在太谷县的应用、注意事项及发展前景同太谷县农业局进行了深入交流。

（三）科技咨询

在科技节上，山西农业大学、山西省农科院果树研究所、山西省科学技术协会、晋中市科学技术协会、太谷县科学技术协会、太谷县农委、太谷县林业局等单位都设有科技咨询点。农民可以就自己在生产中遇到的问题咨询专家，专家现场回答农民提出的实际问题并进行指导。科技咨询活动深受农民欢迎，因为科技咨询实现了农民和专家的零距离交流与沟通，许多农民会将他们在上一年农业生产中遇到的难题，在科技节上进行集中地咨询和了解。对此，专家们不仅可以进行针对性地指导，提供相关问题的解决方案，而且可以将最新的涉农科技和新成果推广给农民。有些农民咨询的问题需要在田间解决，可以和专家约好时间在田间进行指导。在2017年科技节上，山西农业大学科技咨询点接待了大批想种植高粱的农民。由于2016年玉米价格较低，好多玉米种植户计划2017年改种高粱，但苦于无技术和品种信息，就到山西农业大学咨询点咨询高粱种植技术及适合当地种植的高粱新品种。接待的专家详细给农民介绍了当前高粱新品种晋杂22号、晋杂30号等品种的特征特性、栽培技术要点，以及对当前高粱生产趋势的预测。

（四）名、特、优产品展示、展销

太谷县特色农产品比较多，每年科技节上展出的产品，都会令赶集的群众大饱眼福甚至大饱口福，成为市民和农业生产之间的纽带。例如，许多枣业公司到科技节上展示自己的太谷壶瓶枣以及深加工产品，还有很多有名的商家带着他们的产品，如“龟龄集酒”“定坤丹”“安宫牛黄丸”等传统中药，“老陈醋”及周边成品等山西地方特产，“荣欣堂”太谷饼等名小吃参加展销，也有不错的销售额。

（五）招商引资

太谷县科技节的主要活动内容还有招商引资。在2017年科技节上，太谷县与省内外多家大型企业进行了项目签约，项目总投资38.6亿元。这些项目涉及功能农业、智慧农业、现代农业、能源供给、三产融合、健康养生等内容，将对太谷县科技创新、产业升级、经济转型产生极大的引领作用，推动山西“农谷”健康发展。

(六)科普宣传

科普宣传重在宣传科学种植、养殖常识，着重从两个方面进行：一方面给农民免费发放科普资料、图书、光盘，如宣传配方施肥、平衡施肥、秸秆还田等一些科普知识；另一方面进行技术培训，如组织“瓜菜种植”“病虫害防治”“红枣科学管理”“猪科学养殖”“农业机械作业”“农业气象防灾技术”“健康养生方法”等实用技术培训。

二、太谷县科技节的经验

有的节日来自俗成，而有的节日来自“约定”。太谷科技节逐渐成为因“约定”而俗成，因俗成而稳定的节日，成为当地文化生活的一道丰富的大餐，也成为农业推广的重要平台。那么，它是如何一步步走向成功的呢？

(一)时间地点逐渐固定

举办科技节有固定的时间和场地。农历“二月二”是我国主要的传统节日，人们认为这天是苍龙“登天”之日，俗称“龙抬头”。这天的节令一般处在惊蛰前后，大地回春，万物复苏，农耕在即。选择“二月二”为科技节，就可以让广大群众更好地记住科技节的时间，每年到这一天就从全省各地赶到太谷县参加科技节。

举办科技节的地点固定在太谷县金谷广场，这一地点紧邻108国道，交通十分便利。每年都在这个地方举办科技节，会使各界人士逐渐熟知这个地方，参加人数逐年增加。金谷广场附近几个村专门把这一天定为赶集日，男女老少都来这里赶集。

(二)传统节目热闹非凡

科技节融入传统节目。在每年的科技节上，都有秧歌队、锣鼓队表演传统节目，给活动现场增添了热烈的气氛。阵阵锣鼓声往往能够吸引过往民众前来围观，被吸引的民众就顺便参观了科技节活动内容，这样就形成了每年人数稳定增加的局面。

(三)恰当的推广时机

举办科技节的时间正处于农耕生产资料准备时期。每年“二月二”前后是春季农业生产资料准备时期，农业从业人员需要购买农药、种子、肥料、农机具等农用物资，同时也需要进一步学习农业生产技术。在这个时候举办科技节，迎合了不同层次农业从业人员的需要。在科技节上，农用生产物资种类齐全，质量好，农业从业人员不需要跑很多商店就可货比三家，买到自己需要且物美价廉的农资或获得自己需要的信息，学习自己所需的技术。

(四)举办规模逐年扩大

在太谷县委、县政府的高度重视下，太谷县教育科技局承办每年的科技节。山西农业大学、山西省农科院果树研究所、山西省农科院玉米研究所、太谷县各企业和事业单位均积极参加科技节活动。到第17届时，活动内容已经增加为：科技成果推介，实用技术咨询服务，名、特、优产品展示与展销，新型农机具、新的农业资料展示与展销，文艺活动，项目签约仪式，中小学生的小发明、小创作展示，太谷“十二五”发展成就展示及山西农谷建设总体规划初步布局展示9个方面。丰富的活动内容吸引了社会各界的广泛关注，参与人数逐年增加。

教学指南

一、教学目标

通过本案例的学习,学生能够认识农业推广沟通中利用传统习俗来提高沟通效果的重要性,了解农业推广中提供物资、培训、咨询等改变农民行为的方法,认识改变环境对农民个人行为改变的影响以及推广方法与组织形式对提高农业推广工作效率的影响。

二、理论参考

(1)在我国广大农村中,农民都有赶集、逛庙会的习俗,并在此过程中购买自己需要的商品,欣赏艺术表演。举办科技节就是在熟悉当地风俗习惯、了解农民心理的基础上,专门给农民提供一个集会,集会以服务农民、发展农业生产为主,艺术表演为辅。

(2)改变农民行为的方法有咨询、培训、提供物质条件、提供服务、行为强制等。

(3)改变农民行为的策略有改变农民个人、改变环境、二者同时改变3种。

(4)农业推广信息在农业推广中起着重要作用。

(5)农业推广活动中,政府部门作为科技成果转化的主体作用是非常大的。

(6)农业推广方法是农业推广部门、推广机构和推广人员为达到推广目标,所采取的不同形式的组织措施、教育和服务手段。农业推广方法选择是否恰当,直接影响推广的效果。

三、思考题

1.综合分析科技节对推广农业生产新技术的作用。

2.在农业推广活动中,如何把当地风俗习惯和农业推广活动进行有效结合?

3.农业科技节活动,是如何把大众传播、集体指导和个别指导结合起来的?是如何把物化成果的销售和非物化创新成果的推广结合起来的?

(崔福柱)

案例13

田间开放日活动

案例背景

农业推广的过程中，一般都是将多种推广方法结合在一起使用。在我国的农业推广工作中，推广者都是根据推广项目所处的自然和社会条件，根据参与推广项目的专家、技术人员、示范农户和普通农民的构成，根据推广项目本身的特色，做好计划和实施计划，以达到最好的推广效果。

推广项目的完成，需要推广人员持续的努力。本案例包括示范点的选择、试验过程、示范过程、回访过程多个环节，并在每个环节都注重农户的参与性，从而提高推广效果。

甘肃定西是全国水土流失最为严重的地区，这里的生态条件恶劣，而落后的传统观念、农作制度、生产方式进一步造成该区地瘠民穷。脱贫和保护自然环境是该地政府面对的两大难题，如何在保护和改善生态环境条件的前提下，实现农民增收、农业增效是政府、科研人员、推广组织共同关心的问题。所以，保护性耕作技术在减少水土流失和农民增收方面实现了双赢，加速该技术的推广率和采用率必须结合当地农民生产、生活实际，采用有效的推广方法，加速该科技成果的转化。

案例内容

田间开放日就是在确定的时间，召集和组织农民小组、个人、农业企业相关人员到科研机构布置的试验站、示范点等农业推广现场，就其所研究、示范、推广的农业创新或先进的经验、技术进行参观和学习，是一种通过实例进行推广并集讨论、考察、示范于一身的重要推广方法。田间开放日活动是农业推广集体指导法的应用和扩展，目的是将农业科研机构建立的“样板”通过实例展示和专家现场介绍、答疑，让推广对象从农业创新内容、技术要领获得感性认识到理性认识的升华；通过农业科研推广人员与农民的交流、沟通获得第一手科研资料，去改进和强化农业科技创新。

近年来，“少免耕、多覆盖、少裸露”保护性耕作技术因其良好的生态效益、经济效益和社会效益在国内外取得了一致的认可。但在广大落后的偏远地区，当地传统观念认为勤劳的农民应该“精耕细作”，而保护性耕作技术却像“懒汉农业”而受到排斥。为了进一步研究和示范保护性耕作技术，甘肃农业大学与澳大利亚阿德莱德大学、新南威尔士州农业部、联邦科工部农业生产系统研究组织等单位合作，在黄土高原西部雨养农业区开展了提高甘肃黄土高原西部雨养农业系统的生产力及其可持续性的研究与示范。期间开展了“田间开放日”活动，以下主要是该活动的细节与要领。

一、试验地现场示范

为了让更多的农民了解保护性耕作技术体系，甘肃农业大学在试验站组织了包括农技推广人员、政府相关干部和当地农民在内的300余人参加的“开放日”活动。由科研团队和相关专家共同宣讲和示范保护性耕作技术，让与会者在田间地头亲身体会保护性耕作技术与传统耕作技术的差异。经过有效地现场答疑、指导和聆听专家报告，与会者对保护性耕作技术体系有了直观的感受和理解。

二、专家现场讲解

保护性耕作技术专家的报告，以幻灯片为媒介，详细介绍了保护性耕作技术的原理、实施过程、技术要点及产生的效果(土壤理化状况、产量、经济效益、社会效益)等多个方面。

三、散发宣传单、知识手册及相关科普书籍

给每位与会者发放图文并茂、浅显易懂的保护性耕作技术要点的传单、知识手册。

四、开展后继回访

开放日结束后，随机对试验所在地区的50户农户进行调查访问。访问内容主要有：

(1)农户何时、何地、由何人通过什么媒介知道和了解免耕秸秆覆盖技术的？

(2)免耕秸秆覆盖技术有没有增产和节约成本的作用？

(3)免耕秸秆覆盖技术能减少水土流失吗？

(4)对开放日活动中专家讲解的保护性耕作的效益的认可度是？

(5)你对免耕秸秆覆盖技术的看法是？满足哪些条件你愿意采用该技术？

(6)对甘肃农业大学实施的试验示范项目你的评价是？有什么好的建议？

五、结果分析

分析后继回访中调研获得的数据有如下发现。

(一)试验的效果

从农大试验田来看，免耕秸秆覆盖技术在两个方面都表现出优势。一方面，免耕秸秆覆盖能提高作物的产量。在试验田中，免耕秸秆覆盖处理的作物长势、产量性状等较传统耕作有一定的优势。另一方面，根据设计，试验田中减少了耕作次数，减少了劳动力成本、农资成本。

(二)示范的效果

1.试验和示范所达到的知晓度

约50%的农户通过电视、乡邻介绍以及甘肃农业大学种植的试验田等渠道，在示范日之前知道了保护性耕作技术；另外50%的农户通过开放日以及我们回访调查时的介绍，知道了

保护性耕作技术。超过60%的农户表示，通过讲解后，他们了解了保护性耕作技术，以前只是听说过或从电视上看到过这种技术，但并不真正了解这项技术。

2.农民对免耕秸秆覆盖技术的效果有自己的认识

农民在覆盖秸秆是否能保水方面有分歧，70%的农户认为由于增加了地表覆盖度，使用免耕覆盖秸秆技术能减少水土流失；30%的农户认为其不利于降水的入渗，可能加剧水土流失。

3.农户对技术本身有顾虑

100%的农户相信农大科研人员讲的保护性耕作技术的效应是真实存在的，但对本技术在该区域的应用，农民有一定的顾虑。这可能和保护性耕作技术的生态效应、社会效应大于经济效应，且与保护性耕作技术的实施年限长短有关。

40%的农户认为短期的免耕秸秆覆盖技术是可行的，该技术能提高作物的产量，节约成本，减少水土流失，具有明显的生态效益。但长期不耕地，会使土壤的物理性状变差，土质变硬，影响下一年作物出苗，杂草泛滥，最终会影响产量。

60%的农户认为保护性耕作措施不可行。他们认为，保护性耕作技术对秸秆、免耕播种机、化学除草剂的需求与当地生产传统和实际条件不符。如果国家能给予一定的技术应用补贴，配备一定的机械，同时由科研人员做技术指导，他们愿意采用保护性耕作技术。

100%的农户认为，农大试验地的作物种植的好，产量高，籽粒饱满，认为产生这种效果的原因是农大试验地施用的肥料多，种植的作物品种好、播种量大，管理精细。

4.农民对试验示范的建议

农民希望试验示范更有说服力，也希望能得到具体的指导。因此，他们建议：第一，让农民参与试验，以确认技术的真实性和可复制性；第二，让农民得到更多的田间指导，学到完整和准确的技术；第三，希望政府和农大给农民免费提供免耕播种机进行播种。

六、小结

（一）举行田间开放日活动拓宽了创新扩散的传播渠道

在广大农村，科技创新的扩散受时间、空间以及农民自身条件的差异的影响。科技成果在试验示范区，往往因部分农民信息不畅而不知道创新，或通过某些渠道知道了创新，但不了解创新的真实效果，阻碍了创新的传播。灵活应用各种农业推广方法是提升科技成果推广率的主要因素，而将各种推广技术集成于一个项目中，将“听到、看到、触摸到、操作到”的各种刺激叠加在一起，更能够触动农民，引起他们的思考和主动改变。

（二）偏重生态效益和社会效益的推广项目向农民转播更为困难

一些公益性科技成果，因经济效益较低，短时间很难满足农民“短-平-快”的需求心理，从而限制科技成果的推广。举行田间开放日活动，组织各个层次、尽可能多的人参加，不但有效地拉近了科研人员、推广工作者和农民的距离，而且通过一系列的沟通、咨询，农户、推广工作者对创新本身的效果作用及操作规范有了进一步的了解，提高了农户采用创新技术的积极性。

（三）田间开放日是试验示范的一种集成尝试

试验与示范是农业科技成果由理论生产力向现实生产力转化的两个必须环节。在当前传统思想制约、农民综合素质普遍较低的情况下，通过田间开放日活动示范样板，用事实教育农民，吸引他们采用新技术，是农业推广教育的主要方式之一。

(四)持续的后续服务是农业推广项目的必要环节

通过后继回访,科研人员能及时、有效地收集反馈信息,对信息的科学分析有利于总结和发现科研成果在研发、推广、农民应用等不同阶段存在的问题,从而能更加有效地从解决农民需求的角度改进创新、改善推广方法,有助于提高推广效率。

教学指南

一、教学目标

通过本案例的教学,学生能够加深理解农业推广的3种推广方法(大众传播法、集体指导法和个别指导法)的内涵,了解农业推广沟通的手段与方法,熟悉农业推广试验、示范的基本要领和实施细则。

二、理论参考

(1)农业推广的基本方法按照信息传播方式的不同,可以分为大众传播法、集体指导法和个别指导法,每种推广方式都有其自身的特点、内容、形式和技巧。

(2)农业推广沟通是实现农业科技成果创新转化过程改变和影响农民行为的重要环节,该环节实施的好坏严重影响着成果的采用。

三、思考题

1.你认为田间开放日活动中农业推广沟通的技巧主要有哪些?

2.怎样扩大农业科技成果示范的影响?

(谢军红　黄　鹏)

附图：免耕秸秆覆盖技术宣传单

免耕秸秆覆盖技术(A面)

经过甘肃农业大学定西旱农综合试验站对免耕秸秆覆盖技术的综合研究，结果发现免耕秸秆覆盖技术较传统耕作技术有以下优点：

- 免耕秸秆覆盖可以提高作物产量；
- 免耕秸秆覆盖可以减少投入，提高纯收入35～75元/亩；
- 免耕秸秆覆盖可以提高播种期表层土壤水分含量11%～91%；
- 免耕秸秆覆盖可以提高土壤肥力。

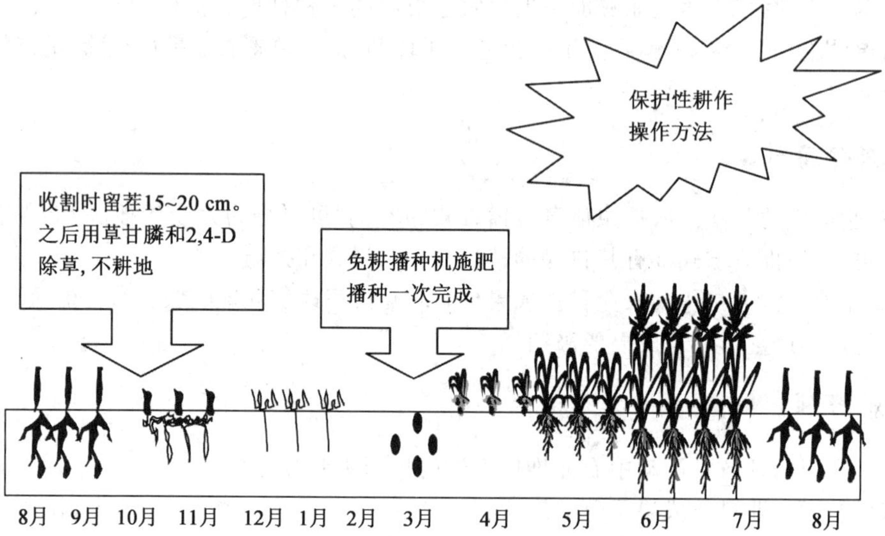

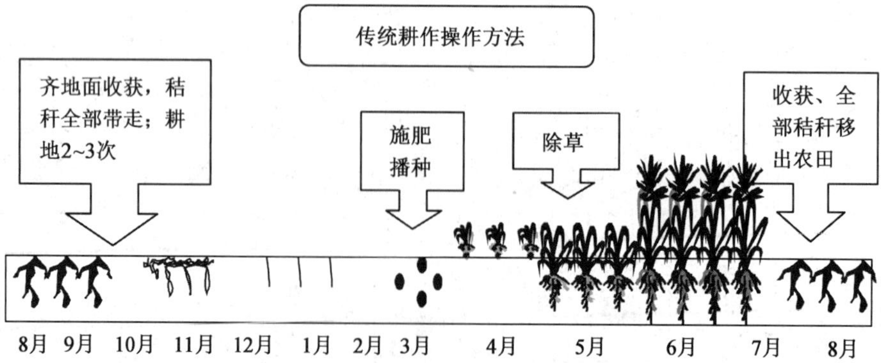

免耕秸秆覆盖的技术要点(B面)

◆ 播种

应用联合作业的免耕播种机一次完成施肥、播种和镇压。小麦在3月16日左右播种，豌豆在4月6日左右播种。

◆ 播种量

小麦播量12.5 kg/亩，豌豆播量12 kg/亩。

◆ 肥料种类用量

小麦：磷二铵10 kg/亩，尿素4.5 kg/亩。

豌豆：尿素2 kg/亩，磷肥23 kg/亩。

◆ 病虫草害防治

小麦主要防治锈病，豌豆防治根腐病和金针虫。作物生长期间人工除草；收获后用草甘膦和2,4-D除草。

◆ 收获及秸秆管理

收割时留茬15～20 cm，不耕地。

推广免耕秸秆覆盖技术可能遇到的问题

甘肃农业大学的研究发现免耕秸秆覆盖在定西可以提高作物产量、减少水土流失、不断提高土壤肥力，有利于定西农业的可持续发展。但是推广免耕秸秆覆盖可能还存在一些问题：

◆ 秸秆管理

◆ 饲料、燃料

◆ 免耕播种机

◆ 改变传统农业观念比较困难

总之，在定西推广免耕秸秆覆盖是一种新的尝试，还有许多问题需要和农民一起探讨。热切希望广大农民朋友积极参与我们的试验研究和推广，有意者请及时与我们取得联系。

地址：××××

电话：××××

案例14

思茅区的新型职业农民培训

案例背景

普洱市思茅区位于云南省南部、普洱市中南部、澜沧江中下游，是全市的政治、经济、文化中心和连接东南亚的交通枢纽，主要支柱产业是茶业和咖啡，其渔业也较为发达。思茅区茶叶种植面积为14.5万亩，从业人员61 000人；咖啡种植面积为82 230亩，从业人员57 880人；水产养殖从业人员3 000多人。其中，生产经营型职业农民共56 000人，专业技能型职业农民32 200人，社会服务型职业农民3 000多人。根据农业农村部以及省、市关于新型职业农民培训的要求，结合思茅区现代农业产业发展实际情况，以加快培育新型职业农民，从环境、制度、政策等层面引导和扶持新型职业农民发展，创造有利于新型职业农民培育和发展的良好环境，不断提高农民素质和农业技能，造就一支综合素质高、生产经营能力强、主体作用发挥明显的新型职业农民队伍为目标，按照重要农产品有效供给和粮食高产创建要求，以"围绕主导产业、培训专业农民、进村办班指导、发展一村一品"为原则，开展支柱产业和重点工程项目培训。

案例内容

为创造思茅区有利于新型职业农民培育和发展的良好环境，加快培育新型职业农民，在茶叶、咖啡两个主导产业历年培育新型职业农民的实践基础上，从环境、制度、政策等层面引导和扶持新型职业农民发展，不断提高农民素质和农业技能，造就一支综合素质高、生产经营能力强、主体作用发挥明显的新型职业农民队伍，并从实践中探索适合思茅区新型职业农民教育的培养模式。

一、确定培训针对的产业

农业推广学理论表明，与农民相关性高的内容，农民参与培训的积极性高。因此，选择了以茶业和咖啡两大支柱产业为主进行试点。茶叶产业培训选择在南屏镇、倚象镇进行，规模150人，内容主要包括无性系茶叶育苗技术、茶园栽培管理技术、茶叶产品加工技术等方面；咖啡产业培训选择在南屏镇大开河村、南岛河村进行，规模150人，内容主要包括咖啡栽培技术、咖啡生产配方施肥技术、咖啡生产病虫草鼠害综合防治技术等方面。

二、设置课程

培训课程的内容要根据农民学习特点和需求来设定，主要分为现代茶叶、咖啡产业生产经营、实践操作、观摩交流会四大板块，包括现代农业与新型农业经营体系、农产品质量安全与市场营销、农业生态环境与美丽乡村建设等通用内容。

三、选择培训教师

从普洱市茶叶科学研究院、普洱市茶叶局、普洱市农业局、普洱市职业教育中心等单位挑选一批专家学者，和思茅区农业局农技推广人员组成专家学者和农技推广人员互为补充的培训师资队伍，共同承担新型职业农民培育工作。

四、确定培训方式

按照农民学习时间碎片化的特点，采取分片、分班、分类、分期的方式，以理论讲座、实践操作、观摩交流会等形式进行培训。

五、创新培训模式

在总结前期培训经验的基础上，创新培训模式，建立专家和联络员挂钩职业农民的培训制度，实现区、乡两级农技人员一对一"保姆式"技术指导和跟踪服务，利用专家的理论知识和实践经验及时、主动为新型职业农民提供个性化成长指导与专业服务。同时，完善培训教师相关信息，建立新型职业农民教育师资信息库，搭建交流平台，推动职业农民与科技人才、高技能人才之间的有效对接。

六、做实培训内容

根据农民学习过程中，现场看比听讲效果好、亲自做比看效果好的特点，按照"教学有设备、下乡有工具、学习有场所、实习有基地"的要求，一是加强培训单位基础设施建设，配套思茅区农民科技教育培训中心现代化多媒体教室，设立教育培训组、明确细化教育培训组职责和建立健全培训管理制度；二是每年组织教育培训教师，结合本区实际编写、修订教育培训教材，并不断充实和完善培训课程，逐渐形成重点课程的固定和循环开设；三是选择交通便利的产业化发展龙头企业作为技术推广试验示范基地，对职业农民进行操作技能实践培训；四是利用"12316"农业服务热线、农信通、农业气象信息和农业专家大院科技信息库网络等现代信息平台和技术，开展高产创建、配方施肥、病虫害防治、标准化生产、农民实用技术培训，及时解决农民在生产中遇到的问题。

七、优化管理办法

通过颁发证书的形式对农民实现精神激励。在实施该培育计划的同时，农业推广人员也积极探索、制订了新型职业农民认定管理办法，具体内容如下。

(一)建立认定程序

通过申报审核、组织培训、组织测试、资格认定4个程序，对符合条件的职业农民颁发资格证书。

(二)构建认定标准

结合思茅区现代农业发展水平,分级别、分产业、分区域制定新型职业农民资格标准,以能力素质、农业生产经营规模、收入水平、示范带动作用等为要素,构建新型职业农民指标体系。

(三)建立信息管理系统

建立新型职业农民信息管理系统和科学管理制度,实行定期考核评估、动态管理,保证认证登记的新型职业农民优先享受优惠政策,提高政策的针对性和效益。

(四)建立档案台账

要分期(班)次、分专业地将从报名至推荐就业全过程的材料,按时间顺序完整归档,一期(一班)一档。同时,建立职业农民培训基本情况(主要包括姓名、性别、身份证编码、地址、联系电话、培训专业、培训期次、培训时间、考评状况、是否取得资格认定、就业情况等)台账。

(五)建立考核机制

对考核合格的职业农民,纳入新型职业农民信息管理系统;对考核不合格的,取消其认定资格,并重新纳入培训和认定工作计划。

教学指南

一、教学目标

通过对该案例的学习,学生能够进一步了解在农业推广过程中如何更有效地培训农民,从而使农民能在短时间内掌握尽可能多的技能,并能够在农业推广实践中有效应用。

二、理论参考

(1) 农民培训要了解培训需求,采用合适的培训方式与方法,设计好培训内容和评价方案,安排好培训的各个环节。

(2) 改变农民行为可以采用以农民为中心的策略,即以提高农民本身素质为主的策略,通过推广工作直接改变农民的知识水平、积极性,提高他们自身素质,减少或完全克服行为改变的阻力;也可以采用以改变环境为中心的策略,即变革社会环境或农民工作环境的策略;还可以采用同时改变农民行为与环境的策略,即提高农民素质与改变其工作环境同时进行。

三、思考题

1. 根据案例谈谈如何进行新型农民培训。
2. 新型职业农民在创新扩散过程中和农民群体行为改变中分别起到了什么作用?

(起建凌)

案例15

油菜“三节”技术在云阳县的试验示范

案例背景

云阳县位于重庆市东北部，属于水土流失严重的生态脆弱区。近年来，随着工业的发展，农用化学物质如化肥、农药、植物生长调节剂等施用量持续增加，农业面源污染严重，不仅造成农业资源的极大浪费以及农产品产量、品质和生产效益的下降，也使农田土壤、大气、江河湖库等生态环境遭到严重破坏，极大地制约着农业和农村经济的可持续发展。油菜是该地区主要的油料作物，也是最重要的大田作物，频发的季节性干旱和发生较重的蚜虫、菌核病、霜霉病及杂草危害严重影响油菜的生长和产量；并且生产环节需投入大量劳动力。由此导致种植油菜的比较效益低下，农民种植油菜的积极性不高。

西南大学联合云阳县农业技术推广站依托公益性行业（农业）科研专项“西南丘陵旱地粮油作物节水节肥节药综合技术集成与示范”（以下简称为“三节”）项目，对机械化播种收割、增密减氮栽培和病虫害防治前移等轻简化高效栽培管理技术进行试验、示范和推广。通过2014—2016年的农户参与式试验示范，有效地提高了农户对“三节”技术的认识和认可，加快了“三节”技术的推广应用。

案例内容

一、试验与示范的准备阶段

（一）成立课题领导小组，确保试验与示范的成功

在项目试验与示范推广之前，首先，成立课题领导小组，由研究任务负责人任组长，统一部署协调，加强领导管理和过程监督；然后，成立4个项目实施技术攻关小组，负责各项试验与示范内容的实施，落实责任主体和责任人。

（二）农户需求调查和“三节”技术宣传

该项活动分两个阶段进行。第一阶段在项目的试验前进行。根据项目研究的需要，2014年选择云阳县普安乡作为试验基地，采用分层随机抽样（按照家庭土地规模进行分层）方法选

取该乡 50 户农户进行入户访谈。访谈内容包括:①农户的基本生产生活情况;②家庭收入的主要来源;③种植业情况;④油菜种植面积及效益;⑤油菜生产中存在的问题;⑥对油菜"三节"技术的看法;⑦是否有参与试验的意愿。同时科研人员还向农户讲解油菜"三节"技术的优点,增加农户对该成果的认知和理解。第二阶段在试验结束后、示范之前进行。采用分层随机抽样调查和典型调查相结合的方法对普安乡 30 户农户进行了第二次调查。调查内容主要包括:①对油菜"三节"技术的看法;②是否愿意参加油菜"三节"技术培训;③是否有参与示范的意愿;④认为应用"三节"技术可能存在的问题。

(三)试验与示范农户的选择

第一阶段按照试验地的选择标准,在普安乡选择拥有连片 5 亩以上,愿意参加试验,在农户中有较大影响力的种植大户和村支书的田地进行试验。第二阶段按照科技示范户选择要求,选择 300 亩示范田地进行大面积技术示范。

(四)双方签订共同完成试验的协议

确定了参与试验的农户后,与其签订共同完成试验的协议,以确保参与式试验研究得以顺利进行。协议书的内容主要包括双方的责、权、利,协议执行时间及出现纠纷的解决办法。协议书内容经双方协商达成统一意见后签字认可。

二、试验实施阶段

(一)试验设计与实施

西南大学专家组在以往研究的基础上,严格按照田间试验设计的原则设计试验方案,然后向农户介绍试验的目的、意义和操作要领。试验中所需的肥料、种子、播种机和收获机及其他生产资料由西南大学提供,具体的田间操作在西南大学和云阳县农技中心的专家共同指导下由农户负责完成,每亩地支付农户劳务费 1 000 元,收获的产品归农户所有。

(二)试验测定和数据的整理分析

根据试验的需要,由西南大学和试验农户共同进行项目测定和测定结果的整理分析,包括产量、病虫害发生情况及部分农艺性状、生理生态指标等,并计算出产投比、经济效益、农户纯收入等指标。测定结果表明,油菜运用"三节"技术使种植户单位面积增产 5%~10%,节省劳动力 8.3 个,经济效益提高 20%以上,水肥药用量节约 20%,机械化综合水平提高 30%,综合效益增加 20%以上。试验过程加深了农户对西南大学专家的信任,切身感受到专家是真正在为他们做实事,同时也认可了"三节"技术。

三、边试验边示范阶段

2015 年,在原试验的基础上继续进行了定位试验,以确保技术的可靠性。同时,在油菜的播种期、苗期、抽苔期、开花期和收获期召开现场会,组织附近的村民观摩,为示范、推广奠定了基础。

四、示范阶段

2016 年,西南大学和云阳县农技中心专家把前期试验结果整理后,通过村黑板报、发放明白纸、利用农村集市开办科技咨询等形式,把"三节"技术的试验结果和操作要领发放到示范区农户手中，同时通过开办培训班对农户进行“三节”技术培训，凡参加培训的农民补贴往返车费和误餐费。然后选取愿意参与示范的农户建立了300亩的示范点，示范点的农户统一供种、统一播种、统一技术标准。在油菜的收获期召开计划推广的地区的主要县(区)的农业局局长、农技中心主任、种植大户等的现场会。在现场会上，除课题组专家向来宾介绍“三节”技术的试验与示范情况外，参与试验与示范的农户也介绍“三节”技术给自己带来的影响，吸引了周边更多的种植户前来观摩。

教学指南

一、教学目标

通过对本案例的学习，学生能够加深对农业推广程序的理解，认识农业科技成果推广中试验与示范的意义，掌握农业推广试验与示范的基本要领，并理解参与式农业推广的理念。分析在当前农村劳动力老龄化，新型农业生产经营主体将成为农业生产的主力军的情况下，要实现农业推广的目标，需要选取的推广项目、采取的推广方法和组织措施。

二、理论参考

(1)农业推广程序表明，农业推广必须遵循试验、示范、推广的程序，而农业推广试验与示范的成功，必须有严密的组织实施。

(2)需要层次理论中提出，人的行为受内在需要和外在刺激的影响。当前农村劳动力短缺和老龄化的形势越来越严重，需要轻简化的、一看就懂的、一学就会的成果，试验示范农户的物质资金补贴和政府对农业机械化的推进是一种外在的推力。

(3)推广创新技术需注重农民的社会参与行为和眼见为实、耳听为虚的心理特征。农民是农业创新的采用者，也是创新的再次传播者。作为核心人物与科研推广人员一起做试验、示范，参与到创新的推广中，并通过后期的效益核算对该项成果认可，然后他们首先采用创新，其他人因为核心人物的作用和从众心理，以其为样板，使创新技术得以扩散。

三、思考题

1. 油菜“三节”技术试验示范中，应用了哪些农业推广学原理？
2. 如何搞好农业推广的试验和示范？
3. 在当前农村劳动力老龄化的情况下，该如何选择推广项目？

(谢小玉)

案例 16

牛碾坪茶产业综合示范体的运行

案例背景

如何让一个示范项目具有示范的广度、新鲜度、深度和可模仿性，具有吸引力，适合不同的对象需求，这是项目设置和建设中必须要考虑的问题。

农业推广试验与示范项目的社会效益、生态效益和经济效益难以达到共同的最大化。许多的示范园区只有参观性没有推广性，只有新奇性没有可操作性，只有社会效益没有经济效益。如何将“三效”统一在一个项目的试验与示范中，需要更多的设计与更多的参与者，更需要每一种参与的角色的利益体现与博弈。

案例内容

四川省雅安市名山区(原名名山县)是茶马古道和南方丝绸之路的起点，在清朝就有管理茶马互市的“茶马司”。名山区管辖下的海棠村的牛碾坪因其为酸性土的山梁很适合种茶，因此自古出产川内最好的茶。20 世纪 80 年代末，由农业部、省农业厅、市、县四级联合投资，在牛碾坪建设的茶树良种繁育场，成为四川省唯一的国家级茶树良种繁育场。截至 2015 年底，在这个良种繁育场的周围发展出了 50 万亩茶园(名山区 30 万亩，邛崃市 20 万亩)。

该良种繁育场长期研究的成果和推广的业绩得到高度认可，农业农村部将其确认为“四川省名山(国家级)茶树良种繁育基地”，科技部将其确认为“四川省雅安国家级农业科技园区名山核心区茶叶创新基地”。2006—2016 年，由各级政府、相关机构、高校、科研院所、企业、农户共同投资 3 亿多元，将牛碾坪及周边共 15 000 亩土地打造成为集茶叶种植、加工、科研、科普、推广、销售、旅游为一体的牛碾坪茶产业综合示范体。仅 2016 年“五一”小长假期间，牛碾坪的游客数量就达到每天 2 万人。

牛碾坪茶产业科研、创新及推广综合示范体(以下简称为“牛碾坪综合示范体”)在其成长和示范推广中有哪些特点呢?

一、多种力量共同参与和协作

牛碾坪综合示范体初期只有科研机构和农业局的投入。随着发展的加快和社会环境的改变，越来越多的力量参与进来。四川农业大学、成都市农科所、雅安市科技产权局、雅安市农业局、四川蒙顶山茶叶资源开发有限公司、蒙顶山茶叶有限公司、雅安市牛碾坪旅游开发有限公司、成都贝克森科技发展有限公司等企事业单位成为主要的参与机构；海棠村所有村民，中峰乡多家茶农，海棠村、中峰乡、名山区多家制茶企业作为主要的基层民众参与建设，参与经营。

科学研究力量在这里凸显为协同和互相激励。四川省农科院、雅安市农业局、四川农业大学、名山区茶叶技术推广站、名山茶叶良种繁育场、成都市农科院等共同在牛碾坪开展各种研究与创新，在科研区设立了综合性的“雅安市现代茶叶科技中心”，包括茶叶生化分析实验室、茶树栽培育种实验室、茶叶品质管理实验室、茶叶审评室和联盟质检中心等。

二、科学研究与创新成为推广的技术源泉

牛碾坪综合示范体将科学研究和示范推广工作结合起来。研究与创新的领域包括茶树种质资源收集保护和利用，茶树新品种选育，茶树良种引进、试验、示范和推广，茶叶新品种配套栽培技术研究和示范，茶叶新品种配套加工技术及研发，茶叶加工工艺创新改进等领域。

该基地近3年新研发并通过审定的茶叶新品种有3个，从全国各茶区引选优良品种200个，引种本省良种及新品系24个。至2016年，基地正在进行43个品种的生产试验，且已经优选出10个优良品种进入第三轮试验。

在栽培技术方面设计规范、说明清楚，除了完成科研任务，还成为很好的成果示范和方法示范样板。其中，“中国以色列自动控制成套灌溉系统研发示范研究项目”成为科技部国际合作专项项目。

三、社会效益与经济效益的良性互动

科研成为生产的支柱，生产成为市场的基础，市场成为科研和生产的动力。在牛碾坪综合示范体中，一方面，科研和推广产生的社会效益辐射到周围50万亩茶园和几百家生产企业，保证了茶园的规范性和高产，保证了企业产品的优良；另一方面，综合示范体吸引了众多的商家和游客，促进了茶叶的销售、企业的发展和农民的增收，改变了村容村貌，改变了村民的职业结构。

四、综合的推广方式和推广内容

牛碾坪示范综合体涵盖了国家级示范基地、省级示范基地、市级示范基地、示范村、示范户这些不同层次的示范力量，分别面向科研机构、推广机构、相关产业企业、地方干部、大学生、相关产业农民、旅游者进行推广工作。

（一）面向农民与生产企业的茶叶新品种和栽培技术推广

牛碾坪示范综合体将品比试验、栽培试验、茶园标准化试验、现代灌溉系统试验等试验田直接向公众开放，使试验和示范有机结合。每个试验片区都有清楚的标牌，写明试验田的试验设计、因素控制、试验指标，具体到每个试验小区的品种、品种特点、品种所适合的加工工艺、种植密度、排列方式、树冠培育、茶园管理、采留标准等。学习者只需要仔细阅读说明，观察茶园，就可以学到不少技术。如果学习者需要更进一步的了解，综合示范中心有专门的推广技术人员提供实地指导。

(二)面向茶叶加工企业与客商的茶叶加工的生产技术培训与推广

成品茶叶的种类和品质不仅因茶树品种而异,还因采摘方式、加工方式的不同而不同。综合示范中心设有茶叶加工的标准化车间,生产加工过程完全向学习者开放。一方面,辐射区茶叶加工厂的人员和茶叶生产农户可以到这里来参观学习不同种类成茶的加工方式,还可以向技术人员请教技术要点;另一方面,游客和销售商也可以参观茶叶的生产过程,了解不同的加工方式,了解自己的茶叶需求与不同加工方式的关系,有利于游客与销售商的理性购买,也促进了企业和茶农的以产定销。

(三)面向农民、相关企业、地方政府和村社组织的生态农业旅游经营方式的推广

牛碾坪综合示范体提供3个层级的生态农业旅游经营方式的样板,可以供来访者学习。

第一个层级是以综合示范中心为主体,以几个相关的万亩茶园为联盟的大规模旅游综合体示范样板。其中,牛碾坪综合示范体示范的主题是“科技＋创新＋游客体验＋电子商务”;蒙顶山景观功能区示范的主题是“茶历史＋茶文化＋茶园景观＋茶园体验”;骑龙村示范的主题是“新农村建设＋精准扶贫＋茶园景观”;红草坪村示范的主题是“茶园健身＋新农村建设＋灾后重建”。这样的示范区一共有6个,示范面积约10万亩,可以给其他地区提供较大规模的生态农业旅游开发样板和经验。

第二个层级是以中大型企业为中心,以生产基地为联盟的样板。相关的企业有千秋蒙顶茶叶公司、川黄茶叶公司、皇茗园茶叶公司等共15家公司,相关的基地有一把伞基地、九龙村基地、下坝村基地、青龙村基地等共15个。这些企业和基地可提供给学习者“村＋企业”的“生态农业＋生态产品＋生态旅游”的旅游开发样板和经验。

第三个层级是“规模农户＋手工制茶作坊”样板。这个层级是由规模农户提供给游客“茶园认领＋采茶体验＋茶叶加工体验＋休闲餐饮”。牛碾坪综合示范体核心区周围分布着若干家这样的样板,可以提供给学习者参观、体验和学习,具有可模仿性和操作性,很适合用于其他茶叶产区甚至非茶叶产区的农民培训和参观学习。

(四)面向游客的科学素养、茶知识、茶文化推广

茶叶种质资源圃、茶叶科研中心、各种试验田都有便于学习的田间试验布局和详细的说明标牌。游客可以在这里得到有关茶叶科学知识、科学试验和科学逻辑的各种信息,特别适合带孩子的游客的亲子学习。

(五)农民因参与而改变态度和行为的意识推广

过去当地的村民是直接把鲜茶卖给茶厂,鲜茶的价格也由茶厂或茶叶中介决定。农民不知道市场需要什么茶叶,也无从习得自己如何介入市场。牛碾坪综合示范体建设以来,牛碾坪附近的农民或多或少地都参与了综合示范体的经营行为。大量游客涌入,农民更多地直接接触到旅游市场和产品市场。他们不仅能逐渐地介入休闲旅游业,而且在与体验的游客的接触和互动中,逐渐地改变自己的生产内容、生产方式和产品种类。例如,个别农户改造自己的茶园使其更有美感,在清明之后不再采茶而是养护茶园,以此吸引更多的游客来拍照和消费,使自己的经营重心转移到餐饮休闲;一些农户不再把茶叶卖给茶厂,而是根据游客的需要现采现加工,或者让游客自己采茶并参与加工,形成良好的互动。一些乡村原有的竹编手艺也变成了村边景点,竹编茶篓成了随手礼。

除此之外,因为接待游客的需要和受到游客的影响,海棠村除牛碾坪外的其他地方甚至整个中峰乡的村舍风貌也逐渐变化，变得更干净整洁，更有品位、趣味。有些农民不仅改善了自己的居住条件，建设了更加美丽的村容村貌，还用一些富有乡土气息的壁画、雕塑来美化他们的生活环境。

五、推广架构中多渠道、多方向沟通与促进的创新

以牛碾坪综合示范体为主要的载体，聚集了功能不同的社会角色，形成了复杂而综合的推广渠道和信息渠道（图 16-1）。

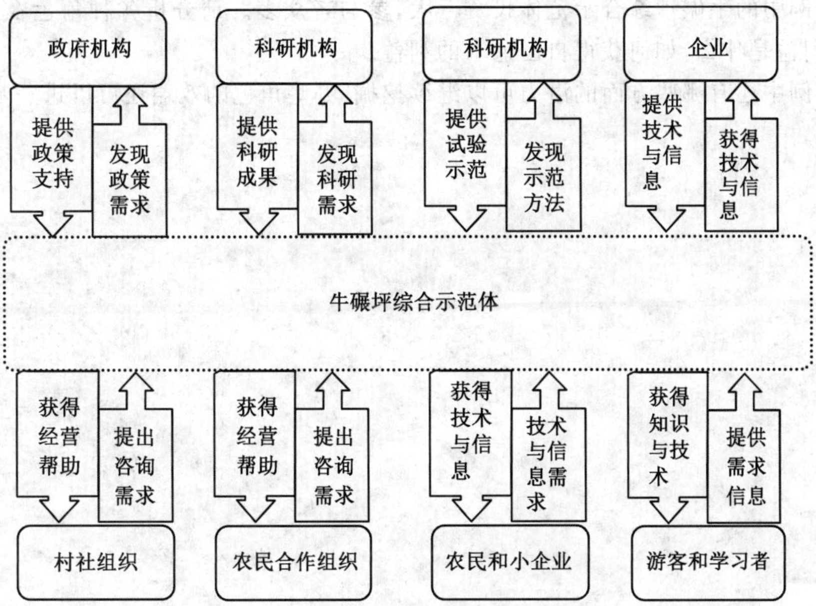

图 16-1 牛碾坪综合示范体的综合推广渠道

教学指南

一、教学目标

通过本案例的学习，学生能够了解科技成果转化为现实生产力的渠道和针对不同对象的试验与示范方法的多样性和综合性；了解农业推广的试验与示范方法的要领和关键点以及农业推广内容和方法的与时俱进；懂得并能分析农业推广试验示范项目中，众多的参与者各自的利益、诉求及达到的途径，并明白不同角色的参与者对项目的意义。

二、理论参考

试验与示范应体现出成果优越性、生态适应性、经济可行性。

综合性的农业推广，在农业生产领域，可以覆盖从种子到产品的全部领域。这一过程，可

以将有形的成果(种苗、设备、肥料等)与无形的成果(栽培、田间管理、采收、加工等的技术要领)结合起来,使接受者从好奇到行为改变,实现增产增收,提高生活水平。

农业推广示范有国家级、省级、地市级、村级、示范户等。将这些不同层级的试验与示范结合起来,可以适应不同的需要。

三、思考题

1. 根据时间线索和角色线索分析本案例的综合示范体系的信息流和作用。

2. 本案例中的牛碾坪综合示范体投资巨大,参与者众多。请分析各种角色在案例中的诉求是什么,利益是什么,如何获得自己追求的利益。

3. 本案例中还有哪些方面的潜力可以继续挖掘,哪些角色的效益还可以进一步提高,请说说你的见解。

(李晓铃)

案例17

甘肃农业大学专家院农业推广模式

案例背景

2012年，中央一号文件对高等学校、科研院所的农技推广职能提出了新的要求，要求高等学校、科研院所要成为公益性农技推广的重要力量，强化服务三农职责，完善激励机制，鼓励科研教学人员深入基层从事农技推广服务。高等学校、科研院所要承担农技推广项目，把农技推广服务绩效纳入专业技术职务评聘和工作考核，推行推广教授、推广型研究员制度。高等学校、科研院所要建立农业试验示范基地，推行专家大院、校市联建、院县共建等服务模式，集成、熟化、推广农业技术成果。

甘肃是我国的农业大省，受资源条件、地理环境和经济条件等原因的影响，农业生产方式落后、生产水平较低，脱贫致富、发展经济成为甘肃省主要的工作重点。经过多年的扶持，甘肃已初步形成草食畜牧业、马铃薯、制种玉米、高原夏菜、中药材等特色产业，其中紫花苜蓿、制种玉米、中药材、马铃薯、啤酒大麦已在全国占有一席之地，但和周边其他省份相比，甘肃特色农业发展仍处于相对落后的地位，原因和科技支撑力度不够有关。

案例内容

一、专家小院和农家大院构成的专家院

甘肃农业大学作为甘肃省唯一的农业院校，肩负着带动甘肃农业发展的使命。围绕甘肃省“十二五”实施的“农民增收六大行动”和4个“一千万亩工程”，甘肃农业大学成立了甘肃农业大学“专家院”，探寻农大“专家小院”带动“农家大院”进行农业科技成果推广的新模式。截至目前，已成立了甘肃农业大学酒泉巨龙集团科技农场专家院、甘肃农业大学古浪县良种场专家院、甘肃农业大学（临泽）专家院等专家院14个，内容涉及甘草规范化种植、大麦高产高效栽培、葡萄种植技术等特色产业。

农大“专家小院”带动农村“农家大院”的“两院”农业推广模式，即“通过一名专家，带领一

个科技服务团队，集成一批科技共性技术，研发一套生产关键技术，培训一批新型农民，形成一个科技示范基地，支撑一个特色优势产业（产品），专注一方农家院经济发展”。专家院培养出的一大批有文化、懂技术、善经营、会管理的新型农民，将给区域经济发展提供有力的支持。该推广模式能紧密结合地方经济社会发展需求，发挥了学校科技资源优势，开展农业科技成果的研发、示范、推广、转化、技术培训等活动，缩短了成果转化的途径，减少了许多中间环节，解决了农村科技、信息传播的“最后一公里”问题，推进区域经济社会发展，是新时期科技贴近农村、专家贴近农民、技术贴近农业生产的一条有效途径。目前，农业科技专家院模式已在甘肃省推广。

二、专家院的建设

专家院建设包括硬件建设和软件建设。

硬件建设包括专家办公室、专家休息室、专家培训室、信息网络服务室等。地方政府主要负责专家院房屋建设和设施设备购置等硬件环境建设，并承担专家咨询（指导、培训）补助的开支。硬件条件包括：①专家办公室、休息室的桌椅、电话等办公用具和床、沙发等专家休息用品；②专家培训室是专家对技术人员和农民进行科技培训的场所，应配备桌、椅、电视、DVD（或 VCD）机、书柜、各种相关图书资料等硬件设施；③信息网络服务室是专家为农民提供信息服务的场所，应配备专用联网微机及配套设施，主要用于行业信息检索等服务。

软件建设由学校负责，每年投入一定的资金作为专家院运行经费，建设内容主要包括：①遴选组建专家团队，开展技术指导和咨询；②制订专家服务岗位负责制等各项规章制度；③根据当地产业与技术需求，制订相应生产、加工和经营管理等技术规程；④ 专家院文化建设，设立科普宣传栏，公示主持人及专家组成员介绍、服务内容、联系方法等内容；⑤吸引多渠道、多层次的社会资金投入专家院建设，建立新型投资融资机制，促进专家团队和当地农户、企业等主体新型利益机制的形成。

三、专家院的管理、考核及运行机制

学校成立专家院管理工作小组，负责专家院的管理工作；管理工作小组下设办公室，负责专家院的申报、认定、挂牌、考核等日常管理工作。专家院管理采取校地共管模式。学校负责专家团队建设及管理、培训落实、技术推广项目的安排与执行、工作考核等；当地政府主管部门负责协调，配合专家院开展技术服务、技术培训工作；专家院实行项目主持人负责制，主持人总体负责项目执行、专家安排、经费使用等工作。

专家院实行年度考核制度，要求年初有工作计划，年终有工作总结。每年 12 月底前，由学校专家院管理工作小组联合当地政府主管部门，组织专家对专家院工作进行考核。依据年度考核结果，对成绩突出的专家院和个人进行奖励，对建设期内不认真履行义务，无法完成计划任务，考核不合格的专家院给予一定时间的整改期，经整改后仍无法达到工作要求的专家院予以撤销。对科研项目已结题，无后续项目支持的专家院，在完成专家院全部计划任务后，由主持人提出撤销专家院申请，学校审定后予以撤销；学校专家院建设领导小组办公室每年以现场观摩会、经验交流会、专题报告会等不同形式组织一次专家院交流活动。

吸引多渠道、多层次的社会资金投入专家院建设。专家院推行企业化管理、社会化服务、实体化经营、多元化投资,逐步建立股份制或股份合作制的现代企业经营机制,专家通过成果和技术、资金等方式入股,企业、农户以资金、土地、劳动力等资源入股,与大院结成利益共同体。利益共同体的形成,不但使专家、企业、农户得到了应有的实惠之外,还使专家、企业的技术创新能力和新产品开发能力大大增强。

四、专家院的作用

(一)科技成果示范推广,带动特色农业产业发展

把实用科技成果在专家院进行组装配套、生产示范,加速新品种、新技术、新工艺等推广应用,并通过专家院的辐射带动作用,带动当地产业发展。例如,甘肃农业大学(临泽)专家院,把甘肃农业大学研发的日光温室葡萄优质、高效、节水、延后综合栽培技术带给当地"农家大院",使葡萄种植的"禁区"实现了红提等葡萄一年栽苗,两年亩产千斤,3 年进入盛果期(1 500～2 000 kg/亩),同时将葡萄鲜果的产期调控到 12 月份至翌年 2 月份采收。这一项目研发出了一套集品质优良、绿色安全生产、产期灵活调控(鲜果采期主要在元旦、春节)、经济效益较高(盛果期每亩经济收入 2.5 万～4.0 万元)的葡萄栽培模式。该模式有效地解决了区域内非耕地葡萄的产业化发展问题,培育了良好的市场环境,加速了扶贫开发力度,大幅度提高农民经济收入,具有重大的经济效益和社会意义。经过不断地技术创新和科技成果转化,在永登、武威凉州区,天祝、古浪、张掖甘州区,山丹,民乐、临泽、高台、金昌金川区,嘉峪关、敦煌 12 个县市区,建立了 13 个试验示范基地,推广了 1.388 万亩设施葡萄,建成了我国最大的冬春淡季葡萄直采上市的产业带,年经济效益达 2.6 亿元,在天祝高寒冷凉区实现农牧民一次脱贫 8 600 人,有力地推动了当地特色葡萄产业的发展。

(二)科技咨询与培训

农业技术与技能培训是专家院建设中的一项主要内容。2012 年 6 月,甘肃农业大学酒泉专家院在酒泉市肃州区泉湖乡四坝园区培训中心和巨龙集团科技示范农场培训中心,举办了设施蔬菜主要病害诊断与综合防治的专题讲座和设施蔬菜基质栽培、优质肉牛生产、高产优质甘草关键栽培的技术培训。培训中专家院的教授把自己多年的科技知识、研究成果与经验带给"农家小院",成功培训了包括乡镇农业技术推广站、畜牧站、相关单位技术人员和农户代表 400 多人,在丰富了专家院带动农民"农家院"的"两院"模式内容的同时,解决了制约政府、企业、农户多年的技术瓶颈,促进了当地农业生产的发展,提高了农民的技能水平,加速了相关产业的产业化发展。

(三)社会经济发展问题咨询指导

甘肃农业大学充分利用自己的人才、科研优势,建设、完善区域性农业技术综合试验示范中心(站),成立专家院。他们就区域的农业科技、特色产业布局与规划、农产品流通、销售等社会经济问题,农产品生产经营及管理社会发展战略,农业高新技术,农业产业化发展规划等进行决策咨询。他们还提供新技术、新产品、最新科研成果方面的信息,对区域农业结构产业调整和农村支柱产业发展进行长期指导,促进产、学、研紧密结合,加快科技成果转化。

(四)教学及社会实践

在农村建立“农家小院”,开展本科生、研究生教学与社会实践活动,搭建学校与农业、农村、农民沟通的平台。“农家小院”有力地解决了高等农业院校试验实习基地缺乏与资金不足的短板,满足了学生进行研究、实习、社会实践的基本条件。同时,专家院模式也提供了学生了解农村、了解农民、了解农业的窗口。通过在“农家小院”一定时间的学习、研究、锻炼,学生不断地培养学习兴趣,坚定了他们服务“三农”的意识,加强了理论学习与实践的结合。实践过程提供了学生与企业间联系的机会,期间有的学生与企业签约成功,缓解了就业压力。

(五)信息服务

面对乡村农业信息闭塞,交通不发达,农民综合素质较低等现实问题,专家院积极应用专家院的软硬件设施,通过计算机、互联网等现代技术手段,把自己的研究成果、生产经验、国内外市场信息等,及时有效地传递给“农家小院”,并为其提供先进的、致富的技术信息和市场信息。通过信息平台较好地实现与基层科技单位、产业基地、相关企业以及科技示范乡镇、村、重点大户的互联互通,为传播和发布适合当地的新产品、新技术以及市情、行情、本地农产品供求等各类农村实用信息发挥了应有的作用。

教学指南

一、教学目标

通过本案例的学习,学生能够认识农业教育、农业科研与农业推广的关系,了解世界上目前存在的主要农业推广方式及其各自的特点,熟悉农业推广咨询的基本模式。

二、理论参考

(1) 农业院校、农业科研院所及其教职员工可以有针对性地向农民传授有用的技术知识,其目的是帮助农民学习农业知识和技术,并使科研人员的科学研究能有效地解决农民所需。

(2)项目推广方式是运用较为普遍的一种农业推广方式。农业农村部下设的农业推广部门不可能在一定的时期内使农业生产和乡村居民的生活发生重大的转变,但在一个特定的地区,在一个具体时间内,借助国家科研项目的资金投入,协同科研机构、基层政府、推广部门、农民组织各方力量,按项目进行的方式往往能起到良好效果,从而实现教育农民、带动当地经济发展的目标。

(3)专家院是一种多元信息传播主体相结合的农业推广咨询模式。该模式一般由政府、农业专家、企业或农民协会和农户组成,专家院将政府、专家、企业(协会)和农户有机地结合在一起,采取人际传播和组织传播相结合的形式,能有效地解决信息、技术需求与信息、技术供给之间的矛盾,提高有效信息的利用率和科技成果转化率,推动当地特色经济的发展。

三、思考题

1.怎样解决发展中国家科学研究与生产实践相脱节的问题？

2.农业推广咨询的模式主要有哪些？

3.农业科技成果推广的方式主要有哪些？

4.公益性农业推广明显具有收益外泄特征。在本案例中，面临收益外泄的困境，制度设计是如何激励专家的？

（谢军红　黄　鹏）

案例18

费县“农业影视+互联网”果树科技推广服务模式

案例背景

当前,我国农业科技成果数量并不算少,但真正接地气的、能有效应用于农业生产实践并促进生产发展的成果并不多见。产生这种现象的重要原因之一就在于农业科技在“下乡”过程中出现了推广方式不合适、农民采用效果不显著等问题。

费县是位于山东省临沂市西部一个典型的山区农业大县。全县辖13个乡镇街道、475个村,耕地面积为89万亩。林果产业是费县十大优势产业之一,全县形成了“三大果树优势产业带、十大优势果茶基地”生产格局,果园总面积达75万亩,果品年产量3.61亿kg,年产值11.5亿元。

本科毕业于农业大学果树专业,同时又是农业推广硕士、高级农艺师、科技特派员的费县果业管理局推广人员老徐自1996年以来开始和果农打交道,从事基层农技推广工作。他在实践中不断探索,采用的农技推广方式从一开始的骑摩托、喊喇叭,到网络云平台综合信息发布、视频直播、微课堂讲座、基地示范,逐渐形成了“农业影视+互联网”的云上线下农技推广服务模式。

案例内容

一、“农业影视+互联网”果树科技推广服务模式及其具体做法

这种模式强调从现代农业推广理念出发,整合多家资源,运用多样化的推广方法与手段,围绕果树生产整个产业链,为果农提供综合性的农业推广咨询服务。如图18-1所示,在农业推广服务过程中,推广人员瞄准果农的热切期盼和实际需求,通过搭平台、建团队,提升服务本领,创新服务方式,为果农提供涵盖优良品种、栽培技术、优良农资、果品营销等方面的综合服务。

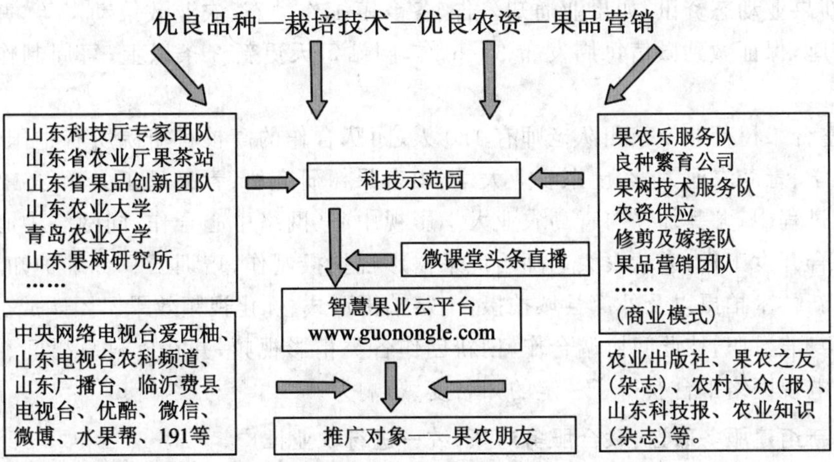

图 18-1 "农业影视＋互联网"云上线下果树科技推广服务模式

(一)创新建立服务云平台

创新建立服务云平台,使果业互联网专业技术知识、农业信息资源与农户需求有效衔接。首先,建立以果业管理局为核心的工作考核与云平台融合栏目体系,让工作考核实行云端运行;其次,创新组建"智慧果园"综合信息服务云平台,内容包括费县智慧果业云平台门户网站、费县果业局微信公众号、费县专家果农信息资源库、费县果业信息发布平台、果业科技推广直播交流平台、农业物联网平台、果业大数据分析平台,针对各大平台与各媒体、各平台的对接通道,建立国家、山东省、临沂相应平台对接机制,筛选优质内容进入上级平台。该平台公开面向广大政府管理者、果树种植专家、果树科技推广人员、果树种植户和消费者,为用户提供果树行业信息服务、电子商务、果农培训、专家微信在线指导、果树营养健康知识、果品加工等专业化信息服务。此外,2011 年底建成并开通费县果农乐视频网,当时网站租赁处于国内领先地位的亚洲网视频直播系统进行果树技术直播,立足临沂、辐射山东、面向全国,定位于远程视频直播指导果农进行果树生产,整合果树行业视频资源,拍摄转化山东省果品创新团队的最新技术成果,服务费县各地的广大果农,同时也让省内外其他地区的果农受益。网站视频内容丰富、全面,涉及果树新品种、新技术、新模式及摘心、修枝、抹芽等各类果树技术知识;视频效果画质清晰、情节切入生动形象;视频拍摄的地点既有在演播室的,也有在田间地头的。农户足不出户便可以了解先进农业技术知识,并通过微课堂实现在线咨询、远程互动,及时获得相应的技术知识。总之,通过云上互联网资源整合,对用户进行线上指导服务、答疑解惑,充分解决农民群众关注的果业技术问题。

(二)建立党代表创新团队

2016 年 12 月,老徐当选为县党代表。为更好地发挥党代表工作站的作用,将其打造成联系和服务推广对象的阵地,2018 年 3 月成立了云平台维护团队、果业服务团队等。团队成员由费县果业局云平台团队成员、各乡镇果树站成员及部分相关的新型农业经营主体等 37 名人员构成,组织他们通过培训学习照相、录像、图片处理、视频制作、微信制作、PPT 制作、后台制作上传等内容,提升自身传播能力与素质,掌握为果农服务创新的各种互联网工具的使用操作技能。团队成员分工合作完成云平台信息维护、微信制作、专家讲座服务、果业微课制作等内容，及时更新果业动态资讯，如果业通知公告、各乡镇工作动态、农业政策动态等，并收集整理国内专家讲座，保证做到微信每周发布 3～5 次，网站每天更新 3 条以上，每周制作微课 2 节以上。

同时，整合果树行业专家团队老师有 120 人，团队合作的高校科研院所有中国农业大学、华中农业大学、青岛农业大学、山东农业大学、山东果树研究所、青岛理工大学等 12 个。在农业技术推广过程中，尤其加强与青岛农业大学影视中心、网络中心合作，同网络中心启动智慧果园系统联合开发工作，邀请农大老师培训果树影视拍摄制作，培训云平台维护知识，加强费县本地果树新技术拍摄以及外部县域拍摄，丰富拍摄形式、优化视频效果。团队成员在推广工作中常一人身兼数职，彼此间协调合作，创新创作各类精彩视频，并在农科直播间、乡村季风、今日头条等电视网络平台获得了一定的知名度、影响力。

（三）创新组建服务联盟，联合服务对象，统一进行农业推广

一家一户的推广方式耗费成本高、效率低，因此，需要将普通农户、新型职业农民联合起来，了解大众需求，用有限的时间服务更多的农民。果树达人老徐利用平台进行技术推广，使其在网络上收获了一大批“果友粉丝”，他们通过电话、微信向老徐咨询果树技术知识。为了更有效、更集中地为农民服务，费县整合了农业创新团队、费县农科驿站、费县农业产业龙头企业协会、富硒协会、果树协会等，形成果业联盟，收集种植大户信息，整合农业资源，综合协调政、产、学、研，充分利用各方资源优势服务普通农户、新型农业经营主体，促进费县果业产业发展和农业增产增收。

同时，老徐参与建设的农科驿站、劳模创新工作室开始征集全国各地的“果友”参加线下讲座、基地示范、观摩交流。第一期活动以公益性方式征集，全国各地的新型职业农民慕名而来，参加人数达到了 100 人次以上。此后，农科驿站就定期进行集中讲座，讲座内容不局限于果树修剪、抹芽以及用药等技术知识，更包含当前国外农业发展现状、国内农业政策前沿信息、发展趋势等综合信息，实现了农业知识与技术的教育和推广。基地示范形象直观、立体生动，来自全国各地的新型职业农民在基地学技术知识、提技术疑问、亲自动手操作，并在示范基地相互交流，就各自对技术知识、农业前沿信息的看法发表意见，可以说，基地示范活动搭建了全国新型职业农民相互交流学习的平台。

二、“农业影视＋互联网”果树科技推广服务模式的运行成效

（一）经济效益

“农业影视＋互联网”果树科技推广服务模式既可以使县域农民得到优质、实惠的服务，又可以辐射到周边县域乃至全国，改善农户的技术应用水平，提高全国农业技术成果转化率；既可以促进农业影视的发展进步，又能为农技推广部门带来实质性的收益，最终实现农户、农业影视、农技推广部门三者的共赢局面。

首先是农户增收。费县经济开发区田胜庄村的刘先生通过观看费县果业微课，将课上学到的果业技术知识应用于自家果园。许多像刘先生一样的农户，在农业科技的带领下不仅自身实现了脱贫致富，还影响带动周围农户通过网络微课堂学习果业技术知识，形成了浓厚的县域农业技术知识学习氛围。

其次是基于微信生存的果农乐微课堂对果树技术知识付费进行了探索和尝试。新形势

下，由原来计划出书满足农民学习需要改为通过制作视频传播农业科技，每一条视频根据其实际应用价值、详细直观程度和录制成本规定收费标准，果农在网络上根据自身技术需求选择性付费。通过付费来收看相应微视频及直播讲座，一方面可以检验服务的价值，另一方面可以利用所收费用及时更新设备器材，制作更高质量的视频，满足果农的更高要求，形成了良性循环。

（二）社会效益

费县“农业影视＋互联网”果树科技推广模式充分利用互联网平台的力量，不仅使本县域内农民获得了实惠，获得了农民的认可，也获得了单位、专家同行以及社会各级媒体的关注和认可。

首先是获得了农民的认可，县域内众多果树种植大户在这种推广模式下集合起来，尤其是年轻果农，为农技推广工作注入了新鲜血液。在费县57个贫困村中涉及有果树的村庄，为当地众多果农推广新技术，引进新品种，不仅可以现场解决果农生产问题，而且可以通过远程咨询解决问题，帮助推广对象通过发展林果业脱贫致富。除此之外，还使平邑、蒙阴等临沂市的其他县区农民增收，同时辐射省内外其他有果树的果农朋友。通过这种模式，推广苹果高纺锤形栽培、桃干主形栽培、大樱桃纺锤形栽培等新模式20万亩，推广转化各类果树技术成果20项，全国受益农户达到6万人。

其次获得了单位的认可，科技部、省科技厅领导多次到费县检查指导。费县县委、县政府、科技局高度重视，领导建立了农科驿站服务队、云平台，打造费县科技扶贫新模式，探索将费县果业打造为地方品牌产业，融入费县农业经济发展当中。

此外，省内外果树行业专家及其他农业同行也开始关注这种推广模式，科技部、农业农村部、高校、科研单位等的专家、老师多次到费县调研指导，将最新科研技术成果、科研论文应用到现实生产实践当中，致力于探索解决农技推广“最后一公里”难题。

最后，社会各大媒体也开始关注费县农技推广模式，中央电视台、中央组织部党员远程教育台、大众日报、山东广播电视台《农科直播间》《12316》、山东科技报、农业知识等多家媒体对费县农技推广模式进行报告宣传。截至2019年5月，老徐已经利用互联网远程技术直播果树技术讲座1 200期，做客山东电视台农科频道等电视媒体制作果树视频科技专题节目180期，收看其网络电视现场直播的果农达600万人次，视频点击突破3 600万次。

三、存在的问题

（一）农业影视和网络云平台的投入问题

农业影视的制作需要大量资金，网络云平台的维护与运行非一朝一夕就能见效，当前费县农技推广实际上更多是带有公益性质，项目资金多为自发筹集，资金渠道窄，长此以往势必会影响农业网络信息数据库的建立以及云平台的可持续发展。因此，是否具有充分平稳的项目资金投入，是费县农技推广模式能否持续发展的关键所在。

（二）人员素质与激励机制问题

农技推广活动不只是技术知识的传播过程，更是农业教育与咨询过程，需要真正有知识、懂技术、会推广的人员来承担。费县农技推广模式的创新性决定了其人员更需要懂网络、懂农业影视制作技术，但目前费县农技推广人员数量少、素质参差不齐，人员年龄偏大也是个问题。2007年以来费县果业局就没有进过新人，这不是单位不想要人，而是县里没有编制，老徐本人也是在2019年6月被新成立的临沂农业科技职业学院招聘到学校。农业影视制作往往是一人既是导演又是制片人,例如,农技推广工作者老徐不仅要学习技术知识,还要负责农业推广网络事宜,诸如农业信息的发布、数据库的建立、稿件编辑等。老徐被招聘到新单位后如何和原来单位对接,如何培养新人使其熟悉应用互联网,也是个值得思考的问题。此外,还有人员激励机制问题。费县农技推广模式兴起于费县果业局,单位内部需要建立和完善与农技推广工作绩效衔接的人员激励制度。

(三)外部联盟合作问题

农技推广部门在一定程度上充当着连接科技研发机构与推广服务对象的媒介角色,因此,它既需要与产、学、研单位建立合作联盟关系,又需要与农技推广对象,尤其是新型农业经营主体密切联系。费县农技推广服务模式虽取得了一定成效,但还不够成熟,优质技术资源得不到集中,与农业科研院所建立广泛联盟关系还需一定时日。新型农业经营主体也只是初步开始关注,一部分服务对象基于兴趣、风险等原因还处于观望状态,合作建立技术资源共享数据库还不太现实。

四、未来的发展

(1)着力解决农技推广过程中的资金投入、人才不专不足问题。费县"农业影视+互联网"果树科技推广服务创新模式的关键问题在于项目经费不足,推广人员老龄化严重、素质不高。未来农技推广要着力吸引项目资金,用以解决技术学习、软件购买、视频制作等费用问题。知识付费时代为此提供了契机,一部分技术知识的商业化、市场化是未来发展的方向。对于推广人员老龄化问题,一方面要保障推广人员的福利待遇,创新单位内部激励机制,将推广绩效与福利待遇、荣誉称号挂钩,激励推广人员为推广对象提供高效、优质的服务;另一方面要适当增加人员编制,吸引果树技术专业人才、影视制作专家、优秀文案编辑人才,保证推广团队成员专业多样化,囊括技术知识的传播、扩散、应用各个领域,解决农技推广的"最后一公里"问题。

(2)扩大农技推广创新的影响力,加强与高校、科研院所、传播媒体、职业院校建立联盟关系,促进创新扩散。农业科研院所及各类院校具有强大的教育、研究和培训功能,因此,农业推广需重视大学与政府共建的模式,充分发挥大学科技和人才优势,促进农业科技成果转化。互联网的发展决定了农技推广需要利用现代媒体,创新农技传播的方式,扩大农技推广影响力。

(3)立足县域地方特色,将果业发展融入县域经济发展中,促成费县产业振兴。果树产业的发展只有融入当地区域经济之中,才能获得长久生命力。费县果业在果树科技推广中的创新可以促进地方主导产业的发展,避免同质性产业恶性竞争,发展品牌产业,带动当地农业与农村经济的发展。

教学指南

一、教学目标

通过案例的学习和讨论,加深学生对农业推广服务模式创新、现代农业推广服务方式与方法、农业推广人员职责与素质的理解和认识，熟悉“农业影视＋互联网”果树科技推广服务这种农业推广模式的运行实践。

二、理论参考

(1)农业科技成果推广模式(或方式)是指农业推广机构与人员同推广对象进行沟通，将科技成果应用于生产实践从而转化为现实生产力的具体做法。农业科技成果推广活动涉及4个基本的组成要素：推广人员、推广对象、推广内容、推广方法与手段(或途径)。这里所说的农业科技成果推广方式，就是对农业科技成果推广活动4个组成要素及其相互关系的描述与概括，是一种涉及多因素的组合方式，因而也可称为农业科技成果推广模式。各地农业推广的具体情况不同，需要因地制宜地探讨相应的农业科技成果推广模式。

(2)农业推广工作是由农业推广人员开展的。推广人员存在于不同类型的农业推广组织，不同类型的农业推广人员具有不同的职责，必须具备一些基本的素质才能胜任相应的推广工作。为了发挥农业推广人员的积极性和创造性，激励他们高效率地开展农业推广工作，需要运用科学的管理方法与手段，加强农业推广人员的管理与人力资源的开发。

三、思考题

1.费县“农业影视＋互联网”果树科技推广服务模式运行给我们带来哪些启示？

2.从老徐的工作中，如何认识推广人员的角色与应当具备的素质？

3.老徐调离费县果业管理局后，如何更好地发挥其个人以及果业管理局在果树科技推广中的作用？

(高启杰)

案例19

大学生创业带动农业科技推广

案例背景

近年来，各地高校纷纷鼓励大学生创业。满怀激情的大学生创业，成功率却极低。那么一个大学毕业生创业的基本条件到底是什么？大学生创业成败的影响因素有哪些？大学生如何学以致用并在实践中继续学习？这些问题在本案例中均有所体现。

高校毕业生创业，面临着经验、资金、市场、人际关系、社会资源、生产要素等各方面的限制。在本案例中，案例的主人公小黄是如何在这些方面突破的？

案例内容

一、小黄其人

小黄是山西农业大学2004级农学专业的学生。由于家境贫寒，从大一开始，他就利用课余时间打工来赚取生活费。他卖过自行车、小电器，打过零工，是一个充满激情而又踏实肯干的青年。为了通过自己的专业技能和学习能力获得更多的发展机会，他跑遍了太谷县的农村，自行设计调查问卷做调查，从而对太谷县农村农业发展状况有所了解；同时，他也特别关注国家政策，不断寻找创业之路。

二、小黄的探索之路

（一）初出茅庐推广沼气池

在太谷县农村进行调查的过程中，小黄发现沼气池建设工程在太谷县刚刚开始推广，这个项目应该可行。2006年“五一”小长假期间，小黄和同学到汾阳市对当地农民建设和使用沼气池情况进行调查。调查内容包括3个方面：①现阶段沼气池在当地的发展状况；②已建好的沼气池的使用情况（是否适用、使用方便与否、利用效果如何）；③沼气池的建造成本，国家对沼气工程的政策情况。当时由于经济原因和时间原因，只印刷了500份调查问卷。这500份问卷又分为两种，分别针对沼气使用用户与非沼气使用用户。汾阳市沼气用户少，调查中只有10户左右，而且用户较为分散。于是小黄他们又有5人去平遥县宁固镇做调查，用以补充汾阳市调查的不足。这次调查对象专门针对沼气用户，调查发现在宁固村几乎家家建有沼气池。通过这次调查他们写出了调查问卷报告。报告结论有以下3点：①现阶段使用沼气池的人较少，知道的人也少，市场发展空间大。②现有沼气用户有的用得很好，有的用得不好。整体来看，养殖户感觉很好，而非养殖户则感觉较差，主要原因是非养殖户需要买粪肥，成本高。从发展对象来看，应优先发展养殖户。③现在国家政策比较好，国家推行生态家园富民工程计划，在农村推广沼气池，每建一个沼气池，国家补贴农民500元。因此，建沼气池在农村应该好推广。

这次调查对小黄鼓励很大，他觉得这个项目可以做。于是他开始在图书馆、网上找资料，学习理论知识；同时，他们找到一家做沼气池的工程队，通过打工学习建造工艺，这次学习用了大半年时间。期间，小黄了解到要承揽沼气工程，必须有沼气生产工国家职业资格证书，而要领取该证书，需要通过山西农业大学太原园艺学院鉴定站鉴定。于是，小黄去太原园艺学院了解了该证书的考试办法，之后在太谷县农业局报了名，于2007年1月参加了山西省农业厅在介休市组织的沼气生产工考试，并且顺利通过了考试。

2007年“五一”刚过，小黄和他的团队就开始独立建造沼气池。考虑到村民对新事物的接受程度有差异，他们选择离学校较近的申奉村、杨家庄村和桃园堡村开始建造沼气池。小黄团队负责技术指导，包括沼气池尺寸大小、粪便比例、管道设计等内容，农户负责具体施工。这样他们只需要投入技术，在建设过程中严把质量关就可以完成任务。小黄他们在指导农民建造沼气池时特别认真，农户们也都认可他们的工程，慢慢地就打开了市场。在暑假期间，他们逐渐把建造沼气池的业务发展到范村镇、小白乡、北洸乡等太谷县其他农村。2007—2008年，他们共为太谷县建造沼气池200多座，创收5万多元。

在2008年建造沼气池的过程中，小黄开始考虑转行了，原因主要有两方面：①沼气池建设好之后就可以长期使用，太谷县经过两年建设，沼气池工程基本完成了，以后业务会越来越少；②从大二开始，小黄他们就学习食用菌种植，2008年已经进行了食用菌的试验种植。相比之下，人们对食用菌的需求更多，食用菌市场更具有持续性和扩张性。于是，他们选择停止建造沼气池。对于沼气工程，他们只留下一个沼气服务站，负责用户不产气、产气少、管道漏气等服务。

(二)改弦更张生产食用菌

大二时，小黄上了“食用菌栽培技术”这门校选课，从理论上学习了食用菌种植技术。在这门课程学习期间，小黄认识了一个比自己高一届的学长，这个学长在大学期间就开始在阳曲县建大棚、种植食用菌。小黄主动帮这个学长建大棚、拌料，由于第一次种植食用菌，经验不足，小黄失败了。但是这次参与对小黄的锻炼很大，使他熟悉了食用菌生产的具体流程。

2007年秋季，小黄上大四。据他估算，一个10万人口的小县城一天消费1 t鲜菇没有问题。当时，全国食用菌生产企业并不多，从事食用菌生产前景广阔。他投入3万多元建起一个大棚，开始尝试小规模种植食用菌。由于技术不过关，大多数食用菌种植失败，只有很少几批长势良好。小黄回顾整个种植环节，发现关键还是技术掌握不准确，灭菌不过关。经过多次种植试验，他们匹配了锅炉的大小与菌袋的数量，灭菌技术用了一年多时间彻底解决。除了灭菌问题外，还有石灰粉使用比例不当的问题(石灰粉主要用于调节酸碱平衡和灭杂菌)。半年下来，小黄投入的3万多元钱全部花完了。

2008年春季，小黄又投入3万元，继续进行食用菌种植，期间有成功，也有失败。小黄一边帮人建沼气池，填补亏空，一边继续探索食用菌种植技术。

2009 年春季，小黄与其他两个同学各筹集了 3 万元继续进行食用菌生产。由于偶尔能出几批好的食用菌，他们扩大了生产规模，又建了一个大棚。这年的 3 月份，山西省团省委书记来食用菌种植大棚参观，鼓励大家好好干，这对大家鼓舞很大。小黄在学生社团的基础上，成立了太谷县绿能食用菌专业合作社，成为晋中市第一家由大学生组织成立的农民专业合作社。大家计划通过专业合作社好好发展食用菌生产，但是事与愿违，生产规模扩大了，可上半年还是一直赔钱。多次失败后，小黄开始静下心来思考多次失败的原因，发现自己有点死搬书本知识。因为每次出现问题时，他首先想到的是去图书馆、上网找资料，所有技术都源于理论，现在必须打破教条从实践中学习了。在这年，小黄专程到太原市食用菌种植较好的企业进行学习。他免费在那里干活，早起晚睡，在实践中探索食用菌种植技术，这样往返太原学习了 10 余次。从这一年 9 月 16 日开始，食用菌种植情况发生了好转，失败次数少了，实现了扭亏为盈。但由于资金不足，用于生产的两个大棚不得不减少一个。随着技术逐渐成熟，在生产过程中，小黄逐步建立起了自己的生产标准系统和管理制度。

2010 年初，山西省国家级贫困县和顺县计划发展食用菌。经山西农业大学驻和顺县扶贫队牵线搭桥，和顺县与小黄签订食用菌技术指导合同，由小黄进行技术指导、原料供应等服务，全程指导和顺县食用菌生产。在小黄的服务下，和顺县成功种出了食用菌。在此之后，2011 年小黄又在宁武县对一个企业家承包的 500 亩蔬菜和食用菌大棚进行了食用菌技术指导，食用菌种植又取得成功。

（三）新形势下的新创业

2012 年，小黄已毕业 4 年，积累了一定的资金，他又建起了一个食用菌大棚。同时，小黄自己的业务也稳定为两方面：一方面继续从事食用菌生产，另一方面进行食用菌技术服务与培训。对于小黄来说，边实践边推广，用自己的试验与示范来带动自己种植技术的推广传播，效果很好。

2013 年，小黄又建成了 3 个大棚，这样用于食用菌生产的大棚增加为 5 个，面向的市场主要是太谷县。同时，小黄继续在山西省的原平市、阳曲县、交城县、泽州县指导当地食用菌生产。

2015 年，小黄团队入驻山西农业大学创业园区。在这里，小黄的事业再上一个台阶，扩建大棚 15 个，租赁日光温室 3 个。他以讲座和培训班的形式对在校大学生及周边农户进行食用菌栽培技术的培训，累计带动大学生农村创业 12 人，发展大学生食用菌生产基地 12 个。

在食用菌种植过程中，小黄种植的品种不断增加，由最初只种植平菇，增加为种植平菇、香菇和灵芝 3 种食用菌。

2016 年 6 月，为了更好地开展食用菌技术研究，小黄团队整合太谷县食用菌研究领域资源组建成立太谷县汇硕食用菌研究所。目前该研究所形成的成熟技术有食用菌双层拱棚种植技术、接种钉接种技术、食用菌自动喷淋技术、锅炉遥控上水、自动断水技术 5 项新技术，其中一项入选 2016 年度山西省大众创业万众创新成果项目库。

经过多年的发展，小黄组建的合作社由最初的 5 名社员发展到现在的 58 名社员。2016 年，合作社仅太谷生产基地就实现年产平菇 150 t、香菇 75 t，年销售额 150 万元。合作社还先后在右玉、阳曲、离石、原平、太谷、和顺、宁武、交城、孝义、汾阳、乡宁、吉县、大同、襄垣、黎城、文水、泽州、应县、翼城、左权 20 个县市开展技术服务，培训“三区”科技人才、青年农场主、新型农民等2 000人次，累计培训10 000人次。这些培训带动农户1 000余户从事食用菌生产，建立大型生产基地23个。近年来，国家实行精准扶贫政策，贫困户种植食用菌可获得适当的补助，这也加快了贫困“三区”食用菌的发展。

在食用菌种植及技术服务的过程中，小黄坚持以食用菌产业化发展的理念去发展食用菌生产。目前，小黄的食用菌产业链延长了，由发展之初的技术指导，发展为现在的产前种植规划和原料供应以及产后产品回收。现在小黄可以生产适合黄土高原种植的多个菌种品种。

2016年，小黄在太谷县建立了第一个食用菌专卖店。该专卖店设立后，明显提高了当地食用菌种植户的利润，避免了同行业恶性价格的竞争。在太谷县范围内生产的食用菌采取统一销售，由于价格合理、质量有保障，深受当地群众的喜爱。

三、创业者小黄的经验

大学生创业成功率极低，有人估计大概只有1/100。小黄就是踏踏实实又勇于实践地成为这“1/100”。与其他失败的创业大学生相比，小黄有什么不同？

(一)及早规划，积极参加实践活动

大学4年对于小黄来说是不平凡的4年，同时也是艰辛的4年。这4年中，小黄充分利用课余时间和寒暑假尝试各种工作，如扫篮球场、擦皮鞋、卖自行车、作沼气池、种植食用菌等。

(二)学以致用，不断寻找创业之路

小黄边学习边寻找创业机会。通过学习，取得沼气生产工国家职业资格证书，开展了沼气池建设工作；之后考虑到长远发展又转型发展食用菌。

(三)勇于探索，不断总结失败教训

小黄进行食用菌生产初期，先进行了小规模试验，在扩大规模生产中遭受多次失败后，选择了坚持，最终取得了成功。

(四)推广对象主动学习，技术推广成功率高

小黄在推广食用菌种植技术的过程中，几乎没有失败过。主要原因是找对了推广对象，推广对象有意愿、有热情、乐于学习。这些想致富的推广对象高度重视推广技术，愿意全心全意地投入时间和多方筹措资金。小黄的推广对象主要分为两类：一类是企业高度重视食用菌种植技术，付较高的培训费用把小黄团队成员请到企业进行技术指导，企业内部技术员学习也特别认真；另一类是个体种植户，这些个体种植户发家致富愿望强烈，对其小黄不收取学费，免费提供学习条件。种植户需要在小黄种植基地学习2个月，他们自己解决吃住问题，既要付出时间，又要花钱，因此他们学习态度端正，技术掌握得较好。

教学指南

一、教学目标

通过本案例的学习，学生能够理解农业政策与法规在农业推广中的重要地位，加深了解农

业创新的复杂性是影响创新扩散的重要因素，深刻理解参与式农业推广改变推广对象行为的方法。

二、理论参考

1.关于先驱者

在农业推广领域，农民采用新技术的过程有先驱者，且任何领域、产业、人群中，都有先驱者。先驱者不仅敢于冒险，也勇于探索实践，锲而不舍，具有企业家精神。在高校中，批量培养专业人才的方案是成熟的，但是，筛选、激励先驱者，却需要有更为合理的制度设计和培养方案安排。

2.关于广义的农业推广

广义的农业推广是农业生产发展到一定水平，农产品产量已满足或已过剩，市场因素成为农业生产和农村发展主导因素以及提高生活质量成为人们追求目标的产物。已不单纯地指推广农业技术，还包括教育农民、组织农民以及改善农民生活等。

3.关于推广的环境和政策

农业推广人员、先驱者或者创业者，应认识到国家政策与法规对农业技术推广有重要作用。

4.关于农业推广的基本程序

农业推广程序是农业推广的先后顺序，是一个动态变化的过程，包括项目选择、试验、示范、培训、服务、推广、评价7个步骤。其中，试验是项目推广的基础，复杂的技术要经过多次试验才能够成功。

5.关于大学生综合能力的培养

农业推广学是一门应用学科，它要求大学生要关注生产实践，并参与实践活动，才能更好地学好农业推广学课程，适应未来的工作。

6.关于组织合适的推广对象

有行为改变的意愿，有一些行为改变的资源，缺乏改变的关键要素，这样的对象是农业推广的有效对象。在本案例中，无论是小黄，还是小黄服务的农户、企业和合作社，都具有这样的特征。这些人主动地参与推广过程中的目标确立、计划、沟通、建设过程，才使推广过程能够顺利进行并取得较好效果。

三、思考题

1.根据案例材料结合所学知识，简述农业创新采用率的影响因素有哪些。

2.小黄在最近的食用菌推广中，一方面是在自己的基地上生产，另一方面是向其他人提供技术服务，请你分析这二者之间的关系。

3.你认为小黄在创业过程中有哪些值得创业者学习的地方？

（崔福柱）

案例20

盲目推广使兰州百合卖成了洋芋价

案例背景

兰州百合是全国四大百合品系中唯一可食用的品系，其地下鳞茎个大瓣肥、洁白如玉、鳞片紧密、肉质细腻、味醇香甜，除具有较高的食用价值外，因百合寓含“百年好合”之意，在国内外餐饮市场上，兰州百合已经成为筵席中的名菜，还具有药用、观赏等多种用途。兰州市七里河区是兰州百合的最大产区，南部二阴山区出产的百合品质最佳。从1997年起，兰州百合的地头收购价每年以10%以上的速度节节攀升，到2001年春天，已上涨到了17元/kg，这个价格曾一度被种植百合的农民、加工经销商和政府官员们称为“天价”，一部分农民因种植百合致富。因此，在各级政府的大力推动下，各地都开始大建规模种植基地，至2002年，仅七里河区的推广面积猛增到10万亩以上。但随着面积的扩大，价格却开始下降。从2002年春季开始，兰州百合的价格开始走低，地头收购价每不到4元/kg，一些长势不好的百合，甚至卖不到1元/kg，用农民的话说就是兰州百合卖成了洋芋（马铃薯）价。百合商贩不来收，加工厂也不要，百合烂在了地里，农民不仅3年的辛苦要白费，全部的投入也都砸到了地里。据有关人士介绍，如果按每千克百合最高价4元钱计算，仅七里河一个区的农民的损失就达3亿元。堪称“世界第一”的兰州百合，却让种植百合的农民吃尽了苦头，不但没能使当地农民“宁心、安神”，反而伤透了他们的心。强烈的价格反差，使百合市场顿时陷入一片混乱，大批的百合被积压，种植农户叫苦不迭，加工销售企业连连亏损，政府部门也一筹莫展。

出现以上情况，原因是多方面的，如在利益驱动下，农民自行引种和扩种，在不成熟季节采挖“绿秧子”百合上市，个体经营户不正当的市场竞争、相互拆台等都对市场起到了扰乱作用。另外，市场上百合产品相对供过于求、质量下降。对积极推广百合栽培技术的政府推广服务系统而言，现实中暴露出的一些问题值得反思。

案例内容

一、推广系统缺乏产前和产后服务能力，面对市场波动无能为力

兰州百合因为味甜，北方人吃得很少，绝大部分产品销往外地，兰州本地市场仅占销售额

的5%,北京、广州、上海等大城市作为兰州百合的主要销售市场约占销售总额的95%,其中20%转口到中国香港、中国台湾以及日本、东南亚等地。1997年,甘肃全省种植面积不过3万亩,而发展到2002年仅七里河一个区种植的面积就超过10万亩,产量增加过快,市场消化不了这么多,出现了相对的"供大于求"。在过去的百合生产推广服务中,推广部门在产中的技术服务中做了比较扎实的工作,特别是为了提高产量,在种植模式、施肥配方、中耕除草等田间管理等方面做了大量的工作。但是在产前阶段对市场的预测分析方面的研究基本为空白,没有应对市场变化的预案。产后面对市场出现波动和产品积压束手无策,既无法开辟新的市场打通销路,也无足够的库容保鲜贮存,更无产业链就地加工转化,只能任其市场价格从天价一落千丈,卖成洋芋价。

二、违背了试验示范推广的基本程序,盲目扩大种植范围影响了产品质量

兰州百合是一种地域性极强的特色农产品,对生态环境条件要求较高,对种植区的海拔、土壤、气候条件要求较严。据有关部门的科研人员调查分析,兰州市七里河区是兰州百合的最大适宜区,南部二阴山区出产的百合品质最佳,适宜种植的类似区域还包括甘肃的甘南、临夏、定西等。但在眼前利益驱动下,一些地方政府和推广部门,不经过严格的生态区域适应性试验和示范,以政府干预的推广方式,盲目地在一些不适宜地区建设兰州百合规模生产基地,特别是在一些干旱灌区建设的"千亩""万亩"示范生产基地,靠大量施用化肥和灌水提高产量。推广的初衷是扶贫,帮助农民增收,但生产的百合因不具原产地的品质要求,在市场上不被看好而卖不出好价钱,不但未达到增收的目的,反而使农民的投资和政府的补贴血本无回。

三、忽视了推广技术的再创新,有形磨损严重,导致产品质量下降

优质的兰州百合即市场上的一、二级商品,要求其鳞茎分头少、个头大,外观白净,形状扁圆,无色斑,甘甜无渣。但长期以来,只重视扩大推广面积,忽视了栽培技术的创新,推广和科研工作严重脱节。甘肃的科研机构和农业大学很少涉入百合的研究,在品种改良繁育、种植制度的科学研究方面基本无所作为,农民的种植技术不能及时获得更新。种植区一直种植自选自留的母籽,甚至用淘汰的"千字头"百合鳞片繁育母籽,又缺乏科学的轮作倒茬,导致兰州百合病毒感染普遍、品种退化十分严重,生产的百合中独头率目前只有20%~30%,而"千字头"百合的比例就达70%~80%。产量下降严重,品种退化导致质量下降成为兰州百合产业发展的瓶颈。

四、缺乏公司、基地和农户相联结的产业化生产经营机制,无序竞争,损坏了兰州百合的声誉

随着兰州百合市场行情的持续看涨,刺激着百合生产、加工、销售各个领域,兰州百合种植面积急剧扩大,加工、销售小企业数量猛增。至2002年,兰州市规模不等的百合加工销售企业有130多家,其中,在百合的集中产区七里河区西果园乡的加工企业就有60多家,零散的销售户则更多。数量众多的百合加工经营户,没有规范的管理,有些小户借机不断地变换品牌,导致百合质量虽参差不齐,却全部流向了市场;甚至个别加工户还将外地百合混入兰州百合包装,以假充真,以次充好;还有的直接把泥土、根须、烂鳞片装入包装袋内投放市场。另外,非采挖期内采挖、收购、加工"绿秧子"百合的现象日趋严重,而这样的百合根本不能食用,严重影响了兰州百合的市场信誉。早在2000年前,一部分农民曾提出成立兰州百合产业集团和兰州百

合协会的建议，希望在政府的组织下吸收全市百合加工企业搞联合经营，借鉴公司、基地、农户的机制生产和经营，小户靠大户，大户入股组建一个相对统一的企业集团，统一商标、统一标准、统一包装、统一价格、统一销售，政府通过扶持"龙头"，增加农民收入。此建议上报给当地政府后，却未能及时被采纳。因为没有人"搭台"，无序竞争持续。

教学指南

一、教学目标

通过本案例的学习，学生能够认识在市场经济条件下农业推广产前、产中、产后全程服务的重要意义，理解试验、示范、推广是我国现阶段农业推广的基本程序；同时，认识到公司、基地和农户相结合的推广方式是我国实现农业产业化经营的重要途径之一。

二、理论参考

(1)狭义的农业推广只是将创新的技术传播给农民，推广系统只负责产中指导。但市场经济条件下，对于一种本来就是经济作物的生产，市场因素成为农业生产、农村发展的主导因素和追求的目标，其推广系统的任务不再是狭义推广。不仅要传授给农民产中技术，更重要的是提供产前、产后全程服务。市场信息、运销加工和贮藏的指导都成为推广服务的工作内容。

(2)试验、示范、推广是现阶段我国农业推广的基本程序，对于从国外和国内引进的任何具有不确定因素的农业创新，都应经过一定形式的适应性试验和示范，确定其生态条件的适应性，评价其市场需求的价值，规范生产过程的操作规程。盲目引进新成果，不经试验就大规模推广而失败的例子很多。

(3)农业科技成果的推广具有明显的周期性规律。一项农业科技创新自进入推广领域后，一般要经历试验示范期、发展期、成熟期和衰退交替期。一项具体的创新技术在生产中应用推广的寿命是有限的，新旧技术的交替是必然的。所以，对于像兰州百合这样的地域特色极强的科技成果要千方百计地减少推广应用中有形、无形的磨损，尽可能延缓其使用寿命，让其发挥更大的效益。但在具体的技术的创新方面，一定要推陈出新，不失时机地研制和储备新技术，以保证在原技术衰退时及时更替。

三、思考题

1. 在我国市场经济条件下，"企业＋基地＋农户"的农业推广方式具有哪些方面的优势？

2. 农业科技成果的推广，一般呈现怎样的周期性？

（黄　鹏）

案例21

农业科技成果推广中校企结合的几种不同形式

——以湖南农业大学棉花研究所的成果推广为例

案例背景

为“三农”提供科技服务是农业院校的重要使命之一。农业院校结合高校的特点，通过多种途径将自身开发的实用科技成果推广，使之转化为现实生产力，为提高农业科技进步贡献率、促进农村经济增长方式转变、增加农民收入做出贡献，校企结合就是其中的主要途径之一。校企结合既能发挥农业高校的技术和人才优势，又能发挥涉农企业的产品营销优势和积极性，在科技成果推广转化中实现高校、企业、农民“三赢”，特别适合品种（以种子为技术载体）和物化栽培技术的推广。

21世纪以来，湖南农业大学棉花研究所（以下简称为“棉花研究所”）选育新品种和鉴定栽培技术成果多项，这些成果在棉花生产中发挥了重要作用。在这些科技成果的转化与推广中，采用了几种不同的形式与企业合作，取得了良好的效果。

案例内容

一、主要合作形式

（一）技术转让

2002年，棉花研究所审定的高产优质杂交棉品种农杂62，按照双方自愿、互利互惠的原则，通过协商和合同约束，以110万元的价格独家转让给湖南省棉花种子公司，棉花研究所一次性提供亲本种子及繁殖、制种技术资料和配套栽培技术资料，并根据实际需要和公司的邀请，进行必要的技术指导。该公司隶属于省农业厅，依靠行政与市场两个方面的力量，使该品种很快占领了较大的市场份额。

（二）技术入股

2004年，棉花研究所审定的杂交棉品种金农棉1号，2005年作价240万元以无形资产入股，由湖南湘字棉股份公司独家开发，利用产业化经营形成"利益共享、风险共担"的机制，通过种子营销，新品种有效推广到广大棉农。在具体操作中，棉花研究所主要负责亲本纯度检验、制种技术指导和为种植户提供相应的技术咨询服务，公司负责按技术要求制种、种子加工、运输、储藏、销售等，并聘请专业技术人员为种子生产者和使用者提供相应的技术服务，公司将制种的运营利润按股份分红。品种推广到了湖南、湖北、江西、安徽等省，取得了良好的经济效益和社会效益。

(三)技术依托单位推广形式

2005年，棉花研究所审定的金农棉2号，不转让、不入股，由金农公司与棉花研究所共同开发推广。公司根据市场需求调研情况确定每年的制种规模，负责种子生产和销售。棉花研究所作为技术依托单位，种子生产技术及大面积生产配套技术由公司技术人员在棉花研究所科研人员指导下完成，关键环节则由科研人员现场指导。公司按每年实际销售种子的数量给棉花研究所提成。

2006年，棉花研究所鉴定了一项棉花栽培新技术——棉花水浮育苗技术，该技术的销售项目主要有棉花水浮育苗专用苗肥、基质和育苗盘，该技术产品由湖南水木生物技术公司经营推广，目前正处在示范推广阶段，棉花研究所作为技术依托单位，每年的棉花育苗移栽季节，公司和棉花研究所均派技术人员到各地指导新技术的应用，保证示范的成功。

二、得到的启示

在具体的校企合作过程中，参与合作推广的各方以促进农民增收为宗旨，以公司增效、科研可持续发展、成果产生的利益共享为合作机制，以政府的支持为推动力，灵活运用市场经济的物质激励和传统的示范、培训、指导相结合推广方法，取得了良好效果，也丰富了市场经济条件下农业推广方式和方法。我们从中得到的启示主要有以下几点。

1.物化成果的经营开发以企业为主体

企业经营物化科技成果是以长期获取最大利润为主要目的。为了达到这一目的，企业会积极参与农业科技成果的前期试验与示范工作，通过各种渠道加强宣传，科技成果一出台就已被广大采用者关注。而且每个公司都有自己为适应市场经济规律而构建的各具特色的推广网络、独特的营销策略和方法，有利于物化科技成果的快速推广，最大限度地减少其无形磨损。

2.高校与企业进行灵活多样的合作方式，可促进新成果的研制速度

在我国，农业高校和科研机构是绝大多数农业科技成果的产出机构，具有独特的知识产权，应该分享推广科技成果所带来的利润，但完全由高校或科研机构推广又会面临资金投入、隶属关系、沟通渠道、人员等方面的问题。因此，与企业合作推广就成为解决这一问题的一个重要途径。高校与企业合作推广的形式可以多种多样，在推广中可根据企业的实际情况、成果的成熟程度采取灵活多样的形式。例如，对于在审定时就已成熟配套的成果如农杂62新品种，企业对该成果有充分的把握，而科研单位又急需经费转入下一阶段的研究，根据双方协商，以较低的价格独家转让。对于新创立的湘字棉公司和水木生物公司，企业看中了科技成果的市场前景，但对新成果的把握信心不足，在推广过程中，离不开科研人员的技术指导，就分别采取了技术作价入股分红和技术经营提成的合作方式，企业免去了技术上的后顾之忧，又能实现自身经营利润。金农公司原以经营油菜和水稻新品种为主，已建立起了完善的推广网络，公司在湖南农业大学校园里，与科研人员沟通方便，因此也采取了经营提成的合作方式。这样，一

方面，高校的科技成果及时得到转化；另一方面，所得的转让费、分红和提成等收入，有力地补充了科研经费，促进了科研工作的可持续发展，提高了新成果研制的速度。

3.学校与企业合作推广，可及时获得反馈信息，根据市场及农民的需求调整研究方向

在与企业合作推广过程中，一方面，可通过公司经营的情况直接掌握对新产品的市场需求情况；另一方面，科研人员通过深入基层，了解农民对新成果的需求以及在采用新技术过程中出现的问题、困难等，并以此为依据，调整科研单位的研究方向和目标。例如，本案例在推广新品种时发现，即使中、小桃型品种产量更高，但因为市场上大桃型品种效益更好，公司愿意经营后者，农民愿意采用后者。因此，学校在大桃型品种选育及配套栽培技术方面投入了更多的精力，为公司提供了产量性能高的品种，为农民提供了更先进、实用的栽培技术规程，收到了很好的效果。

教学指南

一、教学目标

通过本案例的学习，学生能够认识在社会主义市场经济条件下高校与企业合作推广农业科技成果的重要意义，掌握物化类农业科技成果推广和转化的主要方式。

二、理论参考

(1)教学、科研、推广的结合，是我国农业科技成果推广转化的主要运行机制之一。

(2)物化类科技成果具有其自身的特性，这类农业科技成果的转化和推广，必须遵循市场经济的规律，通过合理的开发途径，加快流通的速度，使其产生预期的效益。

三、思考题

1.高校在农业推广中如何发挥技术和人才优势？

2.高校可以通过哪些形式与企业合作推广农业新技术？

（刘爱玉）

案例22

棉花杂交种推广的3种模式

案例背景

在农业领域，科研单位培育的高优势杂交品种必须通过杂交制种，才能为生产提供足够的种子，达到增产增收的目的，转化为现实生产力。而实现杂交制种经营、开发与推广的途径可有多种。目前，在我国常见的开发性推广模式有3种：一是自主开发模式，科研单位对培育的杂交组合，主要依靠自己的人力、物力、财力，组织生产、加工、销售，独立承担质量风险、市场风险，同时独立享有利润的开发模式；二是特约繁育模式，通过合同契约方式，委托方（科研单位）把亲本种子交付受托方（生产单位），对其进行必要的技术指导，由受托方组织生产、初加工，独立承担种子质量责任，把生产的种子全部送交委托方，而委托方独立承担市场风险，并向受托方支付一定繁种费用；三是合资经营模式，科研单位与生产单位以股东身份共同出资（资金、技术、成果、无形资产、厂房设备等），依法组建具有独立法人资格的合资公司，科研单位与生产单位享有所有者的资产收益权，并以其出资额为限承担有限责任，公司依托科研单位的技术优势，生产单位的生产优势，以其全部法人财产承担有限责任，是自主生产、自主经营、自负盈亏的一种生产方式。本案例对以上3种模式及其运行机制进行了分析和比较。

案例内容

1997年，中棉所29品种通过国家品种审定委员会审定，是国内第一个通过国家审定的抗虫杂交棉品种。该品种以其高产、优质、抗逆性强等优良特性受到广大棉农的欢迎，种子供不应求。该品种培育成功后，由中棉所科技贸易公司（以下简称为“中科贸公司”）通过自主开发模式进行了繁育和推广。

河南省农业科学院棉花油料研究所（以下简称为“棉油所”）培育成功豫杂35棉花杂交种，于2003年通过河南省农作物品种审定委员会审定，目前为河南省杂交种区域试验的对照品种。该品种培育成功后，通过特约繁殖模式进行产业化开发和推广。

唐河县种子公司与中国农业科学院棉花研究所（以下简称为“中棉所”）合资组建“河南省南阳中棉种业有限责任公司”（以下简称为“中棉公司”），注册资本100万元人民币，中棉所、唐河县种子公司分别投入40万元和60万元货币资本。公司依托中棉所的技术优势和当地的生产优势，采用合资经营的模式进行了杂交棉制种开发推广。

在棉花杂交种制种产业化过程中，以上 3 种不同开发推广模式因为运作主体的性质各异，使其在运作过程和运作机制方面存在不同，各有优势和缺陷。

一、开发推广运作过程比较

（一）自主开发模式的运作过程

中科贸公司根据市场行情，制订生产计划，确定品种面积，并向育种家提出书面申请，说明要求提供的品种名称、亲本数量、供种时间。育种家根据中科贸公司的申请，及时提供亲本种子。公司与制种农户签订种子生产合同，明确各自的权利与义务，以及违反合同约定的惩罚办法等。合同主要内容为制种农户必须按照中科贸公司的技术要求进行地块落实、田间管理等，中科贸公司对生产合格的种子进行收购，明确收购价格、支付方式、时间等。合同签订后，制种农户领取亲本种子。生产期间，中科贸公司进行技术指导，0.6 hm^2 制种田派一个质量监督控制人员，制种农户负责去雄、授粉等一切田间管理，田间管理等发生的费用由制种农户承担。9 月 10 日左右制种结束后，中科贸公司进行田间质量验收，验收合格后发放质量合格证。9 月 20—25 日统一在田间地头收摘棉花，随后支付制种农户种子棉货款。之后中科贸公司对种子棉进行加工、包装、上市销售。

（二）特约繁育模式的运作过程

棉油所向河南省豫研种子科技有限公司（以下简称为“豫研种子公司”）提供亲本种子，豫研种子公司每公顷制种田支付亲本材料费 750 元，销售结束后，提取种子销售额的 5%作为棉油所的品种使用费。公司与梁园区棉花生产办公室签订种子生产合同，合同主要内容：豫研种子公司提供亲本种子，加价回收全部生产合格的棉花杂交种子，承担全部市场风险，基本不参与生产工作，仅在棉花生长关键季节，进行若干次技术指导；梁园区棉花生产办公室负责生产，生产的种子全部交付豫研种子公司，自己不得留种、销售，不得自繁亲本种子，并且向豫研种子公司每公顷交付 1 500 元繁种保证金。

（三）合资经营模式的运作过程

中棉所根据中棉公司的要求，提供杂交棉生产所需要的亲本种子，提取亲本种子时，中棉公司向中棉所课题组支付一定的亲本材料费，66.7 hm^2 以下时，支付 5 万元；66.7～134 hm^2 时，支付 15 万元；超过 134 hm^2 时，支付 20 万元。中棉公司将亲本种子原价提供给唐河县种子公司，与其签订种子生产合同。唐河县种子公司与制种农户签订杂交棉制种合同，唐河县种子公司员工负责农户动员、生产基地落实、组织管理、质量监督控制、田间地头收购等全程工作。制种农户按照规定的技术要求进行操作，在地头将生产的种子棉全部上交。中棉公司在棉花生育期间的工作为监督、检查、指导。中棉公司对唐河县种子公司生产的种子棉适当加价后全部予以收购，并将种子棉加工为成品光籽，使用“中棉”牌商标，标牌包装，统一销售，承担市场销售带来的风险。中棉所按照销售额的 8%提取品种使用费，利润部分双方按照入股比例进行分红。

二、开发推广的运行机制比较

（一）利益分配机制

1. 自主开发模式的利益分配机制

在自主开发模式中，制种农户的收入主要通过籽棉加价获得；中科贸公司的利益通过种子销售后获得种子货款，扣除原材料成本、管理费用等一切支出后来保证；育种家的利益依据中棉所制定的开发政策，从开发利润中按一定比例提取。公司派人进行田间管理、质量监督控制，管理成本很高，另外需要维护育种家的利益，最终不得不通过降低农民的收购价格来保证自己的利益。而制种农户因为巨大的投入得不到足够的补偿而积极性不高，三方利益共同体难以形成。

2. 特约繁育模式的利益分配机制

特约繁育模式开发中，豫研种子公司的利益主要通过将梁园区棉花生产办公室生产的种子加工包装后销售，扣除原材料成本、各种费用获得；梁园区棉花办公室的利益主要通过公司收购的差价再扣除其他费用后获得；制种农户的利益来源于商品油子与杂交种的差价；棉油所的利益主要来源于品种使用费和亲本材料费。

3. 合资经营模式的利益分配机制

合资经营模式中，中棉所利益来源于提取亲本时收取的亲本材料费，销售结束后提取销售额的 8%作为品种使用费、技术服务费和股份利润分红；唐河县种子公司的利益来源于种子的生产利润和分红；制种农户的利益主要来源于种子棉加价。同时，订单农业解决了大市场与小农户之间的矛盾。中棉公司按照《中华人民共和国公司法》法定的分配顺序留有公积金、公益金，公积金作为公司的发展基金，公益金用于公司职工的福利。

(二)营运约束机制与风险保障机制

1. 自主开发模式的营运约束机制与风险保障机制

自主开发模式中，中科贸公司与制种农户签订具有法律效力的合同，依据中棉所制定的相关政策，明确育种家利益。中科贸公司为各种风险的唯一承担者，通过建立质量控制部、生产部、销售部，制订了各种制度，从组织结构与制度上予以规避、防范各种风险。

2. 特约繁育模式的营运约束机制与风险保障机制

特约繁育模式中主要通过双方必须严格遵守合同相互约束，违反约定后，将会遭到守约方的惩罚，给守约方造成损失的，还要承担赔偿责任。豫研种子公司承担市场风险，即无论种子畅销、滞销，必须全部回收委托梁园区棉花生产办公室生产的合格种子，承担积压风险；同时，还承担种子外流的风险，即种子畅销年份，繁种单位可能将种子擅自销售。豫研种子公司通过多种途径来规避风险，一是建立销售部，销售部在全国建立销售网点；二是要求梁园区棉花生产办公室交纳繁种保证金，当其违反约定自卖种子时，豫研种子公司将不再返还种子保证金。梁园区棉花生产办公室主要承担质量风险，因种子质量造成的损失由梁园区棉花生产办公室承担。其规避风险的办法主要有：强化员工质量意识；采用进攻型质量管理，把握每一个生产环节；采用地头收花方式，杜绝农民将种子棉带回家可能造成的掺杂使假；对籽棉逐户封存样品，增强农民的质量意识和责任感。

3. 合资经营模式的营运约束机制与风险保障机制

合资经营模式一是靠组织约束，中棉公司建立生产部、质量监督部、销售部。生产部负责高产栽培技术指导和巡回指导，保证高产，单产籽棉一般在 225 kg/亩，降低单位种子成本，增加农民收入；质量监督部负责质量监督控制工作，实行进攻型质量管理，把握每一个环节，保证生产的种子质量达到或超过国家标准，从未出现种子质量事故，受到农民的普遍欢迎；销售部负责种子销售工作，在湖北、湖南、安徽、江苏、江西建立销售网点，构建完善的销售网络，每年生产的种子基本销售完毕，避免了市场积压带来的巨大风险，保证给农民及时兑现种子货款。

二是靠制度保障。中棉公司与唐河县种子公司、唐河县种子公司与村委、村委与农民层层签订种子生产合同,各方的权利、义务明白无误,种子畅销年份保证能收上种子,避免届时农民不交种子或高价卖给他人,使农民取信于中棉公司;种子滞销时保证将农民的种子全部回收,及时兑现货款,避免种子积压在农民手上,使中棉公司取信于农民。尤其是在商品棉价格低的年份,中棉公司仍然按照 16 元/kg 的合同价格兑现,深得农民信赖,各级制种环节形成了利益共同体。中棉公司制订了详细的技术操作规程与站长、片长、质量监控人员管理办法,严格按照制度办事,杜绝种子质量事故发生;制定了销售人员管理制度,将个人利益与销售业绩挂钩,充分调动销售人员的积极性,避免种子积压带来的市场风险。

(三)智力培训机制与资金筹措机制

1. 自主开发模式的智力培训机制与资金筹措机制

自主开发模式下,中科贸公司对制种农户定期、不定期进行培训。公司资金来源主要为自有资金,临时动用科研经费、事业费等,偶尔依靠银行贷款。

2. 特约繁育模式的智力培训机制与资金筹措机制

特约繁育模式中,豫研种子公司依托棉油所科技优势,通过现场指导、会议培训等多种措施积极培训制种农户和梁园区棉花生产办公室职工。豫研种子公司的资金来源整体比较单一:自有资金,银行贷款,项目经费。

3. 合资经营模式的智力培训机制与资金筹措机制

实行合资经营模式的中棉公司,在提高员工素质方面,坚持以人为本,努力督促职工学习,实行来年聘任与技术素质挂钩,增强其危机感与责任感,为职工提供锻炼机会,令其在实践中学习;提供资料与书籍,令其从书本中学习;树立榜样,令其向行家学习;定期考核,帮助员工找出差距,及时补上。积极培训农民,通过现场指导、示范辐射带动、发放明白纸、售后服务等多种办法提高农民的植棉水平。资金筹措主要来自公司自有资金、股东单位支持、种子定金和银行贷款等几个方面。由此看来,中棉公司资金来源虽有一定保障,但资金筹措渠道较为单一。

教学指南

一、教学目标

通过本案例的学习,学生能够对农业科技成果推广的内涵与方式有更深入的理解,认识到产业化是市场经济条件下农业科技推广的一种重要方式与途径。同时,学生也能体会到各种模式的优缺点。

二、理论参考

农业科技成果推广可以有多种运行机制与方式,每种方式与途径都有其自身的特点与使用条件。棉花杂交种从科研单位出来并不能直接转化为现实生产力,中间必须经历制种和销售等过程,而产业化的模式使棉花杂交种更加容易转化和推广。

三、思考题

1.3 种产业化模式各有什么优缺点？

2.有人认为：从自主开发模式经过特约繁育模式过渡到合资经营模式应该是我国棉花杂交种产业化模式的发展规律，你同意这种观点吗？为什么？

（高启杰）

案例23

农业推广中的“科技特派员制度”

案例背景

“科技特派员制度”可以视为政府农业技术创新与推广服务模式创新的一项举措。据国家科技部调研组的报告，福建省南平市推行的“科技特派员制度”，就是将大批机关和事业单位有特长的科技人员直接派到农村一线工作，在科技与农民之间建立起一个直接联系的机制与平台，使其按照市场需求和农民实际需求为农民提供服务。了解这种做法的特点有助于总结经验、吸取教训，为基层农业推广服务创新提供新的思路。

案例内容

1999年2月，南平市首批225名科技特派员进驻215个行政村。这些科技特派员主要来自市、县两级政府机关和事业单位，有涉农部门干部、农业科研院所和乡镇农业技术推广站的科技人员，一般任职时间为1～3年。在此后3年多的时间内，已先后分4批选派2 238名科技人员，进驻1 364个村，覆盖了闽北85%以上的行政村，形成了农业科技推广和创新的新浪潮。

一、南平市实施科技特派员制度的主要措施

(一)实行双向选择，寻找科农的结合点

根据技术专长对农业科技人员进行分类并确定选派方向，同时根据全市产业结构调整和各地农民与农村发展的实际需要，选择下派人选。把政府选派与基层需要结合起来，可以提高科技资源配置的有效性。通过建立“科技特派员之窗”信息网站，让科技人员与农业企业、专业大户直接见面和磋商，双方自愿达成契约服务关系。

(二)重心下移，构建网络，提高成果转化效率

大批科技人员陆续从市、县、乡三级涉农部门和科研机构、高等院校来到农村，融入农业生产第一线，有利于科技力量和工作重心的整体下移。同时，通过科技特派员的沟通和中介作用，与一批高等院校和农业科研单位建立协作关系，构建农村技术创新平台和网络，将大量先进实用技术创新项目导入农村，使农业科技推广速度更快、成本更低。

(三)创建利益共同体,科技进大户,发挥龙头企业的示范作用

鼓励科技人员以资金入股、技术参股等形式,与农民尤其是专业大户、龙头企业结成经济利益共同体,实行风险共担、利益共享,形成农业科技推广的投入回报机制,有利于按照市场经济规律来解决科技成果与农民结合的问题。同时,坚持服务牵引和典型示范,重点培育一批产业大户,带动农民致富。同过去科技扶贫时与贫困户的结合不同,科技特派员选择的是与农村的大户的结合,注重培育龙头企业和示范典型,发挥典型的辐射带动作用。

(四)发展主导产业,实现产、供、销一体化

科技人员按专业进行整合,对接主导产业,发挥在农村科技产业化服务中的应有功能,先后组建了畜牧、果树、水产、茶叶等 17 个行业服务系统。科技特派员在做好责任村科技服务的同时,根据自己的能力大小实行跨村、跨乡、跨县挂钩服务,使科技特派员成为一支既分散各地,又具有整体优势的科技示范推广队伍,放大科技特派员的作用和效能。同时,把科技特派员与其他形式的下派干部结成一个有机的工作群体,再辅以产品加工增值、市场流通和金融服务,促进产业化的发展。

(五)建立保障机制,解除科技特派员的后顾之忧

各级组织部门和农委、科技局牵头的“科技特派员办公室”对科技特派员工作实行统一管理,对下派科技人员在编制、职务、工资、职称、年度考核、机构改革、提拔使用等方面都采取了相应的保障措施,解除了他们的后顾之忧。同时,各级财政、相关职能部门和派出单位对科技特派员工作提供了一定的经费支持。

二、科技特派员制度的特点

这种模式对以往的政府农业技术创新与推广做法做了一些改进。它不同于“科技下乡”和“科技进村”活动,把短期行为转为较长期的行为;不同于下派科技副职,把对基层的行政领导转为直接的参与农村生产实践;不同于传统的农业科技推广体系,把生产咨询行为转为与农民结成“利益共同体”和面向市场需求的经济行为;不同于“定点扶贫”,把农村的脱困解难转为示范带动;不同于机关的“分流下派”,把干部的被动锻炼转为主动发展,使科技干部的人生价值得到比较直接、具体的体现;也不同于简单的技术服务,把个别项目的个别行为转为依托农村科技大户和农村行业协会,注重农产品品质、品牌、专利和标准,兴办农村龙头企业,实现产、供、销的集成运作和系统运转。

教学指南

一、教学目标

通过本案例的学习,学生能够了解农业推广人员类型、构成与职责,熟悉农业推广人员管理的内容、方式与方法,认识农业推广人员的行为与个人需求的关系。

二、理论参考

(1)科技特派员任前的身份并不一定是专业的农业推广人员，他们可能开始时对所要服务的社区和需要的技术信息都不十分了解。但相对较长的工作期限，使他们能对社区的服务需要和自己的知识结构有清楚的了解。通过主动学习，并利用自己原有的知识结构和社会关系，科技特派员对所服务的农村社区就可以起到积极的作用。

(2)农业推广服务是综合性的，越来越需要推广队伍具有综合服务的能力。科技特派员在专门的农业技术上可能逊于专门的农技人员，但在产业、项目和市场信息服务能力，在沟通与连接农村生产与市场需求方面的服务能力可能要优于传统的农技人员。

(3)对农业推广人员建立合理的管理和考核制度，并将考核结果与其个人职业生涯联系起来，有助于调动农业推广人员的积极性。

三、思考题

1. 本案例中，“科技特派员”多数不是农业推广领域的专家。在经过双向选择成为“科技特派员”后，你认为应该在哪些方面加强对他们的培训？

2. 农业推广的范围早已不限于农业技术推广，而是全面涉及农村社会的生产、经营、生活等方方面面。你认为“科技特派员”作为一类特殊的农业推广人员，可以在哪些领域发挥作用？

（高启杰）

案例 24

湖南水稻丰产科技推广专家工作站服务模式

案例背景

2013年中央一号文件提出，支持高等学校、职业院校、科研院所通过建设新农村发展研究院、农业综合服务示范基地等方式，面向农村开展农业技术推广。鼓励搭建区域性农业社会化服务综合平台。创新发展专家大院、院县共建、农村科技服务超市、庄稼医院、专业服务公司加合作社加农户、涉农企业加专家加农户等服务模式，积极推行技物结合、技术承包、全程托管服务，促进农业先进适用技术到田到户。

湖南省是全国重要的水稻生产大省，水稻产量一直稳居第一，为确保国家粮食安全做出了巨大贡献。湖南农业大学自“九五”来，一直承担着粮食丰产科技工程项目的研究任务，要求该工程项目的主要参与人作为科技特派员，长期蹲点在核心基地、示范基地，把关键技术创新与技术集成、示范相结合，通过建立核心试验区、技术示范区和技术辐射区，把组装集成的技术模式进行推广应用，促进全省水稻高产、高效。

案例内容

一、粮食丰产科技工程项目概述

“粮食丰产科技工程”是保障国家粮食安全和增加农民收入而实施的一项重大科技工程。该工程立足于东北、华北和长江中下游三大平原，涵盖湖南、江苏、湖北、江西、四川、安徽、河南、山东、河北、吉林、黑龙江、辽宁、内蒙古13个粮食主产区，以水稻、小麦、玉米三大粮食作物为主攻方向，坚持技术创新、技术集成与示范应用3条路线并举，大力开展丰产共性关键技术研究、产后减损增效技术研究、大面积集成研究与示范，通过“一田三区”(攻关田、核心区、示范区和辐射区)建设和示范，为全面带动我国粮食丰产丰收提供技术支撑。

湖南省作为全国13个粮食主产区之一，在“九五”“十五”“十一五”连续实施国家粮食丰产科技工程基础上，“十二五”继续成为实施该工程的粮食主产省，承担了“长江中游南部(湖南)双季稻持续丰产高效技术集成创新与示范”“湖南双季稻大面积均衡增产技术集成研究与示范”“长江中游南部(湖南)水稻丰产节水节肥技术集成与示范”3期课题的研究任务。如何进行关键技术创新、集成技术研究与推广应用,从而实现全省大面积丰产的目标?“粮食丰产科技工程”湖南专项项目组构建了以专家工作站为平台的水稻丰产技术服务模式,建立了相对稳定的水稻生产专家工作站,开展了水稻丰产技术集成研究与大面积示范应用,取得了很好的成效。

二、专家工作站的建立

为了更好地进行水稻生产技术示范推广应用,项目组先后向不同生态区选派遣科技特派员,并建立特派员工作站。工作站的组建主要依靠当地政府的大力资助,无偿提供工作站研究专家所需要的生活设施,包括住房、生活、办公基本条件;项目组提供工作站专家所需要的研究必备条件,包括所需要的网络、用水、用电、用餐、住宿必备设施。项目组与当地政府建立长期的科技合作协议,在工作站的运行经费、专家的生活与科研费用、驻站专家的选聘等方面建立有效的保障机制,确保工作站正常运转。“十二五”期间,项目组在湘北、湘南、湘中3个生态区域共派遣科技特派员32名,并在醴陵市、长沙县、双峰县分别建立了水稻丰产科技特派员工作站。

三、专家工作站的组织实施

(一)科学研究

专家工作站旨在该区域内指导和交流水稻大面积丰产技术集成与研究的思路,开展区域内共性技术的研究与技术集成,形成应用基础理论与技术实践密切结合的研究体系以及关键技术创新与技术集成相衔接的生产技术体系,并树立可供区域内课题间的技术交流、成果展示、现场参观的样板,为全省各区域的双季稻大面积均衡增产提供技术支撑与技术交流学习的平台。

(二)技术示范与推广

在工作站所在区域建立技术示范与展示基地,将技术创新基地研创的水稻丰产高效新技术和组装集成的丰产高效技术体系进行充分的展示和有效的示范,使新的技术在辐射区及全省得到快速而大面积的推广应用。

表24-1 粮丰工程专家工作站技术推广服务计划

年份	地点	实施者	活动内容	参与对象
2011年	醴陵、长沙、双峰	工作站成员	双季超级杂交稻丰产高效栽培技术、试验示范基地布局与安排技术	试验示范基地技术骨干
2012年	醴陵	工作站全体成员、醴陵市农业局	双季超级杂交稻丰产高效栽培技术	试验示范基地技术骨干及全体农业技术干部
2012年	醴陵	醴陵市农业局	田间试验管理技术、双季稻丰产高效栽培技术	试验示范基地农民
	长沙	长沙县农业局		
	双峰	双峰县农业局		
2013年	长沙	工作站全体成员、长沙县农业局	双季超级杂交稻丰产高效栽培技术	试验示范基地技术骨干及全体农业技术干部

续表 24-1

年份	地点	实施者	活动内容	参与对象
2013 年	双峰	工作站全体成员、双峰县农业局	双季超级杂交稻丰产高效栽培技术	试验示范基地技术骨干及全体农业技术干部
2014 年	醴陵	醴陵农业局	双季稻及相关粮食丰产高产技术	试验示范基地农业技术干部及广大农民
	长沙	长沙农业局		
	双峰	双峰农业局		

(三)及时为农民解决生产问题

特派员常驻生产基地,一方面,可以及时了解农业生产实际情况,掌握大面积生产过程中出现的状况,为当地农技人员、村干部、农户提供切实有效的技术指导,为水稻丰产稳产、减灾防灾提供保障;另一方面,特派员与农民经常交流,了解农民的需求和家庭现状,可以及时发现和解决农民生产中的实际问题,也可以为农户庭院经济发展提供致富建议。

四、专家工作站运行取得的主要成效

(1)有利于科技联合攻关,破解水稻生产技术难题。工作站围绕水稻丰产、抗逆稳产、节水节肥等关键技术攻关目标,汇集水稻栽培、农业机械、植保、水肥等方面的专家,协同开展了双季稻绿色稻米生产技术模式、双季稻三熟制全程机械化生产关键技术、双季稻抗逆稳产关键技术以及双季稻节水节肥关键技术等方面的创新研究,形成了相对应的技术创新模式,并组装集成双季稻生产持续丰产技术体系、双季稻均衡增产技术体系以及双季稻丰产节水节肥技术体系。

(2)有利于技术示范与推广,充分发挥科技成果作用。通过示范区所在县政府农业管理部门、农业技术推广部门以及专家团队组建技术团队,联合推广示范单位、肥料企业、绿色防控植保企业、种子企业、大米加工企业,以科技特派员为主体,带动种粮专业合作社、种粮大户,在核心试验区、技术示范区与技术辐射区进行技术示范与推广应用,促进了水稻大面积增产,显著提升了农业技术应用效果,充分发挥了农业科技的作用,为湖南粮食总产突破 300 亿 kg 大关,实现了历史上第一个“九连丰”和双季稻面积“九连增”提供了重要技术支撑。

案例内容

一、教学目标

通过本案例的学习,学生能够了解农业推广人员类型与职责,熟悉农业推广人员管理的内容与方式。

二、理论参考

农业推广服务是集专业、技术与传播于一体的综合性服务,需要既有专业理论功底,懂生产技术，又要沟通能力强，且具有产业、项目与市场信息服务能力的技术应用型人才，来提供技术指导、技术示范与推广应用，有利于推动农业技术成果的广泛应用，产生更好的经济效益与社会效益。

三、思考题

1.科技专家工作站是科技专家服务社会、传播技术、体现科技特派员自身价值的重要平台。你认为如何完善专家工作站的建设，为科技特派员提供基本条件，以利于科技特派员更好地工作？

2.科技特派员制度是政府农业技术创新与推广服务模式创新的一项举措。科技特派员在解决农业、农村、农民问题的过程中起着重要作用。根据目前农业、农村的发展现状与农民的需求实际，你认为科技特派员应具备哪些方面的基本能力与素质？

（傅志强　刘爱玉）

案例25

校企协同推广机制

案例背景

学校与企业是不同的社会组织，它们有各自的组织目标。高校作为政府的事业机构，教学、科研和为社会提供公益服务是其主要职能，其次才是为自己创收。企业的主要目标则是盈利。在农业领域，农资企业的主要目标是向农民出售物化的创新产品获利，其次才是公益性服务。企业与高校，两者的目标并不完全一致，但也并不矛盾。若是高校能与企业合作，将企业的物化创新产品推广与高校的公益性技术推广结合起来，既能节约推广成本，又能提高推广效率，就值得尝试。

案例内容

在农业推广的项目中，如何将有协同作用的各方组织起来，如何协调协同各方在项目中的目标和利益，如何在推广效果上相得益彰，是复杂的管理尝试。在以下案例中，就是多个校企合作项目的推广实践。

过去，校企合作多集中在项目申报和实施上，目前，多采用产、学、研协同体制机制。在与企业合作，推广现代农业技术方面，安徽科技学院做了许多尝试。

一、糯玉米种子技术的协同推广

本案例的协同双方是安徽科技学院和安徽种子公司。这个案例的协同关系，在于双方通过协同在实现共同利益的前提下，实现了各自的利益。

(一)在品种研发过程中的协同关系

第一阶段的品种选育是由安徽科技学院完成的。1980 年，安徽科技学院的老师选择起源于我国但未大规模开发的糯玉米种质资源，进行了品种选育。1998 年，安徽科技学院选育出安徽省第一个、全国第三个糯玉米杂交种——皖单 5 号。

在品种研发阶段，安徽种子公司成为利益相关方。安徽种子公司出资购买了该品种的品种权，并协议共同开发，至此形成了种子试验宣传—生产技术指导—企业经营业开发—行政引导协调的松散型产、学、研相结合的种子技术推广形式。

其后的研发过程，多家种子公司介入。2000 年选育的皖单 8 号，2004 年选育出的凤糯 2214，2005 年选育出的凤糯 2146、凤糯 476，2006 年选育出的凤糯 2004，2007 年选育出的丰糯一号，2009 年选育出的凤糯 2062，2011 年选育出的凤糯 6 号，全部转让给省内外的种子企业。在这些品种技术转让中，项目组又根据企业的需求采用了不同形式的产、学、研合作，如凤糯 2146、凤糯 476 品种采用联合申报项目的形式，联合种子企业、加工企业和农户成功实现了糯玉米开发的全程联动，形成了项目型产、学、研推广模式；丰糯 1 号则采用的是从育种开始至品种审定推广合作型产、学、研开发模式；而凤糯 2004 则是在转让后继续为种子企业提供技术服务，形成了技术转让型的产、学、研服务模式。可以说，正是加强了种子技术的创新，才保障了糯玉米育种的持续进步。

在研发阶段，通过品种的出售，安徽科技学院实现了研究的效益。通过购买品种，多家种子公司弥补了自己研发能力不足的缺陷。而共同的定向研发，进一步加强了品种选育和开发的联系。

（二）在市场开发中的协同关系

作为品种选育的安徽科技学院教师并没有市场运作的能力。在研发初期，安徽科技学院玉米课题组在菜场叫卖过鲜穗，免费送给过农民种子，走村串户宣讲过，田间地头指导过，寻求企业合作过，不厌其烦，不辞辛劳，为此整整花了 12 年时间。

而在竞争激烈的市场上，种子公司是否有自己独特的品种至关重要。缺乏科研能力的种子公司却具有市场营销的渠道和能力。正是这样的校企合作，才使好品种遇到了好推广者，好产品找到了好市场。目前，许多教学、科研和种子企业都在进行糯玉米育种，而且实现了产业化，使糯玉米进入了千家万户。

（三）糯玉米种子技术协同推广的成功因素

(1)协同推广机制本身就有一个变革进步过程。从认识过程讲，新种子类型就要有一个各级领导、农民、企业开发、居民消费等系列群体的认识过程。

(2)企业是技术需求的主体，也是技术协同创新的主体。农业技术成果的研发要紧紧围绕企业的需求，成果才有价值，所以协同推广必须有企业参与，否则就不会有推广规模效益。

(3)教育、科研单位在协同推广体制中要承担更多的技术服务功能，要创造出完整的技术体系，解决产业技术链上的共性问题。

二、“隆平种子班”——协同育人和推广

（一）在人才培养上高校与企业的协同关系

在本案例中，协同产品是“人才”。协同的高校方是安徽科技学院，协同的企业方是安徽隆平高科种业有限公司。高校的利益诉求是：寻求培养社会适用人才的口径，需寻求学生就业的渠道，寻求办学经费的来源，寻求实验实习场所。企业的利益诉求是：将高校培养通识人才的教育阶段和本企业需要应用人才的培训阶段结合起来，提高人才的准确性、实用性，缩短人才培养周期。为此，在安徽科技学院，由双方协商协议，开办了“隆平种子班”。

（二）隆平高科种子班的实践

2007 年，安徽科技学院与安徽隆平高科种业有限公司在学校的植物科学学院设立“隆平

种子班”，开启了校企合办教育的模式。公司每年提供班费 3 万元，用于大学生的科技创新、奖学金、困难补助等。这是校企合作办学的首次尝试。

2010 年，第二期“隆平种子班”开班。这个班在前期实践的基础上，不断完善培养机制，也不断调整培养口径实现了人才培养方案由企业审定，并按种业的岗位需求设置理论课和实践课，形成了学生校内上理论课，校外入企实习、实践，师生共同参与产、学、研合作的新机制。“隆平班”学生每年有 4 个月的时间在企业的指导安排下实践，尤其是到农村生产一线，宣传推广品种、指导种植生产、经营农资产品，特别是在预订第二年玉米良种“隆平 206”时，参加实践的大学生们细致耐心的讲解，对该产品起到了快速推广的作用，订购数量远远“超标”。

(三)隆平高科种子班的师生直接参与了试验示范与推广

从 2010 年开始，安徽科技学院在阜阳临泉县的白庙镇、谭棚镇设立了科研示范点。直接把科研田“搬”到一线，既减少了示范推广时间，又缩短了应用的距离，还得到了真实的田间结果，可谓是一举三得。在玉米生产季节，长期有师生驻点，从事玉米隆平 206 的高产栽培模式研究和夏玉米的高产攻关。

2012 年，安徽科技学院以自主创新的生态播种技术，用安徽隆平高科种业有限公司选育的品种隆平 206，创下了安徽夏玉米亩产 850.11 kg 的最高纪录。夏玉米生态播种技术，是安徽科技学院玉米课题组近 8 年来单项技术研究的集成成果，它攻克了皖北夏玉米产量总体低产徘徊的难题，两年累计使临泉县 21.5 万亩的夏玉米增产 1 931.99 万 kg。可以说，这是品种与栽培技术共同创造的结果，而企业提供的试验场地与安徽科技学院师生的长期努力使品种与栽培技术的结合成为可能。

(四)“隆平班”协同育人和推广的案例的经验

隆平高科种子班将高校与用人单位紧密联系在一起，具有以下的优势。

(1)有利于培养企业急需的人才。高校要为企业的技术岗位定向培养应用型人才，而且要在学校培养大学生的产、学、研合作意识和能力，技术创新的能力。

(2)有利于培养生产一线需求的人才，造就具有解决生产一线技术问题意识和能力的人才，即研究、推广、服务一体化的人才。

(3)有利于培养现代农业推广人才，用大学文化、企业文化、农村文化共同熏陶人才，尤其是强化实践环节培养新型的农业推广人才，让学生在实践中体验农业推广工作的艰巨性、持续性和重要性。

三、入企研发——全新的技术推广机制

(一)在品种研发上高校与企业的协同关系

在科研项目的立项，科研方向的确立等方面，高校容易脱离生产实际。在企业寻求购买高校的科研成果时，难以寻找到自己需要的科研成果。将企业的需求与高校的需求结合起来，一方面，让高校的科研更有市场价值，提高科技成果的转化率，实现高校的经济效益；另一方面，让企业能够有更好的、更适用的科技成果可以获取、使用和推广。在这种背景下，由高校教师进入企业进行研发，就体现出二者的互补关系。

(二)入企研发的初步实践

2012年9月18日,安徽科技学院与安徽皖垦种业股份有限公司签署玉米育种开发合作协议。双方商定:一是要积极解决教育、科技与经济社会发展结合不紧以及科研资源配置分散、封闭、低效等问题,建立健全协同创新的新体制、新机制;二是积极落实2012年中央一号文件精神,突出种业科技创新;三是积极促进皖垦种业在玉米产业上的跨越式发展和可持续发展;四是为皖垦种业研发玉米新品种,促进公司的技术进步;五是为种业培养高端科研人才,将公司的玉米育种人员有机融入合作的玉米育种团队。

在互利互惠条件方面,安徽科技学院的13名在职人员以"安徽皖垦生物工程研究院玉米研究所"的名义成为皖垦种业不领取工资的"员工"。公司每年提供近百万元的研发经费,并在凤阳的国营方邱湖农场划出260亩地,用于科研试验。在人才培养方面,联合开设本科层面的"皖垦种子班"。双方联合培养农业推广硕士专业学位研究生,双方共同推荐兼职硕导。在农业技术研发和推广方面,共建"中心"综合实验室、海南育种基地等议题上已在积极推进,一个结合紧密、优势互补,教育、科技、经济一体化的产学研合作模式已见雏形。首批7个玉米新品种已提供给皖垦种业参加全国5个省份的多项试验,皖垦种业将自有品种提交安徽科技学院做系列技术配套。

2013年,安徽科技学院将研发的品种技术、栽培技术、肥料技术、植保技术、农机技术、生态技术等通过企业的机制向生产输出。在这些措施之下,企业的产品推广与附加的配套技术推广有效进行。

在推广实践中,一方面,高校的人才培养实践过程弥补了企业推广人力不足的问题,使高校的师生成为推广的主力军;另一方面,本科生、研究生积极参与和服务于农业推广过程,又促进了学生学以致用和带着问题主动学习。

(三)入企研发的初步经验

涉农企业是连接教育科研单位与农村、农民的桥梁。入企研发就是针对企业的技术需求,与企业共同研究、解决生产上的技术问题。广大科技人员也通过入企研发真正了解企业的需求,了解生产一线的需求技术。科技人员不再在校内"空想"问题,脱离实际地做科研,而是一步到位,帮企业在农业一线做科研、做技术推广,直接面对广大农民做实验示范,这样不仅缩短了推广时间,还使广大高校教师成为集科研、推广、服务于一身的多型专家,有利于形成教育、科研、推广、企业半紧密型的推广机制。

四、小结

在社会和市场两个领域,高校是农业科技成果的发源地,企业是农业科技成果的转化地。而高校正是利用自己人才、技术、条件的优势,研发企业需求的技术,做到有的放矢。企业也通过给高校一定的投入和信息反馈,获得自己需要的信息和产品。校企结合,校企协同,符合现代农业科技发展的规律与特点,也解决了多年困扰农业科技成果认识期长、采用期短、物质磨损大的推广问题。所以应该提倡以应用型农业大学为主导,以应用性技术为主体的产、学、研一体化农业推广体制机制。

教学指南

一、教学目标

通过本案例的学习，学生能够了解农业推广方法及其运用的灵活性，加深对推广工作的针对性和综合性的理解，同时，认识到农业推广工作的社会性，以及随着社会的进步和科技的发展，推广方式与方法需要不断创新。

二、理论参考

协同推广，其内涵是农业科技成果转化机制的改革创新，是农业推广基本方法的综合运用和方式的集中体现。高校在农业推广中的角色在不断发生转变，从过去参与推广活动，到后来发挥高校的综合功能作用，再到目前的主动投入推广活动。在协同推广过程中，既有教师行为的改变，也有技术创新的采用过程，更有产、学、研用推广体制机制的建立，它深刻地揭示了现代农业技术的新特点、新特征。

三、思考题

1. 如何进行现代农业技术推广方案的设计？

2. 产、学、研协同推广的实践意义与作用何在？

3. 推广是人的行为，而人的行为总有自己的目的和利益。在本案例中，相关各方各有什么利益？这些利益是如何在协同机制中得以实现的？

（刘　正）

案例26

以大学博览园为平台的农业科技推广新模式
——以西北农林科技大学博览园为例

案例背景

高校博物馆是我国文博事业的组成部分，有着丰富的馆藏资源和巨大的发展潜力。它是高校从事专业教育、素质教育和科普教育的重要基地，是进行人才培养、社会实践、校园文化等活动的重要平台。目前我国高校博物馆的数量已达150多座，其中，仅陕西省备案的高校博物馆就有18座。然而，这些保存了诸多文化与历史记忆的博物馆，大多数却面临着尴尬境地——"养在深闺无人识"。而西北农林科技大学博览园无疑是全国高校博物馆中的亮点和特例，该校把青少年作为农业推广对象，在农业知识传播、推广以及未来农业人才培养方面发挥了重要作用。

案例内容

一、西北农林科技大学博览园概况

西北农林科技大学博览园(以下简称为"博览园")建设占地200亩，总建筑面积16 000多m^2，包括昆虫博物馆、土壤博物馆、植物博物馆、中国农业历史博物馆、动物博物馆5个专业博物馆和蝴蝶园、植物分类园、树木园及多种种质资源圃等，是集教学、科研、科普于一体的产学研基地，也是我国目前最大的、非常重要的农业科普教育基地。博览园是该校在整合科教资源的基础上建立起的博物馆群，全面、系统地宣传农业科技知识和展示了我国农业科技成就。

博览园通过策划丰富多彩的活动，每年吸引游客20万人，创下了全国高校博物馆接待人数之最。同时，他们将"科普大篷车"开进西安、宝鸡、铜川等地的校园、社区，每年为近5万人送去科普知识。这在陕西省乃至全国所有挂牌的科普教育基地中绝无仅有。通过多年的建设与发展，该博览园实现了由"校内博物馆"向"公众博物馆"的转变，服务对象由学校学生拓展为社会公众，并由功能单一的教育功能拓展为集农业科技推广、科普教育、休闲旅游于一体的多功能场馆。

二、主要做法

(一)科学定位功能

高校博物馆主要作为科研、教学的载体，其社会教育功能、对外宣传功能以及学校与社会交流的桥梁功能没有充分发挥，从而造成高校博物馆生存艰难、社会教育功能“大打折扣”。针对这种情势，博览园重审功能及其作用，将其功能定位为集农业科技推广、科普教育、休闲旅游于一体的多功能场馆，确定要以“科普大篷车”为基础，搭建“弘扬科学精神、普及科学知识、传播科学思想、倡导科学方法”的良好科普平台，推动科普工作的经常化、群众化和社会化，同时把“科普大篷车”下乡巡展与科技下乡结合起来，围绕群众最现实、最关心、最直接的科技需求，带领科技人员深入基层，深入群众，切实帮助群众解决生产生活中的热点、重点和难点问题，走出了一条“科普强旅游，旅游促科普”的博物馆发展新路子。

(二)倡导“引进来”

高校博物馆只有做好社会服务，才能实现社会效益和经济效益的统一。因此，“酒香不怕巷子深”的观念已经过时了，高校博物馆要有主动宣传自己的意识。“引进来”就是通过策划丰富多彩的活动，千方百计地将游客吸引来，让他们在旅游、休闲的同时获得农业科技历史、知识的教育普及，同时带来门票收入，为园区的日常运转提供资金保障。

博览园利用报、刊、网等媒体进行宣传，并积极开展春节“休闲科普旅游”“学问杨凌”昆虫之旅夏令营、金秋亲子昆虫音乐节、亲子奇趣游等极具博览园特色的主题活动。博览园还坚持全天候 365 天开放，不断更新科普设备和仪器，陈列布展做到常展常新，不断增补内容；举行师生发明创造成果展，请获奖学生现场进行机器人等获奖作品的展示和讲解；发挥大学博物馆的专家团队优势，组织教授与观众面对面，组织了讲座、实验和互动交流三大类 30 多个专题，供观众任选，通过专家教授与学生面对面的交流，增强人们对农业科技历史及成果的了解和兴趣。

另外，博览园与新闻媒体联合倡导“携手百所学校共建校外科普教育基地”活动，目前已与西安陆军学院、第二炮兵工程学院、宝鸡文理学院、交大附中、高新中学等 200 多个大中专院校和中小学建立了合作共建基地关系，引起广大教师和学生的关注，走进博物馆的学生人数大幅度增加。

(三)坚定“走出去”

“走出去”是指开着“科普大篷车”将科普知识送到校园、社区里去，以普及公众的科技知识和提高其科学素养。“科普大篷车”载着一些简易的科学设备、几十张展板、不同主题的宣传材料，有时候甚至带着一些专家教授，走进了校园和社区，开展科技展示并举行讲座。2009 年，在“送科技下乡”活动中，借助“科普大篷车”，博览园先后在杨凌、周至、武功、扶风 4 地开展宣传工作，展示“激光电子琴”“窥视无穷”“针幕”等多种声、光、电科普作品，发放科普宣传品 10 000 多份，播放科普宣传片 6 部，调动了广大人民群众参与科普、走近科学的兴趣和热情，宣传范围广、效果明显。

近年来，博览园按照国家对高等教育增强社会服务能力的要求，以发挥大学社会服务功能、传播科学知识、弘扬先进文化为重点，先后启动了“全国百所名校共建科普教育基地”“科普大篷车百校巡展”“科普大讲堂百校巡讲”及与华商网共同开展的“自然科普大讲堂”等活动，组织科教人员，采取视频播放、互动光电设备、展板展示、专家现场讲解咨询、发放科普宣传资料和科普专题报告等灵活多样的科普宣传方式，赴西安、宝鸡、咸阳、渭南和甘肃天水等省市120余所中小学校开展了100余次动植物之最、植物多样性与濒危物种、蔬菜与人类健康和"西农八号"、中华农业文明史等16项内容的科普知识讲座，以及昆虫形态特征观察和昆虫标本的采集与制作等8项科普实践教学宣传活动，得到了广大中小学师生的欢迎和一致好评。

三、主要成效

目前，博览园已成为国内高校博物馆中接待人数、门票、旅游纪念品收入最多的博物馆，仅2013年上半年直接受益学生达4万多人，受益群众1万多人。近年来，博览园每年吸引游客20万人，每年为近5万人送去科普知识，充分发挥了农博园的科技推广、教育、宣传、文化传承、休闲旅游功能，产生了显著的社会效益和经济效益，同时，为农业高校开展农业推广教育探索了一条新路径。

教学指南

一、教学目标

通过对西北农林科技大学博览园教育推广模式的分析，学生能够增强对农业科技成果博览园、示范园这一推广方式的认识，认识和理解农业科技成果示范推广方式对农民的影响。

二、理论参考

农业科技成果展览、示范是一种重要的农业推广方式，具体涉及展览、示范的内容、方式与方法及各种服务体系与制度的建立和完善。在实际推广工作中，各地应根据具体情况灵活确定展览、示范的科技成果内容、过程或效果，以实现相应的农业推广目标。

三、思考题

结合案例，谈谈目前农业科技成果展览、示范园在实际运行中存在哪些问题，如何解决？

（海江波　朱翠林）

案例27

以大学为依托的专家大院农业科技推广模式

案例背景

随着现代农业的不断发展,以政府为主导的农业技术推广组织体系和运行机制已不能完全适应新阶段农村经济发展的需要。职能定位不清晰,机制不灵活,科研、推广、生产相互脱节,科技信息交流不畅等突出问题严重制约了农业科技成果转化,农业科技推广陷入"线断、网破、人散"的境地,而具有强大的教育、研究和培训功能的农业院校却游离于基层农村科技推广体系之外,使其服务农业生产的功能尚未充分发挥。为了推动农业院校服务农业生产,有效发挥农业院校的综合能力,西北农林科技大学与宝鸡市政府经过10余年的共同探索,建立了以大学为依托的专家大院推广模式。这一推广模式是按照产、学、研紧密结合的思路,遵循大学与政府共建的原则,充分发挥大学科技和人才优势,顺应我国建立多元化农业科技推广体系的要求,突破现有推广体制的束缚创建的。专家大院推广模式是我国新时期农业科技体制改革的一个创举,它通过产、学、研结合的方式,有效地解决了科技与"三农"的对接,为农业发展和农民增收注入了活力。

案例内容

一、农业专家大院的基本模式

(一)"专家+龙头企业+农户"模式

"专家+龙头企业+农户"模式是围绕羊、奶牛、秦川肉牛的养殖以及果蔬加工等市场化程度高和开发前景广阔的农业产业,依托宝鸡市的龙头企业,依靠专家大院的科研攻关成果和技术服务体系,进行动植物新品种培育、推广和产业化示范的农业推广模式。这一模式通过核心技术研发,并与关键技术集成后,按照市政府的农业产业化规划与政策导向,借助政府农业技术推广体系,进行规模化推广。期间主要通过举办培训班、与涉农企业家磋商、现场展示等形式,引导涉农企业家接受新成果,并使农民真正掌握科研成果。同时,通过专家入股、促进农户与涉农企业签订购销合同等形式,形成农业专家、涉农企业、农户结为利益共同体的农业科技产业化模式。

(二)“专家＋技术推广机构＋农户”模式

“专家＋技术推广机构＋农户”模式是围绕辣椒、小麦育种、设施农业等产业，主要通过专家建立实验田、高科技示范园区等方式，对农民进行引导，使其亲自感受到采用新技术成果的效果与收益。这一模式主要是通过专家亲自示范、田间指导、发放书籍、开设培训班等方式，进行新技术的推广与传播，促进农户大面积采用新技术，并从中获得经济效益。

(三)“专家＋科技企业＋农户”模式

“专家＋科技企业＋农户”模式是围绕柿子、烟草等竞争性经济作物的发展，依托专家大院的科技成果和技术服务，主要通过涉农科技企业进行有偿服务。在专家的指导下，涉农科技企业建立技术咨询室、良种供应点、技术指导站等服务平台，开展有偿技术服务和销售高标准的种子、化肥、农药等农资产品，通过收取技术服务咨询费或良种等销售收入，支持解决生产中存在的诸如病虫害、施肥结构不合理等问题，促进先进栽培技术、优良品种的推广。

(四)“专家＋中介组织＋农户”模式

“专家＋中介组织＋农户” 模式是围绕蔬菜、瓜果等优势产业，主要通过专家在田间地头进行指导与推广，解决农作物种植过程中的科技问题。从事农产运销等经营活动的中介组织就地设立产品集散市场，通过与其他市场、厂商建立运销关系，以及与代理农户进行交易、运输等方式，在农户与市场之间发挥桥梁和纽带作用，降低了农产市场交易成本与运输成本。

(五)“专家＋科技示范园”模式

“专家＋科技示范园”模式是围绕规模化畜禽养殖等大规模投资项目建设，主要通过建立科技示范园区等方式，发挥专家园区项目布局规划、具体项目设计、集中饲养和循环技术模式设计、统一技术服务支持体系建设等方面的作用，规模经济效益显著。

二、专家大院推广模式的主要成效

(一)加快了农牧良种繁育步伐

近年来，西北农林科技大学充分发挥科技优势，以科技专家大院为基地，先后在宝鸡建立了苗木、布尔羊、秦川牛、莎能奶山羊等 10 个良种繁育中心，加快了地方农牧品种的繁育和更新换代。布尔羊专家大院实施布尔羊胚胎移植工程，对当地山羊进行了改良，使国家级贫困县麟游县 7 000 多贫困户依靠养殖布尔羊脱贫致富，农民纯收入的 56％来自羊产业，其总产值已占全县农业总产值的 51.5％。宝鸡苗木专家大院集科研、生产、示范、推广于一体，累计繁育良种苗木品种 400 多个，生产优质苗木 1 000 多万株，成为陕西省最大的苗木繁育中心。

(二)促进了地方主导产业发展

专家、教授结合地方农业资源、生态条件和主导产业发展状况，以专家大院为平台，将学校的新技术、新品种、新成果在地方产业中心地带进行示范应用，促进了产、学、研的紧密结合，推动了当地主导产业的发展。据统计，西北农林科技大学的专家为宝鸡市提出合理化建议 60 多份，提供生产关键性技术 160 条，专家大院转化科技成果 65 项，引进和培育农业新品种 101 个，示范先进实用新技术 55 项，带动了产业区内 70 万农户的发展，创造社会经济效益 5 亿元；辣椒专家大院，培育辣椒新品种 5 个，组装配套大棚辣椒生产技术规程，累计推广辣椒种植面积近 3 万 hm^2，使辣椒亩产值提高到 5 000～6 000 元，促进了当地辣椒产业的发展；薯类专家大院带动周边辐射区发展红薯 133 hm^2，选育的秦薯四号被 20 个省市引种，示范推广面积达到 13 万 hm^2。

(三)提高了农民科技文化素质

专家大院作为农技培训基地，以农业基层干部、企业家、科技示范户、农民技术员和农民为培养对象，采取了集中培训、现场培训、媒体培训、参观交流等多种培训方式，通过课堂教学与现场示范相结合、科技资料与光盘演示结合、广播电视与网络培训相结合，开展了形式多样的培训，使农民一看就懂、一学就会、学了能用、用了能致富。据统计，宝鸡各专家大院累计培训农民 23 万人次，为当地培养出一批“永久牌”科技骨干和具有农业科技知识的“科技型”农民。洛川苹果科技专家大院，培训农民 1 万人次，使技术示范区农民掌握了无公害苹果生产技术规程，苹果优果率达到 90%以上，亩增值 2 000 元，科技示范户户均增收万元以上。

(四)指导扶持涉农企业

根据现代农业和市场经济的发展规律，科教人员始终把指导、扶持龙头企业作为促进产业、带动农民致富的有效途径，逐步摸索出了“专家＋企业＋农户”的有效形式。据统计，宝鸡各专家大院累计扶持、指导各类龙头企业 8 家，通过专家技术参与，提高了企业开发研制新产品的能力，为企业发展注入了活力。例如，秦川牛专家大院以专家指导建立的宝鸡绿色食品有限公司为龙头，在扶风县已辐射发展千头肉牛养殖村 2 个，百头肉牛育肥场 10 个，年出栏肉牛 1.77 万头，存栏 4.16 万头，肉牛业产值达 3 980 万元，带动了当地肉牛产业的发展；乳品加工专家大院为得力康乳业公司研制开发出了双歧酸奶和草莓饮品等产品，投放市场后供不应求；特种玉米专家大院，开发了 4 个类型、10 个品种的特种玉米系列加工产品，注册了“金棒棒”品牌，带动当地发展特种玉米 1 万多亩。目前，西北农林科技大学和专家大院已成为龙头企业开发新产品，占领高科技市场的技术支撑和强大后盾。

(五)引导培育农村经济合作组织

家庭联产承包责任制以来，农户自主经营、分户生产成为我国农村的显著特点。农业专家大院为农村培养了一批科技示范户、农民企业家和致富带头人。以当地主导产业为纽带，使分散的农户通过利益驱动与这些能人结合在一起，培育形成农村各类经济合作组织，增强了农民的组织化程度。近年来，农业专家大院指导建立了苹果、奶牛、草莓等农民专业协会，成为新时期组织、带动农民开展增收的有效形式。如草莓科技专家大院，指导成立了王上村草莓协会，以“专家＋协会＋农户”的模式组织农民发展草莓 1 000 多亩，亩均收入达到 6 000 元以上，农民年人均收入增加 100 元以上。

教学指南

一、教学目标

通过本案例的学习，学生能够了解专家大院推广模式的产生背景、具体做法、内在机制及成效，加深对产、学、研三结合推广新模式的认识和理解。

二、理论参考

以大学为依托的专家大院推广模式是产、学、研三结合在推广实践中的具体体现。在这一模式中，政府组织是基础，大学提供的技术支持是核心，涉农企业和农户采用新技术、新成果是关键。三者相互配合、协调，各司其职，才能达到各方共赢的目标。

三、思考题

谈谈以大学为依托的专家大院推广模式的内在运行机制。

（海江波　朱翠林）

案例28

南张楼村的“城乡等值化”试验

案例背景

南张楼村位于山东省潍坊市下辖青州市的何官镇，其村落特点被总结为“不靠城、不靠海、不靠近交通要道、没有大企业、没有矿产资源、人多地少”。1990 年，南张楼村在德国赛德尔基金会的支持下，正式实施“巴伐利亚试验”(官方称“中德土地整理与农村发展合作试验”)。“土地整理和村庄发展”项目以“城乡等值化”为基本理念，通过土地整理、村庄革新、人才培养、强化服务等途径，不仅改善了村容村貌，完善了基础设施，优化了村内的产业结构，而且促进了南张楼村教育、人才培养和农村文化保护的发展，对村庄的经济社会等各方面发展起到了一定的推动作用。

案例内容

在选定南张楼村开展“中德土地整理与农村发展合作试验”项目之后，德国赛德尔基金会在 1990 年就派出了由德国巴伐利亚州土地整理司副司长马格尔博士等组成的专家组进入村庄。经过村民们的一系列讨论和村民与专家组的讨论之后，在充分考虑了规划的长远性、全局性和战略性的基础上，德国专家主导制订了《南张楼村发展规划》，对村庄进行重建。南张楼村社区发展内容包括制订规划、土地整理、村庄革新、教育培训等诸多方面。

一、功能区划分

南张楼村按照功能定位划分片区，各个功能区发挥不同作用，形成了清晰的村貌。全村按照功能分为四大块：南部工业区、东部大田区、北部文教卫生区、中部生活区。生活区安静，没有污染；教学区独立，不受干扰；工业区则是水、电、路齐全，划分片区的优势日益明显。

(一)工业区

南张楼村从 20 世纪 70 年代就开始发展工业，建立了一座砖窑和一座油坊；1984 年村里又开始建设石油机械厂，到社区重建项目开始时，全村已建有 14 家村办企业。目前，村南部的工业区共占地 150 多亩，包含大大小小的工业、企业近百家，涉及机械加工、建筑安装、蔬菜加工保鲜等多个行业和领域，包括石油机械厂、废旧塑料加工回收厂、织布厂、面粉厂等，工业总产值达10亿多元，为村民带来了极高的经济收益。用村民自己的话说，就是“白天进厂，下班种地，农闲上班，农忙下田”。

随着南张楼村的人民生活水平日益提高，一部分村民对居住的舒适度有了更高的要求。村南工业区部分工业、企业逐渐衰落，使得一定面积的工业用地闲置，因此，该村将这部分土地进行重新整合建立了“别墅区”。“别墅区”的增加则反映出人们思想观念的变化，提高了生活的质量和水平，提升了居民幸福感。

（二）大田区

南张楼村共有6 308亩耕地，人均1.5亩左右，主要用于胡萝卜、山药等蔬菜的种植，产量稳定。南张楼村的农业种植实现了完全的机械化，农民采用滴灌、水溶肥等技术，通过遥控就可以实现灌溉，无需繁重的农业劳动。田间主要道路全部硬化，播种机、收割机完全可以沿直线开进开出。随着机械化的完全实现，村民购置的大型农业机械数量日益增加，考虑到机械的停放问题，后期对社区规划布局进行了一定的调整，在村北部增加了“农机大院”，用于停放大型农业机械。

（三）文教卫生区

文教卫生区位于社区北边。一座3层教学楼是南张楼村的小学，孩子们在这里接受“双元制”的素质教育，既保证学习成绩，又提高动手能力。村小学的东侧是南张楼村的文化中心，内部建造了一个拥有现代音响设备的大礼堂，共有1 200个座位，平时，村民代表大会和一些娱乐活动会在这里举行。这里还坐落着青州民俗博物馆，陈列着500多件乡村“文物”，大多都是从村民家里征集来的，有宋朝装鸡蛋用的土罐，也有明、清、中华民国时期的纺车、官帽盒子、地方戏服装、字画、瓷器等，体现了南张楼村对文化的保护的重视。小学的西侧是村医院，方便村民就医。

（四）生活区

村中心为生活区，以村民的住房为主，理发店、餐馆、超市、加油站一应俱全，村民需要的商品和服务在南张楼村都可以得到满足。随着村民人数的增加，生活区的居民住房也相应增加，满足了村民的需求。

二、土地整理

1990年秋收过后，南张楼村开始土地整理，到1991年春天，土地整理完成。通过划分功能区整理土地，消除了零碎地块现象；通过削高、填洼、整平，将1 800亩荒湾、河道和废窑场整理成耕地，使全村可耕地面积增加到6 308亩，新增了150多亩；此外，南张楼村6 000多亩农田被规划成了若干个长350 m、宽300 m(157.5亩)的大方地，田间道路全部硬化，进行机械化作业。试图不通过耕地变厂房、农村变城市的方式使农村在生产、生活质量而非形态上与城市逐渐消除差异。

三、产业结构优化

通过土地整理，全面完善农田水利、交通、电力等基础设施，扩大绿地面积，改善农业生产条件和农田生态环境。该试验原本是想通过土地整理与村庄革新来发展农业，但实际上，外出打工致富的人回村后把钱投进工厂，社区的产业结构发生了调整和变化。整理后新增的土地主要用于工业园区发展和奶牛养殖区建设。通过规划工业用地，近百家企业落户该村，吸引了大批青年农民留在企业，留在村里。另外，使用大棚对土地的污染特别严重，村民没有为了提高作物产量而盲目选择大棚种植，而是保留了土地的原始形态，采用最原始的方式进行种植，大大减少了地膜残留带来的土壤污染，有力地保护了土地。南张楼村种植的主要作物是胡萝卜、山药等，产量比较稳定。此外，该村养殖奶牛也随着土地整理有了专门的发展区域。村里大大小小的企业近百家，安置了 1 400 多人就业，占全体村民的 1/3 左右，同时也为村民带来了极高的经济收益。另外，依托村内的民俗博物馆，该村也在规划和开展乡村旅游行业等。村里的服务业一应俱全，除了拥有理发店、餐馆、超市、银行、加油站、电影院、邮局之外，还有品牌专卖店等。

四、人才培养与教育

人的发展是农村社区建设持续发展的根本所在。

首先，南张楼村践行着德国“双元制”教育理念，重视培养学生的实践动手能力。所谓“双元制”指的是理论加实践的教育方式，学生既学习文化课，也学习实用技术，目的是从小培养学生的动手能力。在今天，这种教育理念对培养实用型人才和动手实操能力仍有借鉴意义。

其次，南张楼村村民具有接受新事物的强烈愿望。机械化的种植无需大量劳动力，大量村民选择到国外务工。到目前为止，南张楼村共有 630 多名青年去国外留学、读研或者打工，这些青年一方面开阔了眼界、学习了技术；另一方面也积累了经验和财富。他们中 95%的人返回村庄，其中不乏 2/3 有能力的青年利用挣来的钱回村创业，对南张楼村的发展起到了良好的作用。如村里奶牛产业的发展就是靠回乡人员带动起来的。

此外，在项目经费的支持下，为了便于沟通和交流学习，南张楼村开展了翻译培训工作，前后共培养了 3 批农民德语翻译，目前这些翻译人才在青州做职业教育培训工作。通过接受培训和“走出去”，南张楼村村民打开了眼界，思想和行为都发生了变化。他们思想先进，学习技术，积极开办企业增加非农收入。早在 1989 年，村里青年基本上都会使用计算机，会开车，并懂德语，这与当时中国大多数农村村民的现实情况形成了鲜明的对比。南张楼村村民勇于创新，走在了时代的前列。

通过建设规划项目，在村民中开展文化培训，定期请专家讲课，资助村民出国培训，提高了村民整体科学文化素质。如根据农业和村办企业的实际需要，在青州市举办各种短期实用技术培训班，大大提高了村民素质。在南张楼村，目前取得农业技术“绿色证书”、会计资格和其他职称的村民达到 280 人，800 多人接受了中等教育。

五、村庄革新和文化保护

村庄革新的主要任务是改善工业和工作条件，优化社区居民居住和工作环境，保护农村传统文化。项目开始就明确提出通过教育与公共文化来推动社区发展。初期投入主要用于生活条件和居住条件的改善，包括房屋改造、建筑维护、供排水系统建设；交通设施建设，包括道路、街道空间布局、交通分流和停车场、人行道、照明设备；村庄建设，包括村中心广场、美化环境、绿带建设；休闲娱乐设施建设，包括电影院、运动场、儿童游乐园；商业服务区，包括超市、百货商店等；社会福利配套建设，包括学校、养老院、医院等方面。南张楼村的资金来源除了德国赛德尔基金会的投入之外，更多的是来自村集体投入和各级政府投入。1990—2005 年这 15 年间，赛德尔基金会向南张楼村的教育、土地整理以及基础设施建设投入约450万元，人均投入1 125元，南张楼村村委会则通过各种途径投入了近1 000万元。这种做法增强了社区居民的主人翁精神和归属感，提高了居民参与建设的热情。

经过25年的试验，南张楼村100多个工厂提供的工作机会吸引了青年农民，把农民留在了村里，项目实施前后该村人口规模稳定在4 000人左右。经过土地整理和村庄革新，村庄土地面积扩大了近5倍，农村劳动力向城市转移的现象明显减缓，这与中国许多农村出现的“空心村”和村庄日渐凋敝的现象形成了鲜明的对比。此外，社区居民在古建筑的保护、大型农业机械的使用等方面也深受国外思想影响，客观上保护了当地的建筑和文化。

六、领导班子建设

社区领导班子建设也是社区发展建设的一个重要方面。村长、村支书作为引领农民致富和村庄发展建设过程中具有影响力和示范性作用的带头人发挥着积极重要作用。农村的村干部如果任职时间短，领导班子更换频繁，就很可能没有时间做实事，因而会阻碍农村的建设与发展。南张楼村自1948年建村以来，领导班子一共经历了三届，袁祥生是第二届村干部，从1976年开始担任书记，一共做了14年。与其他村相比，南张楼村领导班子的稳定性和连续性较强，加之村干部勤俭节约、脚踏实地、执行力强，这使村庄社区发展建设具有较好的可持续性和稳定性。

南张楼村无论是经济发展水平，还是社区公共服务建设、社会保障等都远远超出周边村落，其发展实践可对我国其他地区农村的发展提供重要的启示。

教学指南

一、教学目标

通过本案例的学习，学生能够对社区发展和规划的含义、功能、基本原则和主要内容有更深入的理解，认识到合理的规划布局对于我国农村社区发展的重要意义。同时，明确社区规划也需要与时俱进，根据发展的现状和特点不断更新。

二、理论参考

社区发展涉及多种要素、多种目标，需要遵循一定的原则。社区发展应当是综合性的、可持续的、参与式的、合作式的。社区既要重视经济发展，又要兼顾社会、思想、文化等方面综合发展。

三、思考题

1. 如何制订有效的农村社区发展规划？

2. 本案例中，南张楼村的社区建设实践带给你什么启示？有哪些经验可以借鉴？

（高启杰　乔佳梅）

案例29

青宿村以农民为中心的参与式农业推广实践

案例背景

农业推广的传统模式中,存在这样的现象:技术目标的唯一性,信息的单向性和农民的从属性。技术目标的唯一性是指在农业推广过程中,以推广技术为主要任务,而且把推广技术的效果简单化到只要产量,并不关注作为使用者的农民能力的提高;信息的单向性是指来自实验室和试验站的技术单向地传递给农民,缺少农民意愿的表达,缺少农民使用技术的信息反馈;农民的从属性是指在农业推广的任务确定、内容选择和目标建构中,农民都难以表达意愿,难以贡献能力,难以因此而提高自己的能力。

随着我国经济社会的发展,农业推广的主要目标不再只是单纯地提高产量,而是把农民的发展作为主要目标和综合目标。为了实现农民发展能力的提高,需要改变原有的推广模式,并且要特别强调以农民为中心。农民是推广的受益者,而他们的受益不仅在于提高产量,更在于改变观念、提高能力和促进合作。农民也是推广过程中的实践者,要让农民在推广过程中通过实践提高技能、树立自信和善于合作,才能使推广过程有效,且长效。

山西省隰县青宿村位于吕梁山西南端,属内陆半干旱温带气候型。该村土地总面积1 690亩,农用地1 251亩,耕地面积250亩,荒山、荒坡439亩,属黄土高原残塬沟壑区地貌类型,以塬地为主。当地农民普遍放养羊,这是农民增收的一个渠道。但是放养羊对荒坡地的植被破坏严重,当地政府因此执行全面禁牧政策,号召村民进行圈养,却出现当地有限的耕地资源与饲草占地之间的矛盾。

案例内容

一、参与式社区分析过程

参与式社区分析的主要任务,首先是发动群众,其次是了解和分享信息。在这两个目标中,第二个目标是手段,第一个目标是根本目的。发动群众,才能让他们关注自己的社区和生产,参与发展项目。

在问题分析阶段，采用实地调查、共绘社区地图、统计表等方法，由推广人员和社区干部初步了解信息，并将这些信息呈现给农民。具体的做法如下。

（一）实地调查

以社区干部为关键信息人，和推广人员一起沿着社区中重要的两条沟行走，了解当地的地形地貌、生产情况，并在地图上标注水土流失较为严重的区域。

（二）共绘社区地图

推广人员、社区干部召集村民一起参加村民会。在会上，由村民共同在场院地上画出本村地图。到会村民每个人都参与了画本村地图，还根据要求在图上标注了本村的农用地、侵蚀沟、道路、水源、房屋及公共设施等。通过这样的绘图、伴随绘图的访谈、村民之间互相讨论，不仅让工作人员更加细致地了解这个村的土地利用现状，也吸引了农民参与，引起了农民对自己社区的水土流失问题的关注。

（三）弱势人群访谈

在绘制社区图的同时，通过对村民的访谈，了解当地的贫困户。通过村民之间的讨论，还呈现出这些贫困户所在的社区位置、贫困程度及贫困原因。推广人员和社区干部一起走访这些贫困户，和他们共同讨论生活和生产上遇到的问题。

绘制社区图之后，推广人员和社区干部还召开了妇女小组座谈会。通过妇女座谈会，讨论了她们在社区生产和生活中的问题，了解了她们在生活和生产中遇到的问题。

（四）性别敏感的社区发展项目讨论

在生产问题分析过程中，基于性别敏感的思路，采用从不同性别角度来分析的方法。具体做法是男性村民和女性村民分别开村民小组会。他（她）们认为收入低的根源是耕地资源少，果树发展起步晚，尤其是新品种更新迟缓；没有一技之长，在外打工也是以强体力劳动和打短工为主，收入不稳。最后召开全村村民会议，对他（她）们所提议的项目进行投票，确定青宿村需要发展的项目。

二、参与式农业推广过程

（一）推广项目的参与式选择

在充分发动村民和讨论的基础上，进行了推广项目的建议和选择。因为村民都不肯放弃养羊，而现实又限制了放养。村民讨论的结果是选择既能养羊，又能使单位土地上养殖的羊多，还要劳动量不太大的项目。多轮讨论投票下来，村民们大多数同意了以优质牧草为中心的技术推广项目。由于当地土地面积小，耕地少，所以优质牧草项目主要的技术方向就是在果树下面套种牧草。针对当地土壤贫瘠的特点，推广人员提出以推广豆科牧草为主，这点也得到了村民的赞同。

通过问题排序，村民对牧草品质的要求总结如下：①产量高；②生长周期短；③耐旱；④病虫害发生少；⑤营养价值高；⑥适口性好；⑦养地。在试验设计中，就将以上的几个要素列为试验的指标。

(二)推广项目的参与式试验过程

执行项目过程中,需要对3种引进的牧草(紫花苜蓿、三叶草、百脉根)进行测产实验。布置田间实验时,应该严格按照科学的实验方法如图29-1进行栽种和测产。

道路	紫花苜蓿	三叶草	紫花苜蓿
	三叶草	百脉根	三叶草
	百脉根	紫花苜蓿	百脉根

图29-1　试验设计方案

有户村民认为当地春季干旱,三叶草不易成活,若要严格按照试验设计,在三叶草地块补种其他作物很不方便,鉴于此,他提出图29-2试验设计方案。

道路	三叶草	紫花苜蓿	百脉根
	三叶草	百脉根	紫花苜蓿
	三叶草	紫花苜蓿	百脉根

图29-2　村民提出的试验设计方案

这种方式虽然损失了部分科学性,但具有很强的实用性,充分发挥了农民的主观能动性。采用此方法是对农民种植习惯的尊重,同时,调动了农民参与试验的积极性,与科研人员合作开发更适宜本地的农业新技术。

(三)推广项目的参与式示范过程

因为项目在一开始就采用了参与式方法,充分发动了群众,符合了群众的利益,引起了群众的兴趣,使得试验过程和示范过程都相互交织着进行。在测产和综合评价阶段,村民也充分发表了看法。

在最后测产指标的重要性评估时,不同性别群体间出现了很大的差异。在女性小组讨论中,对各种指标的重视程度,排列的前三位是牧草营养价值、适口性、养地;在男性小组讨论中,排列在前三位的分别是适口性、营养价值、生长周期短。因为没有进行进一步的调查和分析,导致这种差异的原因暂时还不清楚。

三、对本项实践中的参与式方法评价

(一)村民在参与式项目推广中习得参与式的观念和方法并加以应用

牧草项目开始试验之后,接下来就是畜种选择和改良问题。已经通过牧草项目习得了参与式方法的村民,自觉将这种方法应用到新的实践中。

在圈养羊的品种选择问题上,目前村民有两种倾向:圈养绒山羊和圈养本地杂交羊。参与式技术开发小组的村民在推广人员的帮助下,采用头脑风暴法和成本核算方法,将足够的信息(表29-1)呈现给村民来讨论。

表 29-1　圈养本地杂交羊和圈养绒山羊的成本及效益分析

品种	投入	一年后产出	额外的风险和产出
本地杂交羊	10 只杂交羊:1 500 元 牧草籽:100 元 土地使用费(饲草成本)80 元/亩,5 亩 400 元	10 只成羊:1 500 元 10 只羊羔:1 000 元 绒:800 元 毛:30 元 粪:70 元	价格已经相当低,没有什么经济风险
	总投入:2 000 元	总收入:2 900 元 纯收入:900 元	
绒山羊	10 只成羊:20 000 元 饲料:500 元	10 只成羊:20 000 元 10 只羊羔:10 000 元 绒:1 500 元	受市场价格波动比较大,有一定的经济风险
	总投入:20 500 元	总收入:31 500 元 纯收入:11 000 元	

这样的呈现,让村民根据自己的特点,在与亲戚、邻居充分讨论的基础上自我决策,保证了决策的自愿性,也让村民明白自己决策的风险和收益,从而提高村民的自主发展意识。

(二)推广人员使用参与式方法缺乏激励机制

目前农业推广效果评价的各种指标体系,尤其是我国推广系统对农业推广人员的绩效评价中所使用的指标,都只重视推广率、产量提高等,没有任何指标可以评估参与式方法的其他成效。即使参与式方法的效果很明显,但也缺乏衡量这些效果的指标,缺乏对推广人员在工作中激情的激励。另外,参与式方法在首次使用的时候,十分麻烦,工作特别耗精力。参与式方法在发动农民,促进农民自我激励、自我教育、自组织方面的效果也不能在本次项目中体现出来。正因为如此,这次参与式的实践因为是项目要求才实行的,推广人员也是尽力完成上级交给的任务,而从中发挥自己聪明才智的积极性并不高。

推广人员的绩效考核、工资奖金、职称评定等,都没有任何指标可以激励推广人员使用参与式方法。一方面是僵化的体制内的农业推广方法的途径依赖;另一方面是缺乏改革的动力,参与式方法的使用总体而言比较艰难。

(三)推广人员对参与式方法的掌握还不够熟练

在本次项目中,采用了实地调查、头脑风暴、绘社区图、参与式排序等方法,参与式的理念和方法贯穿了项目始终。推广人员通过参与式方法来进行农业推广,还是十分尽职尽责的。但是,是否使用参与式方法,使用哪些参与式方法,如何灵活使用参与式方法等问题,却还没能被推广人员掌握。例如,使用性别敏感的参与式方法,在本项目中就显得不大合理。是否在生产问题上要采用分性别的小组讨论?是否这样的讨论就促进了不同性别的人群相互之间的了解与和谐?一般来说,在采用性别敏感的方法上,不同性别的人群在劳动参与上有差异,在项目受益上有差异,才适用性别敏感分析方法。

教学指南

一、教学目标

通过本案例的学习，学生能够认识参与式农业推广项目中常用的参与式工作方法以及参与式农业推广方法的复杂性、使用的细致性，了解技术应用者在技术推广过程中的作用。

二、理论参考

1. 期望理论

美国心理学家沃隆(Vroom)提出，确定恰当的目标和提高个人对目标价值的认识，可以产生激励力量[激励力量(M)＝效价(V)×期望值(E)]。在农业推广中，凡是能够让推广对象看到效价，也能明白期望值的行为，都可以成为促进行为改变的动机。

2. 参与式农业推广方法

参与式农业推广是一种新的农业推广方式与方法。其目的：①促进角色改变，使农民不再是被动的接收者和边缘人；②建设农民的可持续发展能力。

参与式农业推广方法能帮助农民分析农民自己的心理，积极诱发农民兴趣。参与式方法能帮助农民充分了解农民的利益、需求和困境，帮助农民和推广人员共同改造项目使其靠拢农民的需求，启发、帮助农民认识推广项目的意义或好处。

参与式农业推广方法是以农民为中心的工作方法。参与式方法的具体特点是：根据农民行为改变原理，运用参与式理论和方法，引导和组织农民最大限度地发挥他们的主动参与性，参与自身生产和生活状况分析、资源分析、需求分析，参与农业创新学习应用，参与项目制订、实施、监督、评估和验收过程。

三、思考题

1. 分析本案例，列表比较在推广项目制订、试验、示范3个环节中，传统的农业推广方法和参与式农业推广方法各有什么异同。

2. 在参与式农业推广中，推广人员、社区干部和农民各自扮演着什么样的角色？和他们的传统角色相比，在参与式项目中他们的角色有什么改变？

（樊军亮）

案例30

薛圐圙乡的参与式试验示范推广实践

案例背景

薛圐圙乡沙岭村是应用参与式农业推广方法的试点村。该村地处雁门关外高寒区，种植的主要作物是玉米。在该村，推广什么技术？推广什么水平的技术？通过什么方式和什么人来推广技术？如何让所有农民成为技术推广的均衡受益者？在这样的问题背景下，农业推广机构尝试从问题分析到示范推广，全程引入参与式方法的理念和技术，尝试用参与式农业推广来提高农业推广的效率。

从理论上讲，参与式农业推广能够：①改变传播者的角色——促进农民间的合作，实现全通道型传播；②改变技术推广的内容——促进挖掘传统技术、改造现代技术、使农业科技本土化；③促进农民的角色改变——通过农民参与问题分析、决策、实践的整个过程，帮助农民习得参与的技能、方法和渠道，改变农民中弱势群体的边缘化地位。

案例内容

在该次农业推广过程中，全程引入参与式方法的理念和技术，具体参与过程如下。

一、参与式试验示范的试验过程

（一）参与式的问题识别过程

在该村的生产实践中，主要是两个方面：奶牛养殖和玉米种植。是推广奶牛养殖技术还是玉米高产技术呢？在农民小组会上，通过农民提出自己的看法，推广人员了解到，养牛技术只能惠及2/3的农户，而玉米高产技术却能惠及所有农户，尤其是那些养不起牛的农户。在会上，农民还提出，其实玉米高产技术也能为养牛户提供更多的饲料，也能让非养殖户通过出售玉米提高收入。通过充分的讨论，推广人员和农户都一致同意将工作的重点放在推广玉米高产技术上。

解决在玉米生产过程中遇到的主要问题，才是推广的主要目标。发现和分析玉米生产过程中的主要问题，是通过农民小组讨论来实现的。在有推广人员和村民小组参加的讨论会上，采取了性别敏感的问题分析方法，即将男性村民和女性村民分别组成小组，进行小组讨论。男性村民对玉米生产中关键问题的排序结果为地膜、品种、底肥、病虫害、除草、深翻、追肥；女性村民排序结果中地膜排第一，品种、底肥与除草同列第二，第三是病虫害、深翻、追肥。男、女村民都认为地膜、品种、底肥是影响玉米产量的重要因素。科研人员与农民一起设计了涉及这3种因素的试验。在这个阶段使用性别敏感的分析方法，其目的是找出双方共同认可的问题，同时也启发男性和女性村民互相了解对方对问题的分析角度与自己有什么异同。

通过参与式的问题分析方法，村民们不仅加深了互相之间的了解，也通过共同分析选择了大多数人都关心的问题，避免了个别人因为利益无关而被边缘化，也避免了过去由村书记个人主导的推广养牛技术的想法引起群众不满。

(二)参与式的试验过程

在识别出这样的问题之后，就地膜、品种、底肥这3个因子，推广人员设计了6种试验方案。

参与试验的20个农户，也是在村民小组充分讨论的基础上，由农户自己申请，村民们讨论的基础上选择出来的。在推广人员的帮助下，农户根据试验要求进行耕种和管理。因为参与的农户都有积极性，推广人员也悉心指导，试验过程都能规范进行。

在试验过程中，农民反映，当地土壤不缺钾，钾肥也相对较贵。因此，农民建议修改施肥方案，而专家经过测土也证实农民的说法是正确的，从而降低了钾肥的用量。这一改变，降低了生产成本。

过去，农业推广试验只是推广人员把试验地摆在农民家里，而农民只是听指挥的实验者。在这次参与式推广实践中，不仅试验农户的产生是通过参与式过程选择的，而且被选择的农户也因为被选择产生了较高的自我认同，并对试验设计提出了自己的看法。在他们的看法被采纳以后，他们更对试验本身充满了热情和信心。这样的参与过程使试验过程更为规范，更为准确，也更有创造性。

参与试验的农户，因为得到了这样的认可和自己对试验的信心，他们不仅能认真参与、观察，并能将这些操作过程扩散开来，成为在乡亲们中间传播的信息源。

(三)参与式的示范推广

这一次的试验示范过程，一开始就用参与式方法发动群众，让群众充分了解试验是什么，试验什么，如何试验，谁试验，试验预期达到什么目的等问题，使群众从一开始就关心试验的进行。这个热闹的起点，为试验成果的推广奠定了较好的信息基础。

主要负责全面技术内容的农民小组长由村民选举产生。事实证明，这样的选择是很必要的。在示范过程中，我们发现：①这些农民小组长本身具有一定的文化知识，能够较快接受专家传授的新技术；②农民小组长本人人格特征和在社区中的形象，有利于村民把他们当成可靠的信息源而加以信任，也有利于他们在试验示范过程中的自我约束；③作为民主选举产生的试验负责人，一般也有较好的品行，他们愿意把自己知道的内容无私传授给其他农民；④小组长向专家面对面学习，然后再将知识传递给农户。因为农户对小组长的信任，小组长便有了学习的压力，能够更认真对待学习，较充分地掌握专家讲授的内容。

因为试验农户的主动参与，同其他农户的密切联系及试验过程的开放性，使全体村民都随时关注和了解试验的进展，了解不同处理方式之间的情况。试验完成，示范也基本完成了，农民通过现场测产，一目了然哪一种处理方式是他们最看得上的。在后期的示范过程中，推广人员只需要对最好的试验组合给出详细的要领说明,农民就基本都能够掌握了。

二、参与式试验示范的综合试验效果

(一)有效地推广农业技术

和以往的推广不同,农民在自己的社区,对自己信任的人,提出自己想要的短期愿景,并关注着走向这个愿景的试验示范过程,使推广过程没有遇到什么阻力,也没有多少人采取冷漠态度。从农业推广的效率来看,参与式农业推广的确是有效的。

(二)参与式试验示范过程的其他副产品

参与式试验示范过程重塑了沟通模式,使邻里关系成为信息流通的主渠道。在过去的推广中,农技人员与农户的沟通是信息流通的主渠道。而在参与式的合作和共享过程,将邻里关系这样的非正式渠道上升为主要渠道和正式渠道,使信息传播的过程发生了变化。

农户的合作意识得到提高。信任,不仅促进了人们之间的沟通,也促进了个人的自我鼓励与约束。在这次参与式推广尝试中,参与试验的农户是被选择出来的,在选举人和被选举人之间建立起一种信任关系。被选出的试验者在学习和试验中产生了积极主动帮助他人的行为,被帮助的人也加深了对实验者的信任。这样一种良性的关系,促进了农民之间的合作。

在技术集合的形成中,农民起到积极的作用。单一的农业技术应组装成集合的农业技术,而这一集合过程的最终受益者是农民,对当地的自然和社会条件最了解的也是农民。在本次试验示范过程中,正是农民的参与,修改了技术操作的过程,并且十分合理。农民作为最终的采用者,他们积极地参与,实现了从科学技术到生产力的根本转化,并能使这样的集合技术更能够产生好的生产效果,也更便于推广。

农民间合作为技术使用者全面掌握技术内容创造了条件。技术传播主体是农民选举产生的技术小组长,是地地道道的当地农民。他们对农村和农业现状比较了解,一直从事农业生产,与其他村民有相同的自然、社会、文化、生活背景,因此他们在解释技术内容时能够用他们的语言与农民沟通,使技术要领更容易被大多数农民所理解。据对 20 户村民的调查,他们对此次玉米增产技术方面的掌握程度都达到 100%。

参与式试验示范推广过程,可能有较低的学习成本。一次参与式试验示范推广,从总体来说,有许多的小组会、讨论会,会花很多时间,有较高的时间成本。但从推广的效果来看,单位增产的成本并不高。同时,由于是共同学习、互相学习,推广人员的推广成本大为降低。在一次参与式推广过程中习得的参与式技能和习惯,会使以后的农业推广过程因为途径依赖而降低学习成本。

参与式试验示范推广,还使农户之间的事务性合作成为可能。农民专业合作组织建设中的普遍缺陷,是缺乏信任和缺乏合作的技巧。参与式试验示范的推广过程,加强了农户之间的联系,有利于他们之间的信任,也有利于他们习得合作的技巧。对于外界来说,向这样具有合作机制的农村社区传递知识信息变得较为便利,赊销农业机械的风险也降低。生产厂家正是看到这样的合作努力,看到试验示范在农户中的传播效果,愿意向农民赊销在玉米高产技术中使用的覆膜机。

教学指南

一、教学目标

通过本案例的学习，学生能够了解适用技术的来源渠道，掌握参与式方法在试验示范方法中的应用过程，学会制订促进某项技术传播的具体措施。

二、理论参考

(1)参与式农业推广：推广对象参与推广项目的决策与选择，如农民率先根据发展需要主动提出优势发展需求和想法，以此来限定推广工作的内容和形式．以使推广的项目更好地满足农民的现实生产需要，提高推广工作的成效。参与式方法还能够保证农民为项目开展付出积极的承诺与贡献，在项目执行过程中主动地付出自己的努力，保证项目的顺利实施。

(2)农村人力资源开发相关理论：生产力理论、系统工程理论、自组织理论、创新理论。

三、思考题

1. 什么是参与式农业推广？在试验示范方法中如何使用参与式农业推广？
2. 农民间合作还可以解决哪些农村发展问题？
3. 在技术推广实践中，如何设计相应的组织形式以促进农民间合作？
4. 农民间合作与扶持精英农民，这两者中究竟哪一种更能促进农业技术创新？

（樊军亮）

案例31

黄家鲜蛋养殖场与黄家鲜蛋专卖店一体化经营

案例背景

在农业经营中，最有效率的是适度规模经营。适度规模经营是在一定的社区区位、生态条件、生产目标产品和社会经济条件下，各生产要素（自然资源、劳动力、资本和技术）的合理组合。通过要素的有效配置，符合当地的市场特征，实现企业的资源配置高效率与企业经营的高回报。

黄家鲜蛋养殖场是四川雅安名山区一家适度规模经营的养殖场，通过成立黄家鲜蛋专卖店，形成产、供、销一体化经营模式。以下从黄家鲜蛋养殖场和黄家鲜蛋专卖店生产经营模式、投入产出以及一体化经营模式成功因素进行阐述。

案例内容

一、生产经营模式

黄家鲜蛋养殖场位于四川省雅安市名山区新店镇，离主要市场约 30 km 高速公路车程。黄家鲜蛋养殖场共有养殖房 2 幢。2013 年，该养鸡场的两处养殖场分别有 5 000 只和 10 000 只产蛋鸡的养殖规模。从事养殖工作的人员 5 人，其中全职养殖人员 2 人，生活辅助人员 1 人，鸡蛋运输（兼职）1 人。全年平均每天产出鸡蛋约 12 000 枚，合计重量约 750 kg。

黄家鲜蛋专卖店位于雅安市雨城，于 2006 年开始经营，店面面积约 40 m^2，专卖店有专职人员 1 人。每天下午一点左右，养鸡场开始收集 24 h 内产的新鲜鸡蛋，并在晚间送往专卖店。上市出售的鸡蛋，从生产到出售，都在 48 h 内完成，保证了鸡蛋的新鲜。

二、投入产出分析

黄家鲜蛋养殖场和黄家鲜蛋专卖店是一体化经营，在经济核算中也一体化核算，年总收入 324 万元，年总成本 122 万元，年净收入 112 万元。

年总成本 212 万元，其构成为以下几方面（其中，购买小鸡和小鸡饲料费用与出售超龄蛋鸡费用抵销，不列入计算）。

(1)工资（包括自我雇用的假定工资）：以每人每年 4 万元计算，每年共计 16 万元。

(2)厂房租金（以机会成本计算）及设备折旧：两处养殖间，每年共计 20 万元。

(3)饲料总费用（以 2013 年 7 月价格，每吨单价 3 000 元计算）：每天消耗 1.5 t，每年共计 164 万元。

(4)防疫费用（外包，每只鸡每年 1 元）：每年 2 万元。

(5)运输及其他费用：每年 6 万元。

(6)专卖店铺面租金：每年 4 万元。

年总收入 324 万，其构成为：平均单价每千克 12 元，每日产量 750 kg，以全年 360 天计算。

三、一体化经营的成功因素分析

1.以销定产，以家庭劳动力和投资约束的适度规模进行经营是成功的关键因素

不同行业，其最适生产规模存在很大差异。就黄家鲜蛋专卖店而言，生产规模的确定是以销定产。每天 4 个小时的营业就销售完全部鸡蛋。一般客户会在这个时间内来购买，购销基本平衡。少数没买到鸡蛋的顾客会第二天早晨来购买。这样的销售额和当地的人口规模是相适应的。每天 12 000 只鸡蛋的销售额度反过来决定了养殖场的生产规模，没有产品积压和浪费，效率很高。

养殖场生产与管理由家人共同配合完成，仅外聘 1 个劳动力。实际上是养殖 15 000 只蛋鸡，只用了一男一女两个全劳动力。加上销售人员和运输人员，按工作量计算，还有两个全劳动力。这样的生产规模，对于家族经营是比较合适的，避免了更多的管理成本。

在固定资产投资方面，养鸡场采用的技术水平是较为廉价的。养鸡场虽采用了集中养殖的方式，但是鸡舍的建筑、设备都是尽可能简单适用，并尽可能用当地出产的材料，有效地减少了投资规模，使投资更为有效。

2.家族长期的养殖技术、资金和市场积累是成功的重要基础

养鸡场的原场主是当地有名的养鸡能手和养鸡专业户。通过多年的摸索，他把先进的养鸡技术和自己的乡土技术结合，形成了自己的养殖模式和养殖基础，并把其核心技术传授给继承者。

在设立专卖店前，养鸡场的鸡蛋主要由批发商来收购。随着养殖规模的扩大和技术的成熟，2006 年设立了专卖店，通过 7 年的经营，形成了稳定的客户群。这样的客户群又反过来保证了生产的稳定性。

3.采用适合当地和家庭生产的中间技术水平是成功的保障

先进技术和传统技术，到底谁更有效率？先进技术一般会伴随着较高的学习成本，较高的固定资本投资。传统技术则正好相反。在农业生产上，目前普遍有效的是中间技术，即介于先进技术和传统技术之间的技术。

在生产上，黄家鲜蛋养殖场采取中间技术，把集约化养殖中的养鸡设备、自动化供水等技术，与原有的草顶、红砖的通风鸡舍结合在一起，在投资不多的情况下，实现了规模化养殖。同时，较传统技术降低了劳动力成本。

在销售上，黄家鲜蛋采取了与传统零售不同的专卖店模式。这种模式与传统的批发零售模式相比，节省了零售环节产生的成本；与农超对接模式相比，又能将自己的品牌效应最大化，

避免与其他品牌的竞争，也避免被超市剥离较多的利润份额。这样的专卖店模式，兼具自产自销和规模经营的优点，同时，还不断加强了自己的品牌口碑，使品牌更有竞争力。

4.家族式的生产与管理降低管理和协商成本，为成功经营提供了条件

家族企业是落后模式还是先进模式，一直是颇有争议。但就农业这个领域，全世界最先进的国家也同样采用的是家庭经营模式。黄家鲜蛋养殖场不是家庭经营，而是家族经营。在生产经营过程中，充分发挥家族成员的作用，挖掘各自潜力，加之企业经营理念清楚，家族成员分工明确，互相信任，提高了工作效率，降低了管理成本。

5.透明式经营赢得较大规模客户群体是成功经营的重要前提

在销售上，黄家鲜蛋专卖店采用透明式经营模式，获得了广大客户的信任。一方面，通过保证鸡蛋质量，得到顾客认可。顾客都是回头客，或者由老顾客介绍新顾客。另一方面，黄家鲜蛋专卖店通过公布养鸡场的地址、电话，欢迎顾客实地考察调查。这样的模式，让顾客得到更为透明的信息，赢得了顾客的信赖，因而愿意为高出20%的价格买单。仅此价格差异，黄家鲜蛋养殖场每年就增加近20万元额外收益，并且仍然能保证稳定的销量。

教学指南

一、教学目的

通过本案例的学习，学生能够从可行性和有效性两个方面判断创新的价值，从而理性地认识创新，合理地选择创新。同时，理解创新采用者所面临的自然和社会条件对创新采用和创新价值的影响。学生可以尝试站在经营者的角度，分析、模仿和改造创新。

二、理论参考

1.关于创新的价值

创新能否被采用，一方面取决于创新本身创造的价值，另一方面取决于推广的绩效。在农业创新方面，凡是能够提高农产品的售价，或者降低农业经营的成本，以及降低农业经营的风险，这样的创新都是有价值的创新。而是否能实现其价值，取决于农业经营者本人的决策和经营行为，并且也取决于其行为是否适合当地、当时的资源、市场等情况。

2.关于创新组合

能够将各种创新在实践中组合起来，使其更有价值，也值得推广。农业经营包括了产前的要素组织和市场定位，产中的生产管理，产后的产品销售各个环节。作为示范的农户，若是能够从各个环节都树立成功的榜样，更容易引起关注和效仿。

3.关于规模经营

对于农业的规模化经营，到底什么样的规模才是合适的？在不同的社会条件，不同的生产过程，不同的农村社区区位的条件下，可能有不同的规模效率。

4.关于技术选择

中间技术是介于先进技术与传统技术之间的技术。在以农户为主的农业生产中，比较适

合中间技术。而某种技术是否是中间技术，是根据经营者原有技术水平来评价的。对于这种中等规模的完全市场化农户，其中间技术高于普通农户的技术水平，低于发达国家先进农业的技术水平。

三、思考题

1.你认为黄家鲜蛋养殖场和专卖店一体化经营的模式，在产前、产中和产后的各个环节中，哪些创新可以在其他种植或养殖产业中使用？如何使用？

2.在本案例中，生产地与消费市场的空间距离、交通条件等方面具有一定的特色和优势。当这些条件改变的时候，例如，在大城市近郊，或者在产粮区，这样的经营模式应该怎样改变？

3.以家庭为主要生产单位，是全世界农业的主要经营模式。你认为以家庭为单位经营农业，有什么优势和劣势？

4.在本案例中，中间技术是如何与中等规模的农户、中等规模的市场相互配合并取得效率的？

（李晓铃）

案例32

银木村土地托管中的农业推广经营服务

案例背景

依托着“扬子江心水，蒙山顶上茶”这样的传统和名气，雅安市名山区发展了40万亩茶园，也就是该区的农地基本上都种植了茶叶。仅名山区，万亩级别的观光茶园就有4个。茶叶产业的土地产值近年来一直保持着较高水平，村民从每亩茶园得到的稳定收入都在5 000元以上，好的年份可以达到1万元，农民对种茶、采茶的积极性很高。采茶的工作并不需要强劳动力，妇女和老人甚至放假的儿童都能胜任，这使那些没有外出打工的妇女和老人很愿意从事这样的产业。

因为茶叶的高收入，以及茶叶产品具有单价高、便于快递等优点，很多的企业把基层机构分布到了各个村里，在整个产业链中起到了重要作用。本案例提到的银木村，是名山区解放乡的一个普通乡村。在村委会办公室隔壁，就有中国电信、中国邮政等大型国有公司的分支机构。村民不出村，就能完成网络购买和网络销售等任务。而中国电信、中国邮政在银木村与外界的物资交流中也获得了利益。

茶叶种植业是劳动力密集型农业。其中，采茶这个环节，尤其是高档茶的采摘，完全是人工作业。一个人在春茶季节采茶的面积能达到两亩左右，因为嫩芽长出来必须马上采茶，长大了就不值钱了。农民在整个茶叶生产过程中，在采茶这个环节花费的时间最多。那些用于加工为高档茶的早春芽茶，一个中年妇女一整天能采3.5 kg，做成干茶只有0.75 kg。这个时候的鲜茶每千克约220元，一个妇女一天所采的茶能卖近800元。到春茶后期，一个妇女一天采的茶也能卖300元以上。采访中我们遇到了一个8岁的小女孩，她在清明节假期的3天时间跟着姐姐去采茶，居然挣了1 000多块钱。这也意味着，在春茶季节农民采茶挣钱最多，而把时间和精力用来干别的，就很不划算。

茶叶种植业也是技术密集型农业。在茶苗繁育和茶园建设、管理、修剪、施肥、除虫、防病的各个环节都要求达到高标准，才能保证茶园蓬面宽、蓬口平整、出芽整齐、茶芽饱满、病虫害少、采茶效率高。对于以老人和妇女作为茶叶产业的主要从业者来说，学好并掌握这些技术，正确应用到生产中还是相当有难度的。

本案例的主要出发点，就是如何突破劳动力相对不足和技术成本过高这两个限制，实现茶叶生产技术和效率的提高。

案例内容

在名山区推广茶叶作为主导产业以来，全区基本上没有其他的农业，只有茶叶产业及其相关的加工和旅游产业。在银木村和周边乡村的采茶季节，农民居然也靠外卖解决一日二餐。外卖把饭菜和水果送上地头，村民吃饭都不耽误干活，因为买菜做饭花费的那几个小时的时间，农民可以挣一二百块钱呢。在整个茶叶产区，农民生活的社会化程度很高，他们早已不再种植粮食作物和蔬菜，不再养猪、养鸡，不再追求"小而全"的生产方式。他们把生产和生活的社会化分工当成可以接受的常态，而这就是"土地托管"能够生根的观念土壤。

一、银木村土地托管服务社的构架

2017 年成立的银木村土地托管服务社，由中国供销合作社名山区联社、雅安富博现代农业服务有限公司、雅安忠伟农资有限公司共同出资组建，共同开展工作。其中，供销合作社区名山区联社早已进入解放乡，以"银木村为农服务中心"成立解放乡供销中心社，构建"四部两中心"的服务功能，即设立生产合作部、消费合作部、公共服务部、社会事务部、电商体验中心和培训中心。雅安富博现代农业服务有限公司是一家以技术服务为中心，以田间管理团队为核心的农业服务公司，其优势是具有较强的技术力量和机械化作业能力。雅安市忠伟农资有限公司是一家经营农资(肥料、农药、小型农机具)的公司，其主要的功能是提供农资。这 3 家公司的合作，可以看出各有贡献：供销社提供原有的组织架构与沟通渠道，富博公司提供技术力量和人力，忠伟公司提供农资，实现了典型的企、人、物的结合。

对于该托管服务社的建立，名山区政府、名山区茶叶发展办公室、银木村村委会和前述 3 家企业进行了充分的沟通、宣传和协调，使"银木村土地托管服务社"在建立的过程中就在广大村民中扩大了知晓度，并与当地村民建立了密切的联系。

二、银木村土地托管服务的基本流程

土地托管服务社成立后，形成了较为复杂的相互沟通和制约关系。一方面，农户通过村委会和供销社的宣传，理解参加土地托管服务社的好处；另一方面，农户也了解到村两委和供销社对托管服务社的监督机制，解除了参与托管的后顾之忧。农户在充分了解了各种利弊后可以自行决定是否加入。农户加入土地托管服务的基本流程见图 32-1。

从该流程图可以看出，银木村土地托管整个流程中一直有三方的存在：托管土地的农民，接受托管的托管服务社，以及起到监督作用的村委会、村民小组和中国供销合作社名山区联社。

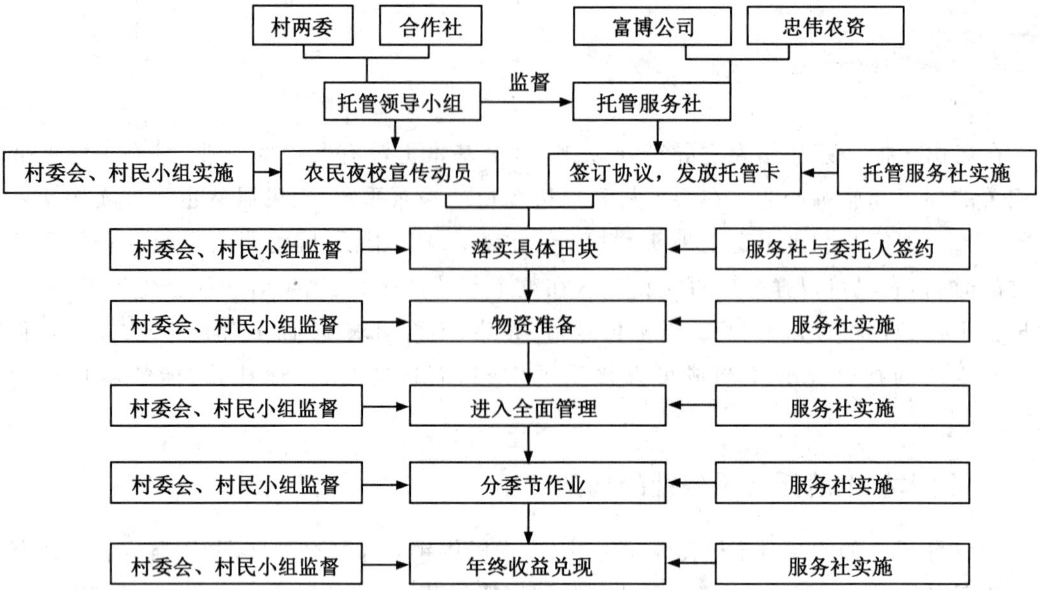

图 32-1　银木村土地托管基本流程

来源：根据银木村土地托管服务社宣传画改画。

三、银木村特色的土地托管——田间管理托管

与全国各地的土地托管服务不同的是，银木村没有进行土地全程托管，而是只托管“田间管理”这个环节，主要有以下几个原因：第一，茶叶产业是劳动密集型产业，不可能实现全程机械化，因此不能实现全程托管；第二，茶叶产业是高土地产出率农业，农民收入高，并不愿意全程托管；第三，茶叶产业中无论是鲜茶出售还是成茶出售，每天都可以卖出并得到现金，农民“十鸟在林不如一鸟在手”的心理，也使他们更愿意自我经营，不愿意全程托管；第四，尽管鲜茶价格起起落落，但每年早春开采到最后秋茶采完，价格都有规律可循，农民的风险并不高，农民有能力掌握自己生产，不必要全程托管。因此，银木村土地托管主要包括以下几个内容。

（一）全年施肥

托管服务中，全年施肥包括茶园冬季管理深施肥，春、夏、秋三季追肥。在施肥过程中，冬季的有机肥施用和春末的叶面肥施用都很需要劳动力和技术。托管服务社的施肥，保证了肥料的质量、施用的规范性和有效性，提高了机械化水平，减少了农户的劳动强度，还保证了肥料使用的可追溯。

（二）全年农药

托管服务中，农药使用是保证产品品质的关键环节。一方面，托管方承担了全部被托管农户的农药采购和使用，使产品农残更容易被追踪和追责，有利于物理防虫技术（太阳能

灭虫灯、黄板),以及低毒、低残留农药的推广;另一方面,从农户的角度来看,农药的种类、剂量的控制一直都是难题,喷洒农药也很费时间,而托管服务中农药使用效率更高,整片使用效果更好。

(三)全年修剪

托管服务中,全年修剪包括了深、中、浅 3 种修剪。统一修剪更为规范,更能促进茶叶高产,并能保证茶叶发芽整齐便于采摘。

(四)测土配方和农残检测

将同村土地的统一测土与个别田块的分别测土结合,数据更为准确,有利于更专业地指导施肥。对委托服务的所有农户的茶叶进行农残检测,降低了检测成本,有利于当地茶叶品质的提高和产品的推广。

(五)其他技术培训

托管服务中,技术培训包括茶树更新、茶树新品种引进、采茶技术规范化、手工制茶技术等方面,当地农业局、茶叶办、村委会、托管服务社、农民夜校共同举办不定期培训。一般农户注重采茶技术规范化,涉旅游观光农户注重手工炒茶技术。术业有专攻,农户采茶技术和炒茶技术都得到了精进。

四、土地托管服务中的多方共赢

农业局、茶叶办、乡镇党委和政府、村两委等机构带领农民致富的愿望得到实现。通过托管,将农业生产技术和服务一起传递到普通村民,服务到每个生产环节,避免了单一宣传的弊端。

托管服务社每托管 1 亩茶园能有 1 445 元收入,托管 1 000 亩茶园就能达到 144 万元营业额。托管 1 000 亩茶园,除掉物质成本,托管服务社每年能达到 70 万元的收入。

农民每托管 1 亩茶园支付 1 445 元,但减少了肥料、农药等物质成本约 1 000 元。更重要的是,农民减少了使用在管理中的劳动日,每亩全年约减少 20 个劳动日。节约的劳动日按每个 70 元计算,农民每亩节约人力支出约 1 400 元。而当地采茶季节的劳动力(女性)价格每日约 300 元,修剪、冬季施肥的劳动力价格每日约 200 元。如果按照这个数据计算,农民成本节约更多。

通过土地托管服务,在银木村的茶叶生产中,实现了以下好处。第一,社会分工精细化。茶叶产业链上的种植环节仍可细分,从而让专业的人做专业的事,并提高了机械化水平和标准化水平,使植物保护、修剪、施肥等环节的风险降低。第二,提高劳动生产率。托管后,农民专注于做茶叶生产中最能产生效益的环节从而挣钱更多,并让农民有时间经营第三产业。第三,降低农业推广的难度,让农民不需要学习全部的种植技术,这样有利于他们在采茶、制茶环节的技术精进,还有利于老人和妇女从事茶叶的生产。第四,由于鲜茶每天都可以卖得现金,使老人和妇女对自己的价值更为认可,生活更为幸福。

教学指南

一、教学目标

通过本案例的学习，学生能够理解农业推广经营服务的基本内涵，了解农业推广经营服务中，如何以服务促进推广，以推广承载服务。同时，学会分析农民需求，了解农业推广经营服务企业如何寻找市场和细分市场。

二、理论参考

开展技术服务是农业推广机构开展科技经营服务的最大优势所在。农业推广经营服务的指导思想，包括了盈利性原则、技物结合原则、农民自愿原则、符合地区产业发展政策原则、适应农民需求层次原则。在本案例中，银木村土地托管服务社正是遵循了这样的原则。

农业生产过程，也是涉农企业细分市场的过程。在这个市场中，银木村和相关企业寻找到了老年和妇女农户的“学技术难”“使用技术成本高”的盲点，将能够机械化、规模化、规范化的技术由服务社来完成。这是土地托管服务企业能够生存的基础，而它也的确解决了农业推广中的这个难题。

农业经营服务在寻找市场空间，设计产品定位时，一定要对当地农民的劳动力构成、学习能力、学习习惯、种植业结构、经营行为做全方位的调查和了解，才能通过给农民需要的技术服务，为自己的企业生存发展找到空间。

三、思考题

1. 请分析该案例中，农业推广经营服务是如何将公益服务与利益追求结合起来的。

2. 请分析该案例中，土地托管服务社通过什么样的方式达到了小农户生产过程各环节的专业化。

（李晓铃）

案例33

大荔县“农资农技三级双连锁一站式”推广服务模式

案例背景

大荔县位于陕西省关中东部，是一个典型的农业大县。全县26个乡(镇)，415个行政村，总人口72万人，其中农业人口62万人，耕地130万亩。中早熟苹果、鲜食冬枣、设施瓜菜、优质棉花及沙苑特菜等是该县的特色产业。经济作物种植面积大，化肥、农药、农膜等农资用量历年居全省之首，年农资销售额达5亿元左右。

随着农村经济体制改革，原有的基层供销社经营农资的主渠道被众多个体经营所取代，农村农资市场呈现“多、便、活”竞争的新景象，20世纪90年代的大荔县更成为关中地区农药、化肥、地膜等农资产品的集散中心。但因农资产品经营中又存在“多、散、乱”的弊端，导致产生了假冒伪劣产品、不正当竞争、价格多变及赊欠账等诸多问题。计划经济年代建立的农技推广机构，也处于“只能养兵、无钱打仗”和“网破线断”的尴尬境况，进一步加剧了科技进村入户的难度。

渭南市人大代表汪占仓于2007年7月创办了陕西荔民农资连锁有限公司，并经过九省十一市的考察、调研、论证，提出了“新型农资农技一站式服务平台”，即“三级双连锁”推广服务模式。经过实践和改进，这种推广服务模式取得了明显的成效。

案例内容

一、具体做法

(一)组建农技服务平台

组建农技服务平台，使服务活动与农民群众的需求有效对接，具体内容如下。

1.组建技术服务团队

按照农技110服务平台建设的要求，大荔县汇聚省专家大院专家和该县有关农技单位的专业技术人员组成专家团队，聘请西北农林科技大学、省药监所、省土肥站的专家、教授为技术顾问，并通过双向选择从农技中心、果业局、红枣局调派4名专业骨干，作为县级科技特派员到荔民公司农技服务部(农技110)任职，聘请26名兼职技术人员进行下乡讲课、自办报纸以及帮农民订阅专业杂志等工作。乡镇农技特派员由农业干事担任，协同搞好村技术员的管理和辖区内农技服务活动，为了便于工作，专门为其配备了10辆专用服务车。

2.分批聘用村技术示范推广员

村技术示范推广员是农技服务平台建设的基础，是“双连锁”服务得以长期扎根农村一线的重要保障。村技术示范推广员要求具备初中以上文化程度，身体健康，能吃苦耐劳，善于沟通交流，并在本乡村有较高的知名度、较强的组织能力和丰富的生产经验，热爱学习科学技术，熟悉农药、化肥知识等条件。他们主要负责及时送发《荔民科技》报纸、发展荔民会员和发放荔民农资技术服务会员积分卡、组织群众培训、承担试验示范和配合村店销售等工作。公司每月组织一次村技术推广人员集中培训，每年组织一次到杨凌农高会集体参观学习。

3.制定和编印管理制度

制定和编印《技术服务工作手册》《产品知识手册》《会员发展管理办法》《村级技术员管理试行办法》《试验示范工作评定验收标准》《技术员例会制度》《荔民科技报编辑发放制度》《农技110出诊制度》《农民培训制度》等10项管理制度，促使科技服务规范、有效地开展。

(二)经营农资连锁店

规范有序地经营农资连锁店，提升品牌效应，扩大覆盖面积。在完善综合办公楼、仓储库房建设的基础上，公司购置了国内最先进的ERPU8等软硬件设备，完成了农资、农技、信息3个子平台的调研、设计和模块制作，由试运行的6个乡镇28个村连锁店，扩展到在全县进行推广。2008年村连锁店发展到102家，2010年扩大到202个连锁店，“双连锁”网络体系在全县初步形成，并在西安蓝田、铜川宜君和渭南等地发展连锁店20个，甘肃天水发展连锁店10个，全县村级覆盖率两年达到43%。

乡(镇)配送中心和村连锁店是连锁网络的基础，也是规范经营的主体。乡(镇)配送中心的设置要求交通方便，位置优越，有60 m^2 以上营业场所和一定的仓储设施。村连锁店要有40 m^2 以上的经营场所，并且乡(镇)配送中心和村连锁店需缴纳一定数额的保证金。保证金既是加盟资质的体现，又是公司对其风险管理的押金，也是商品周转资金，公司统一按月息1分计息。公司按配送中心2名店员、村连锁店1名店员管理，每人每月发给一定数额的工资。这样使各加盟店本金有利息，月月有工资，年终有提成，经营无风险。与此同时，公司还推行会员制度，每位会员年缴会费20元，公司对会员优先提供各项技术服务，购买农资产品实行打折优惠和积分奖励。为加强连锁店的管理，根据“六统一”的原则，又专门制订了《连锁店管理规定》《产品配送制度》《产品销售制度》，并要求片区主管定期对各店库存、电脑上账、货款上交、门店形象进行检查。坚持开好每年一度的总结奖励大会，推进“双连锁”体系的发展壮大。

(三)开办“荔民”三农信息网站

开办“荔民”三农信息网站，利用现代化的信息手段给农民群众提供服务。公司开发荔民LED农业信息实时发布系统后，又开发了荔民农技专家网络诊断系统、荔民农业网络培训系统、荔民农业影视点播系统和荔民农业病虫草害查询系统。荔民LED信息系统在全县100个村安装了农易通信息查询机，通过移动网发布天气信息、农情预报、病虫害防治等相关信息1 500条，特别是果品、蔬菜市场供求和价格信息，深得生产大户和农产品经销企业的重视和欢迎。荔民农技专家网络诊断和网络培训系统已布设远程服务点95个，10万多农民可同时接受服务。

二、运行成效

(一)经济效益

实践证明,荔民"三级双连锁"模式的实施应用,既能以物资经营支撑公益性服务,又能以公益性服务带动物资经营;既可使农户得到优质、实惠的服务,又有利于提高农民的科技文化素质,促进新产品、新技术的推广应用;既有利于规范农资市场,保护农民群众利益,又可使经营者获得稳定的合法收益,实现了农户、盟商和公司的共利"三赢"。

1.农户增收

荔民各连锁店实行统一的零售价(荔民公司厂家进货后直接到村连锁店加价20%零售),减少中间环节加价,用户购买可便宜15%～20%。3年来,全县农民使用荔民农资产品总可节省投资达2 000多万元。享受荔民公司"双优"(优质新产品＋优良新技术)服务,两年来农民增加收益达2亿元。

2.公司获利

随经营规模的扩大,公司2008年实现销售收入3 650万元,净利润371.7万元;2009年实现销售收入4 980万元,净利润524.3万元,分别比2008年增加36.4%和41.1%;2010年销售收入达到10 000万元,净利润851.4万元,比2009年分别增加100.8%和62.4%。3年累计实现销售收入18 630万元,净利润1 747.4万元。

3.连锁店加盟商收益稳定提高

据2008—2010年统计,荔民连锁各乡镇配送中心平均年收益分别为5.8万元、6.1万元和7.0万元,各村连锁店年平均收益分别为2.8万元、2.5万元和3.0万元。

(二)社会效益

公司以农技110服务平台为纽带,面向基层村组开展了10项免费服务。其中,专家热线电话咨询解答21 680次,农技110服务车出诊田间会诊685次,网络视频面对面232次,解决疑难问题300多个;专家进村讲授和组织技术培训642场(次),培训农民6.8万人(次);编印发放《荔民科技报》(半月刊)43期86万份,刊登技术文章670篇;县电视台"荔民专题"共播出12期;手机技术短信群发1 320条(次);村技术员管理、编写农情黑板报890期;2009年春投资15万元建成测土配肥实验室,已免费为750名会员和种植大户进行了测土化验;建立各类样板示范田2 850亩,组织现场观摩推广68次。

2010年底,全县乡(镇)配送中心和村连锁店已发展到24个和178个,各类会员达到8 261人。2009年荔民农资共供应化肥17 450 t、农药520 t,销售收入4 980万元,比2008年的3 650万元(化肥12 775 t、农药365 t)增加36.5%;两年所供化肥、农药数量分别可占全县份额的8%和12%。

荔民农技专家网络诊断和网络培训系统自2009年5月运行以来,累计进行技术讲座150次,培训约5万人次。

三、经验与启示

连锁经营是世界现代最先进的经营方式,农资经营与农技推广相配合也是发展的方向,而大荔县"农资农技一站式三级双连锁"服务模式则是适合我国"个体分散经营农业"的国情、独创的中国特色农业推广新模式，在模式创新和实施效果方面均居全国先进水平。主要表现出以下 4 个特点。

1. 网点建设区域化密集覆盖实现规模效益的优势性

国外农资销售企业面对的是规模性生产的农场、农庄，我们国内较大型的农资经营企业主要面对小型零售门店，因而其销售布点都范围较广且相对分散。农资农技“双连锁”服务体系，以县为单元、村村建立零售超市，密集覆盖，既能更好地适应当前农村千家万户、分散经营的需要，同时也有利于企业降低物流和服务成本，更利于发挥品牌效应和技术与物资配套服务优势，实现规模效益。

2. 发挥和展示现代化先进装备的优越性

连锁经营“六统一”完全依赖于先进的 ERPU8 网络的监控，实施电脑统一预先设定价格、出具发票和记账等规范管理，并在此基础上开发施行了网络信息与专家远程诊断、技术培训及病虫草害查询、农业影视点播等业务，大大提升了技术与物资服务的水平和范围。

3. 扎根基层服务的稳定性

“三级连锁”以村为基础，以村农资超市和村技术示范推广员为据点，就近联系当地农民，相对来讲，服务长期稳定，因而更能有效保证技术服务的持续性和产品质量信任度。这是该技术与物资“双连锁”服务新模式取信于民的最大优势，也使其他流动性服务方式难以与之相媲美。

4. 兼有一定的公益性服务功能

县科技 110 服务专家团队与公司技术服务相配合、相支撑，使无偿的公益性技术服务活动更经常、有效地落实。

教学指南

一、教学目标

通过对本案例的学习，学生能够加深对农业推广经营服务模式的认识，理解推广经营服务对各方带来的影响。

二、理论参考

农业推广经营服务是通过经营的方式提供给农民需要的物资、技术及咨询服务，农民获得了新技术、新信息、新成果等，而经营方则获得了一定的经营收入和服务收入，实现了共赢。但在实践中，进行市场调研、准确把握农民的需求是前提，根据当地的实际情况确定采用哪种具体的经营模式和方式是关键。

三、思考题

结合本案例的实际，谈谈如何创新和完善我国农业推广经营服务的模式。

（海江波 朱翠林）

案例34

辽宁省信息进村入户新模式
——益农信息社

案例背景

我国已进入工业化、信息化、城镇化和农业现代化同步推进的新时期。长期以来，农村农业领域的信息化水平低于城镇和其他领域，城乡差距的一个重要表现形式就是信息差距。因此，农业部于2014年发布了《农业部关于开展信息进村入户试点工作的通知》(农市发〔2014〕2号)，文件指出，用信息流引领技术流、资金流、人才流向农业农村汇集，让农业农村经济搭上信息化快车，对于加快农业现代化建设、促进城乡一体化发展、全面建成小康社会具有重要意义。2017年，中央一号文件明确指出，全面实施信息进村入户工程，开展整省推进示范，进一步加快了信息进村入户的推广进程。

我国幅员辽阔，地区自然禀赋和社会经济发展水平存在较大差异。因此，在贯彻实施农业农村部推行信息进村入户工作中，结合自身发展实际，制定符合当地的政策和实施方案，既是对国家政策的认真落实，也是创新工作方法的具体体现。同时，信息技术的飞速发展也为农村地区的信息化建设和信息服务提供了技术基础和发展环境，在此背景下，新的信息服务载体和形式不断涌现。益农信息服务社(以下简称为"益农社")是由农业农村部主导开展的信息进村入户试点工作，通过在村级设立和建设益农社，将农业信息资源服务延伸到乡村和农户，突破农业信息服务的"最后一公里"现象。

案例内容

一、辽宁省益农社信息服务模式的运行方式

辽宁省是农业农村部信息进村入户工程首批选定的10个试点省份之一，在实现信息进村入户方面积极地探索和实践。益农社是辽宁省信息进村入户工作的载体和核心。益农社信息服务模式即为"整合构建一个平台，以一个益农社为载体，开展四项服务，实现三方共赢"的"1143"农业信息服务模式。

(一)构建一个平台，整合省内涉农信息资源

以前的农业信息服务大多是由政府主导、投资和运行，从运行效果来看，实效性和效益性均有待提高，所以农业信息服务领域也需要进行供给侧改革。基于此，辽宁省改变传统的政府

为主的信息服务方式，采用向社会购买公益服务的方式，2015 年成立辽宁新益农信息科技有限公司作为全省信息进村入户的运营主体，组建全省统一的综合信息服务平台——益农网，全省各村的益农社都直接与益农网互联互通，实现一个平台多个终端，保证了信息的通畅和统一标准，保证了信息服务的实效性和准确性。

同时，政府部门积极组织涉农单位参与农业信息服务平台建设。辽宁省农委联合省银联、省农行、省供销社、省邮政、省移动、省联通、省电信等部门组成"信息进村入户推进联盟"，集聚多方资源，共同推进信息进村入户工作。传统的农业信息服务由多个部门和组织完成，每个部门都是基于自身的部门特点和职能开展服务工作，有时会出现信息系统重复建设、信息孤岛和数据不能共享等问题。通过集成多方资源，实现了农村信息服务的集中和统一。其中省农行充分利用益农社的网点开展农村金融服务，既服务了当地村民需求，又开辟了银行客源，实现了双赢。

（二）以益农社为信息服务载体，突破"最后一公里"

"最后一公里"现象是指农业有效信息资源不能及时、准确地传递到农民手中，一直以来都是困扰和限制农业信息化建设的瓶颈问题。益农社作为村级信息服务点，具有辐射全村服务村民的基本职能，是突破"最后一公里"的积极探索和实践。村级益农社按照农业农村部规定的"六有"标准建设，即有场所、有人员、有设备、有宽带、有网页、有持续运营能力。村级益农社标配的三大基本功能是网上供销社、网上公益服务社和网上政务服务社，既解决优质商品下线进村、优质农产品上线进城，又解决有效信息的进村入户。

村级益农社一般依托原有的农资店或者商店进行布置，按照辽宁省的具体要求，每个村只能安排一个益农社。益农社的经营者都是具有一定知识，并有广泛的人际关系基础的农民担任。益农社为村民提供信息查询和相关业务的办理。

（三）开展 4 个服务，激活农业推广体系

辽宁省村级益农社主要开展公益服务、便民服务、电子商务、培训服务 4 类服务。

1. 公益服务

公益服务的信息内容主要来自政府部门，如农业政策宣传、农业技术指导、农业产业规划等，主要依托辽宁省原有的 12316 信息服务平台。农民可以在益农社免费拨打电话获取想要的信息，如 12316 远程专家诊疗动植物疫病、政策技术市场信息咨询类服务全部向农民免费提供。

2. 便民服务

益农社主要面向农民的基本生活开展信息服务，为村民提供便利，如日常生活中涉及的通信缴费、银行存取款、法律咨询、车票购买、就医服务等方面，都需要协助才能更好地完成。

3. 电子商务

随着国家"互联网＋"行动的开展，农村电子商务近年来成为各方关注的焦点。农村电子商务主要涉及买和卖两个方面。"买"主要是实现传统的电子商务覆盖农村的过程，农民可以在家门口完成购物体验，同时也解决了部分农民不会使用电脑或手机进行网络购物的问题；"卖"主要是将农村的优质农产品通过网络途径进行销售，避免出现信息不通畅造成农产品价格波动的现象发生。同时，益农社还是物流代办点，解决了物流不能很好覆盖农村的难题。

4. 培训体验服务

农民可以在益农社体验培训服务，一是益农社的负责人开展技术培训，介绍新技术、新品种等；二是依托益农信息平台，实施网络培训，将教师请到家里来，降低培训的成本。

（四）实现三方共赢，保证益农社可持续发展

农业推广信息服务本身具有公益性，同时信息服务过程应该具有一定的盈利性。但农民作为信息服务的受益者，其支付意愿较弱。如何才能保证信息服务持续健康稳定发展，是农业信息服务面临的关键问题。辽宁省根据市场化运作方式，成立企业作为信息服务的运营主体，政府只是做好协调和公益信息服务工作，企业负责益农社的持续发展。

政府、企业和农民三者之间的关系密不可分。政府的主要职能是做好农业信息服务的总体规划和公益性信息服务；企业提供有效信息服务，获取效益；农民获取更多、更好的实用信息，并且提高收入，改善生活。通过市场化运行方式，明确界定了政府和企业在信息服务供给方面的分工，转变政府职能。政府可以有更多的精力负责公益服务和总体协调，企业为了获取更多的效益，积极投入人力、物力，丰富平台信息内容，拓展信息服务种类和渠道。农民通过平台可以发布农产品销售信息，享受便利的信息服务。实现了政府、企业和农民的三方共赢局面，并且保证了益农社的持续发展，增强了发展后劲。

二、辽宁省益农社信息服务模式的实施效果

（一）村级益农社覆盖范围不断扩大

自2014年辽宁省信息进村入户工程实施以来，辽宁省的益农社发展迅速，全省各市均不同程度地部署和推进此项工作。阜新市作为辽宁省信息进村入户的试点，截至2016年6月，阜新市526个益农社基本实现所有行政村全覆盖，公益服务、便民服务、电子商务逐步上线，经过实际运营和发展，农民信息获取能力、增收致富能力、社会参与能力和自我发展能力均得到很大提升。

2016年，辽宁省农业信息进村入户工作取得了显著成效，入户数量位居全国首位，建成益农社7 000多个，覆盖全省14个市、68个县（市、区）；12316服务热线咨询达到1 200万次，农民增收55亿元。农业农村部对辽宁省农业信息进村入户工作给予了充分肯定，并且将辽宁省确定为信息进村入户工程整省推进示范省。

辽宁省相关部门和单位对信息社制定了相应的优惠政策，如中国农业银行辽宁省分行在每个益农社免费安装POS机，有条件的安装ATM存取款机。辽宁省移动给予益农社手机开卡、缴费、宽带办理等职权。辽宁省邮政利用邮政平台，对商品实行代购代销，方便群众。2017年，辽宁省农委在已建7 000余个标准信息社的基础上，结合地区特点和农民信息需求情况，再新建益农社4 000个，实现益农社的全省覆盖。

（二）益农社提供了快捷便利有效的信息服务

以阜新市为例，阜新市是辽宁省信息进村入户工程的整体推进示范市。益农社的建立和运行为当地农民带来了明显的改变。农户感受到益农社带来的便利，比如汇款不需要再跑到镇上去，现在在家门口就能完成了。对于生产中遇到的困难与问题，通过益农社可以很容易从网上购买所需的物品，而且村里很多村民通过益农社发布农产品销售信息，实现了足不出户就能赚钱。益农社里安装了12316免费电话，农民可以直接把农业生产中遇到的问题咨询相关专家，专家可以实时给予相应的解答，方便了农民，实现了信息实时服务。

(三)积极开展培训,提高益农社服务水平和质量

益农社开办后,政府和企业组织专门的培训,对益农社的负责人进行全面的培训,内容涉及农业、电子商务、金融等不同的方面,使其具备为农民提供全方面服务的技能。并且培训工作持续进行,根据社会经济发展和信息技术更新随时进行培训,使得益农社负责人的知识更新及时。2017 年,辽宁省组织开展益农社示范社评选活动,计划评选 500 个省级示范社。通过评选示范社促进益农社的建设和质量提升,进一步提高服务水平和质量。

三、辽宁省益农社服务模式的经验借鉴

(一)统筹全局,加强政策和组织保障

辽宁省在开展落实信息进村入户工作时,统筹全局,注重顶层设计,从省级层面对整体工作进行部署和要求。省政府主动进行省属各部门之间的协作和协调,加强组织领导,提供政策保障。信息进村入户工程启动后,辽宁省农委召开专题办公会研究信息进村入户工作,下发《信息进村入户工作指南》。2016 年,省委一号文件、《辽宁省国民经济和社会发展第十三个五年规划纲要》分别将信息进村入户工程列为重点项目,为推进信息进村入户工作提供了坚实的政策和组织保障。实践证明,农业信息化工作必须得到领导的高度重视才能取得良好的发展环境和空间,而且农业信息服务工作具有公益性,须由政府部门协调相关工作才能顺利开展和实施。

(二)统一平台,提高信息服务质量和效率

基于辽宁省信息进村入户的顶层设计,由辽宁省新益农信息科技有限公司构建全省的综合农业信息服务平台,集成信息服务、电子商务、科技培训等多种功能模块,实现线上线下融合,为农民提供购物平台和农产品发布销售平台。构建一个综合平台,既可以实现资源的有效整合和发挥技术优势,又可以统一信息标准,保证信息发布的质量和公信力。

村级益农社借助触摸屏电脑与省级平台实现高速连接,方便农民查询和使用。实现信息直通,减少信息服务的中间环节,既可以保证信息准确传播,又能降低传播成本。平台上移解决了信息平台建设的多层次和信息孤岛现象,以往的市县两级都建有自己的信息服务平台,但是连通性和共享性较差,平台构建成本也较高。平台统一构建后,既可以避免出现平台多信息少的问题,又可以节约建设资金,使市县两级的资金可以更多地用于信息服务。

(三)市场运作,实现农业信息服务可持续发展

按照农业农村部"政府扶持,市场运作"的总体思路,辽宁省结合自身特点,实行了"培育一个运营主体,实现全省万家益农信息社"的规模化运营思路。2015 年 5 月,将辽宁新益农信息科技有限公司作为全省信息进村入户运营主体,用市场化的手段开展农业信息服务,改变传统的政府主导的信息服务模式,探索可持续运营机制。

辽宁省在实施信息进村入户期间,明确公益性服务和有偿性服务的边界。明确哪些信息是由政府提供的公益性信息服务,哪些信息是可以由公司化运营实施有偿服务,分清两者之间的界限和权责,既可以保证信息服务的政府持续投入,又可以保证益农社具有盈利能力,实现良性可持续发展。

(四)整合资源,集成多种信息服务功能

辽宁省农委联合省银联、省农行、省供销社、省邮政、三大电信运营商 7 家部门组成"信息

进村入户推进联盟”，集聚多方资源，共同推进信息进村入户工作，全力打造覆盖全省范围的优质服务资源站点，形成服务密度和强度。一方面，可以实现“一站式”服务，把过去分散的各部门信息集中到一个平台，方便农民群众的信息需求；另一方面，可以拓展益农社的服务范围，扩大服务供给，增强益农社的发展动力，进而提高益农社的收益。

益农社在中国电信的支持下，安装12316热线电话，农民可以免费拨打。辽宁省农委信息中心的12316热线已经运行多年，积累了丰富的经验和数据资源，具备一定的认知度和群众基础。借助12316的平台基础，开展信息服务，辽宁电信为每个益农社提供免费拨打12316的业务，方便了农民信息咨询。12316服务热线也借助益农社实现了服务下延，扩大了影响范围和服务人群。

四、辽宁省益农社信息服务的发展方向

(一)丰富数据资源，增加特色服务

益农社作为信息进村入户的有益尝试，实现了信息服务的延伸，解决了农业信息服务的“最后一公里”问题。农业信息服务的核心是信息内容，没有信息内容，再多的技术和平台也是空谈。因此，必须充实农业信息服务数据库并完善其建设，加强信息采集力度，严格控制信息的标准和质量，并且有针对性地进行采集符合地区发展和产业的特色信息，为农民提供更多元化的服务。同时，可以利用益农社面广量大的优势，利于采集农村农民的信息，运用大数据分析手段，为农业农村发展科学决策提供参考和依据。

(二)统筹协调规划，发挥合作优势

一是把各个部门零散的涉农信息整合提炼，充分利用大数据技术，挖掘农业相关信息，完善信息服务内容和体系。二是积极引入农业信息服务的多元化主体，如企业、合作组织等新兴农业生产单位。农村的信息服务是多个部门共同的事情，金融、邮政、通信、农业等各部门都要借助这一平台，开展自己的信息服务。

(三)关注新型媒体，服务与时俱进

随着信息技术和新兴媒体的不断涌现，基于移动互联网的智能终端将成为农业信息服务的主要载体。据统计，截至2016年12月，我国农村网民数量已经达到2.01亿，其中95%以上是手机网民(中国互联网络研究中心，第39次《中国互联网络发展状况统计报告》)。公共信息通信平台也逐渐增多，农民的使用频率也较高。基于这一现状，开发基于移动终端的手机应用，应用于农业信息服务必将是未来农业信息服务的发展趋势和方向。

(四)探索服务方式，实现良性发展

政府是进行公益性信息服务的主体，也是农业信息化发展的基础设施建设的主体。硬件基础建设完成后，软件建设和信息服务过程积极引入企业化管理方式，通过购买公共服务的方式实现农业信息服务常态化。同时，要积极关注益农社的经营状况，电子商务平台可以在适当让利的基础上与其确定利益分配机制，提高益农社经营者的服务积极性。

教学指南

一、教学目标

通过本案例的学习，学生能够掌握农业推广信息服务的主要方式和方法，并且了解农业推广信息服务的发展趋势，了解农业推广信息服务中存在的“最后一公里”现象及其解决方案。

二、理论参考

农业推广信息服务是农业推广工作的重要组成部分，也是其重要的表现形式。农业推广信息服务模式与信息技术发展密切结合，随着信息技术的发展而不断改进和完善。

三、思考题

1. 如何解决农业推广信息服务中的“最后一公里”难题？
2. 如何保证农业推广信息服务的可持续发展？

（赵洪亮）

案例35

“一站一盟一中心”的运行机制与实践

案例背景

我国农业推广机构自新中国成立之初便开始构建，其模式是政府直接领导下的自上而下的农业技术推广。随着我国农业发展的各个不同历史时期的演变，该体系不断得到补充和完善，对促进我国农业科技水平的提高和农业生产的发展做出了重要的贡献。但随着社会主义市场经济体制的进一步完善和农村经济快速发展，现有农业技术推广体系存在着服务领域狭窄、从上到下工作方式的惯性、专业不配套等诸多问题，已不能适应现代农业发展和新农村建设的需要。针对此，安徽农业大学新农村研究院在新型农业推广机制方面进行了新的探索。

安徽省地处华东腹地，近海邻江，区位优势明显，农业资源丰富。安徽省辖 16 个市，43 个市辖区，6 个县级市和 56 个县，2015 年末全省户籍人口 6 949.1 万人。全省土地面积 13.96 万 km^2，其中耕地 422 万 hm^2，林地 329 万 hm^2，水面 105 万 hm^2。地形地貌复杂多样，长江、淮河横贯东西，将全省分为淮北平原、江淮丘陵、皖南山区三大自然区域，平原、丘陵、山地各占 1/3。在不同的地理区域、社会条件下，各地的农业已经具有自己发展的动力和需要面对的问题，而当前的农业推广体系的服务体制、运行机制与发展现代农业以及农民需求脱节的问题越来越突出，已成为摆在我国和地方各级政府面前的突出问题。因此，完善我国新型农村科技服务体系势在必行。

案例内容

一、“一站一盟一中心”的构成

构建新型服务体系的出发点，是既要有对农业和农村发展的针对性和时效性，又不至于与原来各级政府农业推广机构重叠交叉，即整合队伍、改变方式、提高效率。在充分调查研究和论证的基础上，安徽农业大学在全省不同生态区选 8 个县（市、区）作为区域性的基点。这 8 个基点分别是皖北埇桥区、皖西北临泉县、皖东明光市、江淮分水岭定远县、大别山金寨县、皖中庐江县、皖江南陵县、皖南黄山区。这样，由安徽农业大学与这 8 个地方政府共建了新型农业推广综合服务平台“一站一盟一中心”。其中，“一站”指区域性的农业综合试验站，“一盟”是由安徽农业大学与县（市、区）级人民政府共同组建的新型产学研合作组织，“一中心”是由安徽农业大学与县级人民政府共同组建的专事农业推广服务的实体性的事业单位，是校县（市、区）合作的联合办事机构。这一项目的设计理念，是探索建立政、产、学、研、用紧密结合，教、科、推多位一体化的新型农业推广服务模式，有效解决现行农业推广服务体系中存在的缺陷和问题，为推动和引领安徽省现代农业发展和美好乡村建设提供人才与技术支撑，为构建新型农业推广服务体系探索路径和积累经验。

二、“一站一盟一中心”的组织形式与工作职能

现以“安徽农业大学·明光市共建新型农业推广服务平台”为例，对该模式进行简要说明。

（一）安徽农业大学新农村研究院皖东综合试验站

安徽农业大学新农村研究院皖东综合试验站（以下简称为“皖东综合试验站”）是安徽农业大学依据中央（2015）一号文件的要求，按照教育部、科技部的统一部署，设立在皖东地区的集人才培养、科学研究、示范推广和创业孵化四大功能于一体的现代农业综合试验站，是安徽农业大学服务明光市及皖东地区现代农业发展和美好乡村建设的重要平台，是构建明光市新型农业推广服务体系的重要载体，是以试验示范为主要目标的工作实体。

（二）安徽农业大学新农村研究院明光市现代农业产学研联盟

安徽农业大学新农村研究院明光市现代农业产学研联盟（以下简称为“产学研联盟”）是整合各机构原有人员和技术力量的未增加编制的工作组织，是安徽农业大学和明光市共同组建的以推广现代农业先进技术、服务美好乡村建设为目标的新型政、产、学、研、用紧密合作的组织形式。产学研联盟的主要职能是服务于农业主导产业转型升级与美好乡村建设人才、技术需求；主要的服务对象涵盖了现在农村经济社会的各种参与者，包括涉农企业、农民专业合作社、家庭农场、种养大户、现代农业示范园区、特色产业基地等；目前主要的工作方法是“四体融合”，提供综合的农技推广服务。“四体”指以安徽农业大学为研发主体，明光市涉农部门的为行政主体，明光市已有的农业推广部门为农业推广主体，涉农企业、农民专业合作社、家庭农场、种养大户、现代农业示范园区、特色产业基地等为经营主体。该模式将农业产业中的各种角色整合起来，形成现代农业技术的集成、转化、示范与推广的有机体系。在产学研联盟中，逐步建成组织机构健全、管理层次清晰、工作制度严明、科技支撑有效、服务对象明确的农技推广新模式。

（三）安徽农业大学新农村研究院明光市现代农业科技合作推广服务中心

安徽农业大学新农村研究院明光市现代农业科技合作推广服务中心（以下简称为“合作推广中心”）是安徽农业大学和明光市联合成立的专事现代农业技术合作推广的全额拨款事业单位，是安徽农业大学和明光市产学研战略合作的常设办事机构，是构建明光市新型大学农业推广模式的重要组成部分。合作推广中心与皖东试验站合署办公，具体承担合作推广事务的组织协调、服务保障及绩效考核等工作。该中心在校、市产学研战略合作领导小组领导下开展工作，其工作业绩由校、市产学研战略领导小组负责考核。

三、皖东综合试验站（合作推广中心）的建设

（一）皖东综合试验站（合作推广中心）人员配置

皖东综合试验站和合作推广中心合署办公，对安徽农业大学称综合试验站，在明光市则称

合作推广中心。皖东综合试验站(合作推广中心)共配备10名人员。安徽农业大学为皖东综合试验站(合作推广中心)派驻3名工作人员,其中站长(主任)1名,副站长(副主任)1名,工作人员1名,并负责3名人员的工资和福利待遇。另外根据皖东综合试验站(合作推广中心)的工作需要,安徽农业大学还不定时选派若干名(非常驻性)专家和技术人员。明光市以适当的方式确认明光市现代农业科技合作推广服务中心的地位、性质与职责范围。在安徽农业大学派驻3名工作人员的基础上,明光市为皖东综合试验站(合作推广中心)配备7名事业编制人员,并负责7人的工资待遇和社会福利,配备副主任1名(兼任皖东试验站副站长)。

(二)皖东综合试验站(合作推广中心)基础设施建设用地配置

明光市无偿划拨15亩建设用地,用于皖东综合试验站(合作推广中心)基础设施建设,并办理土地过户手续,承担土地证所需费用。提供的建设用地需达到“七通一平”条件,其中供电按照400～600 KVA能力配置,供水满足200人培训、学习生活需求。

(三)皖东综合试验站(合作推广中心)基础设施建设经费投入

安徽农业大学3年累计投资1 500万元以上用于皖东综合试验站建设,主要建设综合服务大楼、培训中心、生产库房、围墙及院内基础工程建设、3个功能实验室、1套新型农业推广信息化远程服务终端、专用农机具、学员生活及科技服务配套设施等,并负责整个试验站的规划、设计、建设及日常管理。

(四)皖东综合试验站(合作推广中心)试验示范基地用地配置

由明光市负责,在皖东综合试验站综合服务大楼附近,无偿提供流转期限不少于10年,面积不少于500亩,且基础设施良好、水利设施配套、集中连片的高标准农田,作为安徽农业大学皖东综合试验站农业科技创新的试验示范基地。

四、“四体融合”的新型农技推广服务渠道

围绕县域农业主导产业结构调整、转型升级、提质增效的需求,研发主体、行政主体、推广主体及多个新型农业经营主体代表联合起来,组建成一个政、产、学、研、推紧密结合的产业联盟,构建了“四体融合”的新型农业推广服务模式,实现了农业技术创新“起始一公里”与“最后一公里”的无缝对接。

“四体融合”新型农技推广服务模式突出了全产业链的发展理念,建立以需求为导向、以产业链为主轴的资源配置方式。产业联盟将研发主体、行政主体、推广主体、经营主体紧密地结合在一起,形成了协同构建现代农业社会化服务体系的生动局面。

“四体融合”新型农技推广服务模式是产学研联盟开展工作的主要载体,依据产学研联盟的决策开展各项推广工作。

(一)安徽农业大学明光市现代农业产学研联盟理事会

产学研联盟理事会成员由校市分管领导及相关职能部门负责人、产业联盟首席专家组成。理事会设理事长1人,由明光市政府主要领导担任;副理事长2名,分别由校地双方职能部门主要负责人担任。产学研联盟理事会是产学研联盟的决策机构,理事会主要负责各产业联盟首席专家选聘、推广项目确定以及相关制度的制订。

(二)若干个农业主导产业联盟

农业主导产业联盟是产学研联盟的分支机构,在校地产学研联盟理事会领导下开展工作。

依据明光市农业主导产业的现状，2016 年组建了以明光绿豆、花生、山芋、蔬菜、甜叶菊、畜禽、水产、农业信息化服务 8 个产业联盟(根据明光市农业发展的需要，2017 年又增加了果树产业联盟)。

各产业联盟以明光市农业主导产业、特色产业的转型升级为目标，将安徽农业大学的研发团队与明光市的推广团队整合成有机的整体，以明光市涉农企业、农民专业合作社、家庭农场、种养大户、现代农业示范园区、特色产业基地等为服务对象，形成产、学、研相结合，教、科、推一体化的新型农业推广联盟。

每个联盟实行首席专家负责制，首席专家由安徽农业大学选派。专家团队 7～10 人，其中研发团队 4～5 人，由安徽农业大学教授专家组成；推广团队 3～5 人，由明光市的农业推广专家组成。

(三)农业主导产业联盟的保障措施

1. 确切的经费支持

明光市每年统筹整合科学技术支出、涉农项目资金，按照每年每个产业联盟不少于 30 万元额度，用于明光市 8 个产业联盟(2017 年又增加果树产业联盟)的新技术示范推广，并按照年递增不少于 15%的比例，纳入年度工作预算。安徽农业大学在科研项目、特色产业基地、实习实训基地建设等方面给予定向支持。

2. 明确服务对象

按照“四体融合”新型农技推广服务模式的要求，由安徽农业大学明光市现代农业产学研联盟理事会负责重点服务对象遴选，并确定相应的服务内容。2016 年八大农业主导产业服务对象共计 88 个。

3. 校地联合申报项目

立足于明光市的资源优势和安徽农业大学的学科优势，以产业联盟为依托，联合明光市企事业单位申报，实施一批国家、省级、市级开发项目，为技术创新、科技推广和人才培养拓宽渠道。

4. 切实可行的考评和激励机制

按照公开公正、目标量化、注重实绩的原则，在校市领导小组统一领导下，由合作推广服务中心负责制订并细化考核办法和绩效奖励措施，定期考核相关人员的工作业绩，奖励校地双方工作人员，激发和调动专业技术人员的积极性、主动性和创造性。

五、2016 年“四体融合”的新型农技推广服务模式的实践

八大产业联盟积极投入到各自的联盟中去，全方位地开展各项服务，通过一年的实践，取得了可喜的成绩。

(一)咨询与培训

八大产业联盟积极制订计划，走访调研指导服务对象，全方位开展技术指导、技术服务及技术培训等工作。据不完全统计，2016 年八大产业联盟校市专家对各自服务对象开展技术服务共 688 人次，完成技术培训 1 650 人次。

(二)品种引进与试验示范

根据各产业联盟产业需求，第一批引进的 14 个作物新品种进入试验示范阶段，并将根据

需要逐步引进更多的品种进行品比和筛选，以期提升明光市农产品的品质和农业产业的效益。

(三)申请并授权了一批农业专利

围绕明光市现代农业开展技术创新，校市各产业联盟专家携带自己的科研成果，以“明光现代农业科技合作推广服务中心”为第一权利人，累计申请专利12项(发明专利5项，实用新型5项，外观专利2项)，软件著作权1项。其中2项发明专利已进入实审阶段，3项实用新型专利和1项外观专利已经授权。

(四)制订了一项新的技术标准

蔬菜联盟经过在赵府莲藕合作社试验研究，制订了《莲藕-泥鳅生态种养技术规程》，已于2016年12月9日通过省级专家评审，确定为“2016年安徽省地方标准”。同时，畜禽联盟在自来桥镇翔源淮猪种猪场试验研究，完成《林间生态养殖技术规程》和《畜禽蔬果花卉作物生态种养技术规程》技术标准的制订，待申报省级地方标准。

(五)为安徽农业大学和明光市人才培养提供有力的支持

2016年，产学研联盟接收安徽农业大学1名青年教师驻站实践锻炼，接待了28名硕士研究生跟随产学研联盟专家赴明光学习，接待了1个安徽农业大学本科学生国家级“三下乡”社会实践团队、1个安徽农业大学工学院本科学生的校级“三下乡”社会实践团队和40名园艺专业本科蔬菜方向学生的生产实习。另外，受明光市农委及农委二级机构农广校、畜牧局、植保站的委托，组织安徽农业大学专家为明光市农技人员能力提升进行几轮培训，共培训农技人员140余人。此外，还分别根据不同的生产和经营领域，为340余名新型职业农民(种植业、养殖业、植保技术员等)开展了栽培、饲养、农业信息、法律知识等方面的培训。

六、存在的主要问题

通过一年的实践，皖东综合试验站虽然取得了一定的成绩，但也存在一些问题。

(一)培训方式较为单一

2016年虽然完成各类技术培训1 650人次(其中新型职业农民340人次)，但培训方式上仍然采取以课堂讲授为主的集中培训方式，这样的培训虽然覆盖面较广，但技能的掌握程度难以考量。今后，应根据各产业联盟发展的特点，并根据各作物(畜禽)生长发育的阶段，开展更有针对性、实践性、参与性的方式，以改善培训效果。

(二)过去工作方式的惯性不利于新模式的运行

有关涉农部门领导还受到过去行政式农业推广渠道的影响，对“一站一盟一中心”的新体制和新方法不够重视。这有待相关各方不断地宣传、磨合与协调。

(三)资源不足

明光现代农业科技合作推广服务中心部分人员配备还未到位，配套资金也未足额，对现代农业科技合作推广服务中心的“有人干事”和“有钱干事”也造成一定影响。

(四)各产业联盟工作开展还不均衡

9个产业联盟的积极性不一，工作热情和工作效率参差不齐。有待于联盟和服务中心对不同的联盟的运行状况和原因进行详细调研，有针对性地开展整顿工作。

这些问题的出现，对安徽农业大学·明光市共建新型农业推广服务平台建设和对“一站一盟一中心”工作的开展造成一定的影响，在以后的平台建设中需进一步加强规范。

教学指南

一、教学目标

通过本案例的学习，学生能够理解农业创新来源的多种渠道，理解以推广目标为中心的工作方法，了解农业推广咨询服务的组织形式与操作过程，以及在原有人员和机构基础上的工作方法创新。

二、理论参考

农业推广的目的、任务和方法，都应随着社会的经济与政治的发展而改变。狭义的农业推广模式，传统的农业技术传播渠道，在我国长江中下游地区，在农业日益产业化和社会化的新形势下，应有所改变，有所突破，向现代农业推广转变。

三、思考题

1. 安徽农业大学·明光市共建新型农业推广服务平台的运行机制方面进行了哪些创新？

2. 安徽农业大学·明光市共建新型农业推广服务平台的措施是否恰当？你认为还应采取哪些合理的措施？

3. 安徽农业大学·明光市共建新型农业推广服务平台取得了哪些成效？存在哪些新的问题？

（曹流俭　武德传）

案例36

基层区域农业综合服务推广站的创新与实践

案例背景

县级以下的农业推广部门，长期以来承担着农业技术推广、农业信息的传递、农民培训与咨询等公益性和农资经营性服务的职能，同时宣传党和政府的政策、方针，为各地农业生产发展做出了重要贡献。随着市场经济体制以及农村经济快速发展，现有农技推广体系存在着机构设置不合理、服务领域狭窄(传统的种植业)、专业不配套、推广经费不足等问题，已不能适应现代农业发展和新农村建设的需要，亟待改革，以便更好地发挥农业推广机构在农业和农村发展中的作用。针对此，岳西县率先在这方面进行了探索。

岳西县隶属安徽省安庆市，地处大别山腹地，全县面积 2 398 km^2，辖 24 个乡镇，182 个行政村，拥有 9.3 万农户，农业人口 36 万人，农村劳动力 20 万个。近几年来，该地茶叶、蚕桑、高山蔬菜等特色产业迅速发展，基地面积已发展到 30 多万亩，围绕其特色产业生活的人口高达 35 万，成为岳西农村经济的主导产业、农民收入的主要增长点和县域经济发展最具潜力的产业。全县 24 个乡镇都设有事业性质、财政全额拨款的农业技术推广站，在岗技术人员 73 人。农技服务体制、运行机制与发展现代农业以及农民需求的矛盾越来越突出，已成为摆在各级政府和广大农技人员面前的突出问题。因此，对基层农技服务体制、机制进行改革，势在必行。

案例内容

一、组织创新

岳西县县委与县政府根据中央《关于推进社会主义新农村建设的若干意见》和《关于积极发展现代农业扎实推进社会主义新农村建设的若干意见》两个一号文件精神要求，立足该县农业和农村工作的实际，改革现行乡镇农技推广体系的管理模式和服务方式，按照整合资源、事人统筹、突出产业、综合服务的思路，逐步建立起适应现代农业发展要求、务实高效的新型农业综合服务体系。具体做法如下。

(一)变地域性的服务站为以产业为核心的综合性服务站

根据各区域农业产业特色和发展实际需要，撤销 24 个乡镇农业技术推广站，重新组建 8 个农业综合服务站，县农委为全县农业综合服务机构的行政主管部门。

基层农业综合服务站人权、财权、物权、事权归属县农委，实行垂直领导的管理体制，所在乡镇负责党务管理。现有人员由县农委根据工作需要，统一调配。业务上接受县农技综合服务中心、茶叶产业发展局(茶叶局)、蚕桑发展局、菜办等县级相关机构的指导。事业单位性质的基层农业综合服务站，属于国家公益性农业综合服务机构、财政全额拨款事业单位，其履行公益性职能所必需的业务经费、培训费、设施设备更新经费等原则上列入政府财政预算，予以保障。在相关综合服务站加挂茶叶、蚕桑、高山蔬菜专业服务站牌子，配强配优特色产业专业服务人员。在搞好技术推广的前提下，积极探索开展物资供应、技术承包等经营性服务。

(二)变以地域定编为以事定编，引进绩效考核机制激励创新

区域农业综合服务站在农业推广人员管理方面推行了3项改革，即合同用人、岗位管理的用人制度，以实绩为指标的考评制度和绩效挂钩的分配制度，不断完善服务运行机制，积极拓展服务领域，大力开展技术承包，加强市场信息传递和咨询工作。同时，要积极领办各类中介组织、专业合作组织，创新服务方式，提高服务质量。

二、农业推广机制创新

为全面、扎实地开展机制创新研究工作，岳西县成立了以县委书记为第一组长的岳西县农业综合服务体系运行机制创新研究工作领导小组，出台了《岳西县农业综合服务体系运行机制实施方案》，在县和区域站农技服务机构中，全面开展了机制创新工作。两年来，在省、市主管部门的指导下，在全体农技人员的积极参与下，初步完成了七大机制的创新研究，并达到了预期效果。

(一)创新需求反馈机制，增强推广工作的针对性和实效性

岳西县组建了以县农委农业信息中心为核心，由互联网、区域站咨询服务台、农技“110”咨询热线、农技人员进村入户收集信息等组成的稳定、快捷的农民需求信息反馈渠道，并及时提供满足农民需求的技术、信息等服务。

岳西县农业综合服务系统通过建立需求信息反馈机制，年获取信息近6 000条，较常年增加45%。更为重要的是，机制的建立使推广机构对农民需求反应的灵敏性、服务的针对性和时效性大大增强，尤其是“电脑网络”“电话网络”等电子信息反馈机制的建立，对解决山区农技人员少、服务半径大、交通条件差的固有矛盾有着非常现实而重要的意义。

(二)创新内部管理制度，规范工作运行程序

为保证各项工作有条不紊地开展，做到学习有安排、工作有计划、指导有记录、交流有例会、管理有依据，展现队伍精干、管理规范、运转高效的新形象，岳西县农业综合服务系统建立了岗位目标责任制、示范点和科技联系户制度、工作日志制度、考勤制度等一套较为完善的适应新形势要求的规章制度。县农技综合服务中心、基层农业综合服务站根据机构职能，分别设置相应的技术岗位和非技术岗位。按照“突出产业、综合服务”的基本要求，基层区域站的技术岗位严格按主导产业和专业进行设岗建制，每个区域站的岗位设置有所不同，主要设有茶叶、蚕桑、蔬菜、粮油、土肥、植保、能源、新农村建设指导员等岗位；非技术岗位设置站长、副站长及内勤等岗位。通过定性与定量相结合的办法确定了每个岗位的主要工作职责和基本工作量，并进行了细化分解和相应分值的设定，为年终考评提供依据。

(三)创新推广人员与推广对象的联系机制,保证长期服务

岳西县农业综合服务系统要求所有农业技术人员均联系10户以上的示范户,每个农技服务机构建立2个以上百亩示范片;每名中、高级专业技术人员联系1～3个农民专业合作组织、农业产业化龙头企业,充分发挥农技人员联系农民和龙头企业的桥梁作用。每个专业技术人员开展服务工作时,均要建立工作日志,对工作开展情况和服务内容进行认真记录,并将其作为考核评优的重要基础依据。

(四)创新农业技术推广方式方法,推进全方位快捷服务

由于山区特有的地理条件,传统口传身授式的推广效率低,加上农业自然灾害的突发性强以及农业发展的日益多元化,农民对推广服务的速度、强度和个性化需求有了新的、更高的要求。针对这一特点,岳西县农业综合服务系统在继续优化传统推广方法,如举办培训班、建立示范片、发放明白纸、举行咨询现场会、开辟宣传栏的同时,积极探索新的推广方式方法,努力提高服务效能。主要包括:推行农技人员包村联户,每个专业技术人员联系10个以上示范户,每个村1个,及时了解农户需求,主动发现并帮助解决问题,免费提供市场信息和新技术试验示范服务。全县共建有各类示范户984个,成为新技术推广应用的强大辐射源。

岳西县农业综合服务系统还实行“四网一体化”服务。“四网”指电视信号网、移动通信网、固定通信网、互联网。推广机构与县电视台及乡镇有线电视台合作,开办《农业园地》《特色农业》《专家在线》等栏目,适时开展专题讲座、农业灾害预警、市场信息服务。推广机构与县移动和联通公司合作,免费提供短信服务。推广机构进一步完善农技“110”电话网络服务,实行轮流值班制,开展农业科技咨询和应急现场技术援助。推广机构还开通农业信息网“在线问答”平台,全天候开展信息接收和发布服务。通过“四网一体化”服务,全县每年共发送短信57 000余条,农业电视专题收视群众达17万人次,农业信息网发布信息1 100条,农技“110”接受咨询910多人次。岳西县农业综合服务系统还实施项目牵动式服务,结合特色农业产业化建设、配方施肥、新型农民培训等项目的实施,大力推广农业实用新技术。

(五)创新农技人员考核考评机制,激励争先创优

考核考评机制具有导向性和激励性,因此是整个机制建设的核心。在考核工作中,岳西县农业综合服务系统还以岗位责任制为依据,以日常工作日志为基础,通过对农技人员推广任务完成情况的追踪分析,实行全方位考评,并首次将服务对象对农技人员的评价纳入考评体系,实现了对传统考评方法的重大突破。根据岳西县实际情况,岳西县农业综合服务系统推行分级、分项考核。分级是将所有推广人员分县级机构及人员、区域综合服务站及人员两大类别。分项是按德、能、勤、绩4个方面进行考核,并按百分制制定了相应的考核办法。同时,制定了《岳西县农业专业技术职务竞聘上岗实施方案》,所有专业技术人员都通过竞聘述职,委任专业技术考评领导小组进行测评打分,择优聘任,两年一聘。

(六)创新农技人员动态管理机制,增强推广队伍活力

岳西县农业综合服务系统在全省率先开展了职业技能鉴定工作,专业技术人员持执业资格证书上岗。全体上岗人员全部签订聘用合同,实行一年一聘。岳西县农业综合服务系统还实行县乡轮岗制度,鼓励县级农技人员到基层农业服务机构工作,基层优秀技术人员提拔到县级服务机构任职。

(七)创新县域统筹协调推广机制，提高推广工作整体效能

强化工作部署的统一性。年初，根据县委、县政府确定的全县农业工作目标任务，县农委对全县农业工作实行统一部署，县农技服务中心和各基层农业综合服务站进行具体实施，乡镇党委、政府负责工作开展的组织发动和行政力量保障。县委、县政府将农业技术推广的主要工作纳入对乡镇党委、政府的考核中，以确保政技合力，协调推广。

强化推广体系内部工作的协同性。县农技综合服务中心承担全县重大农业技术推广计划的制订以及推广决策、重大关键技术的攻关，直接负责对区域站的业务指导和站员的业务培训。区域站按全县推广计划要求，结合实际，制定并完善辖区农业生产意见，有针对性地开展技术培训和服务。对茶叶、高山蔬菜等主导产业实行对口行业管理，农委相关职能机构承担对区域站的行业管理和指导，农技综合服务中心负责总协调。

强化区域站与乡镇政府的协作推广。区域站驻点乡镇人员必须参加辖区乡镇的涉农工作会议，区域站每半个月向辖区乡镇政府汇报 1 次该乡镇的农业生产情况，指出存在的问题与困难，提出下一步农业工作的建议。这实现了区域站与乡镇政府的默契配合，保证了管理与服务不脱节。

(八)创新多元化的合作推广机制，提高农业社会化服务水平

岳西县农业综合服务系统积极开展与大专院校、科研院所的合作推广，先后与安徽农业大学、武汉蔬菜所、安徽农科院联合开展茶叶清洁化生产、高山茭白生产技术规程研究，直接从生产实践中筛选研究课题，解决生产急需，加速科研成果转化为现实的生产力。

努力开展与农民合作组织的合作推广，充分发挥农民专业合作组织在农业技术推广中的重要作用。石关农业综合服务站与石关涓水蔬菜专业合作社联手，为菜农开展全程化服务，带动 3 000 多农户种植高山蔬菜 2 万亩，年实现销售收入 6 000 万元，人均种菜收入达到 3 500 元。

主动开展与农资经营企业的合作推广。县农技综合服务中心主动与全县重点农资经营企业合作，免费为其员工传授农资产品知识和使用技术，竭力帮助企业搞好技物配套服务。每年都举办各类培训班十几场次，累计培训经营业主 2 000 多人次。

三、创新实践的主要成效

通过一系列的体制、机制改革创新，全县农业推广工作呈现出更加崭新的局面，主要表现在以下几方面。

(一)激发了农技人员的工作热情与创造力

通过体制、机制的改革创新，农技人员工作更加深入、作风更加扎实、服务更加到位、学习更加自觉。

(二)良种良法的推广普及率显著提高

2011 年，全县推广良种 28 万 kg，良种覆盖率达 91%，实用技术应用面积累计 126 万亩次，病虫危害损失率下降到 2%以下。

(三)农民合作组织、农业龙头企业发展步伐加快

由于建立了农技人员引导、支持以及联系农民合作组织、农业龙头企业制度，有力地推动

了合作组织与龙头企业的发展壮大。2011 年,全县涉农生产、加工、销售企业超过 400 家,其中国家级、省级、市级、县级农业龙头企业分别达到 1 家、5 家、29 家、28 家。全县新增农民专业合作社 156 家,总数达 362 家,成员 3.5 万人,省级、市级专业示范合作社分别达 3 家、4 家。

(四)促进了特色产业发展和农民增收

由于在体制改革和机制创新中,增强了农业服务体系对特色产业发展的适应性服务能力和服务动力,大大提高了服务的针对性和有效性,有力地促进了特色产业的快速发展和农民的持续增收。

四、随着创新出现的新问题

随着改革的推进,又出现了一些新的问题,具体表现在以下几个方面。

(一)农业综合服务站与所在辖区乡镇之间的沟通问题

在改革之前,农业推广站隶属乡镇领导,也只为本乡镇农民服务,而改革之后农业综合服务站归县农委领导,为辖区的所有乡镇农民服务,变领导关系为业务上的协作关系。

(二)服务手段与体制创新的配合度较差

基层农技服务的开展主要还是靠农技人员的一张嘴、两条腿,基层农业综合服务站服务设备很少。

(三)岳西县农业综合服务系统经费严重不足

该县是国家扶贫工作重点县,县级财力非常有限,业务工作经费严重不足。改革前农业站归乡镇领导,各乡镇为搞好农业推广工作,每乡镇都有一定的财政支持来搞农业推广工作,而现在农业综合服务站隶属县农委,乡镇将不再支持。再加上区域站服务范围扩大,交通、通信等费用成倍增长,据初步统计,每位农技人员每年的业务工作经费将达 5 000 元左右,而财政预算仅 1 000 元,只够支付他们的“四险一金”,相差悬殊。

(四)基础设施普遍落后

该县共建立 8 个农业综合服务站,其中建在原区公所所在乡镇的农业综合服务站站房条件较好。而建在其他乡镇的站房较差,其中有 4 个站站房严重不足,2 个站站房是危房,这 6 个站站房都必须新建,每站需要资金 480 万元左右,除省农委安排的资金外,缺口资金很大。

(五)农业技术队伍老化,知识更新慢

在岗农技人员队伍中,多数是 20 世纪 90 年代以前的大、中专毕业生。因此,从总体上看,存在专业不齐全(蔬菜、中药材、市场营销等专业人员仍很紧缺)、年龄偏大、知识老化等问题。再加上最近特色农业产业的发展,农民的职能、需求的变化,农技人员的知识已越来越不能满足新形势的需要。

五、创新与改革的新思路

为确保农技服务体系改革工作顺利实施,岳西县农委向岳西县委、县政府提出以下几点建议。

(一)必须建立农技推广体系经费保障机制

经费保障是改革成功的物质前提。无论是综合站急需的办公用房、必要的办公设备,还是工作业务需要，农技推广体系建设都需要较大的经费投入。必须制定不断增长的经费投入保障机制，用制度保证经费投入到位。

（二）必须大力发展农业社会化服务体系

区域站建立后，服务范围增大，对农户的服务如何保证，是事关改革能否成功的标志。

在发挥农业综合服务站农业推广人员的同时，首先，要充分发挥农民专业合作经济组织的为农服务功能。农民专业合作经济组织是农技推广服务的重要辅助力量之一。因此，要采取有效措施扶持农民专业合作经济组织迅速、健康地发展，为“三农”提供更广泛、更优质的服务。其次，要充分利用好农民技术员、蚕桑辅导员这支技术力量，发挥他们在基层的服务作用。要大力培育农业科技大户、家庭农场、专业大户等农业新型经营组织，发展农业适度规模经营。另外，要抓好村级服务组织建设和种植大户、流通加工经营大户、农业科技示范大户建设，搞好辐射带动。

（三）加强队伍建设

岳西县农业和农村发展，需要更加有效地进行农业推广。由于经济的发展，需要不断补充农业技术力量，提高人员素质。通过改革，全县农业技术力量比改革前分布更合理，结构更优化。

教学指南

一、教学目标

通过本案例的分析和讨论，加深学生对基层农业推广改革、农业推广组织建设与管理工作的认识。

二、理论参考

基层农业推广站的运行状况关系到整个农业推广组织体系的运作表现。基层区域农业综合服务推广站的创新，主要在于变地域性的专业服务站为以产业为核心的综合性服务站，从而有利于加强组织及人员管理、优化组织结构、提升组织运行绩效。

三、思考题

1. 岳西县农委设计的基层区域推广站在农业推广机制方面取得了哪些创新？
2. 岳西县基层区域推广站的设计是否合理，其改革成效主要体现在哪些方面？
3. 针对新的问题，岳西县农委建议的措施是否恰当？你认为还应采取哪些合理的措施？

（曹流俭）

案例 37

草莓协会在脱毒草莓推广中的作用

案例背景

草莓是一种蔷薇科草莓属多年生草本植物，是世界上温带地区的一种重要水果，果实中所含的鞣花酸具有抗癌效果。草莓具有栽培容易、生产周期短、见效快的特点，是一种经济效益较高的作物。我国把草莓作为经济作物栽培的历史较短，但发展速度很快，种植面积迅速扩大。由于草莓是一种无性繁殖作物，在生产过程中容易感染多种病毒，一旦感染病毒便会代代相传，使草莓长势、品质及产量严重下降。国外早在 20 世纪 60 年代就开始利用组织培养技术获得无病毒草莓植株的研究，20 世纪 70 年代此项技术研究更加趋向完善。我国在此方面研究较晚，始于 20 世纪 80 年代。我国一些农林院校较早开展了利用草莓茎尖分生组织培养、花药组织培养、热处理等方法进行草莓脱毒研究工作。20 世纪 90 年代，我国先后有几家单位建立起产业化生产草莓脱毒苗的技术体系。然而，在实际生产中，草莓品种更新换代不快，脱毒种苗推广应用不够，严重限制了草莓的生产和发展。随着人民生活水平的不断提高及草莓种植规模的扩大，市场竞争日趋激烈，要求草莓生产"成熟期更早、供果期更长、品质更优、安全卫生无污染"。特别是在我国加入 WTO 后，必须以高质量的草莓鲜果及其加工食品参与国际竞争，争取更大的出口创汇。推广草莓新品种、新技术，已势在必行。

案例内容

草莓产业是江苏省如皋市的六大农业特色支柱产业之一。1991 年 9 月 20 日，在罐头厂、科协、民政局等部门的关心和支持下，如皋市草莓协会成立，并挂靠在如皋罐头冻菜制品总厂。但是由于种种原因，协会组织涣散，工作不力。1998 年 12 月召开了草莓协会第三届会员代表大会，选举产生了新一届理事会，修改、审议通过了《草莓协会章程》。2001 年，草莓协会挂靠由皋罐头冻菜制品总厂衍生出的改制新公司——南通光远集团如皋速冻制品有限公司。

草莓协会第三届理事会成立以来，年年被评为如皋科协系统先进集体。2000 年，被评为南通市优秀农村专业合作组织；2001 年，被评为江苏省级示范农村专业合作组织，专业协会 50 强；2002 年 7 月，被农业部确定为全国农民专业合作经济组织 100 个试点单位之一。目前，协会有个人会员 1 114 人，集体会员 8 个，会员代表 133 人，分布在 8 个镇 22 个村。

如皋市自 1983 年从日本引种草莓以来，由于连年种植，草莓病毒积累严重，植株矮化，根系枯萎，叶柄纤细，叶片小，果实少，果形小，畸形果多，有些农户长出的草莓根本辨别不出是什么品种。草莓因感染病毒减产达20%～30%，有些田块甚至达50%。为此，如皋市草莓协会于1993年起，从省农科院、上海农科院等单位引进"马歇尔""宝交早生"的脱毒苗原种。为了迅速推广脱毒苗，在市农科所高科技园区及大明等乡共建立5个母本园，用网室繁殖一代苗，然后再出售给农户，由农户繁殖生产用苗。

草莓协会成立后，制订了较为规范的章程。章程规定了草莓协会的业务范围：①组织开展对草莓市场的信息调查、研究和交流，组织指导草莓生产；②为草莓基地建设、加工、销售等做好产前、产中、产后服务；③积极推广草莓等先进种植技术，引进优良品种，利用新型设施对会员加强培训；④采用多种形式，开展草莓种植理论与经验的研讨交流活动，制订草莓标准化生产技术规程；⑤加强政府与农产品经营主体的联系，协调各方关系，反映会员的愿望和要求，尊重会员的自主权，依法维护会员的合法权益；⑥不定期开展对农产品生产经营的考察和调查，总结经验，宣传典型，积极为政府制定相关政策献计献策。

一、草莓协会在发展脱毒苗种植工作中的推广措施

（一）降低农户的信息成本

草莓协会为支持发展脱毒苗生产，采取了一系列经济措施。例如，1994年，对无菌苗专业户，不管新老会员，咨询辅导服务费减少10～30元。这样，农户在原来种植的基础上，不需增加新的信息支出就能获得相应的咨询服务，降低了农户在不同生产方式之间转换的信息成本。

（二）利用原有的信息渠道输送新信息

协会成立后，曾通过自办的《草莓报》和《基地通讯》，以"通告"或"一封信"的形式向会员介绍科学种植技术和采售要求，介绍先进典型和经验教训，及时向农户、会员发布市场信息和科技信息。在脱毒苗推广期间，草莓协会为推广脱毒苗做了广泛的宣传，连续在《草莓报》上推介草莓脱毒苗，有的还做了大篇幅的解释、说明。

（三）协会提供及时的技术服务

草莓协会在播种、育苗、假植、定植、覆膜、采售等关键时期，举办技术讲座或召开现场会，使农户在转换栽培品种的同时，获得相应的技术服务，并能够用好的栽培管理方法，将好种苗的生产潜力发挥出来。

（四）协会为脱毒苗的产品提供市场服务

协会多次召开公司和农户的见面会，为公司和农户牵线搭桥。协会每年根据加工企业落实的生产任务，确定基地种植的品种及规模，帮助公司与农户签订购销合同。合同签订前，协会与公司协商，制订合理的保护价。在收购之前，先召开收购会议，明确收购要求、标准、规划、注意事项；在收购期间，协会组织人员在产地就近设点；收购结束后，再根据市场行情和收购的数量、质量、合同执行情况以及公司销售情况，确定浮动价，实行利益再分配。

二、草莓协会对农户草莓脱毒苗采用的影响

如皋市草莓协会是随着草莓生产的发展，在公司和农户的共同要求下成立的，作为公司与农户的桥梁和纽带，其主要工作是发布草莓生产的信息，指导草莓生产。因此，草莓协会对农户是否采用脱毒苗起关键作用。在协会的工作努力下，草莓协会会员农户的脱毒苗采用率高

于普通农户。

夏庄村是如皋市草莓生产示范园，该村的莓农都是草莓协会会员；刘坝村是草莓收购公司的补充基地，该村80%的莓农是草莓协会会员；新陆村的莓农都是草莓种植散户，没有草莓协会会员。对3个村的农户采用脱毒苗情况进行统计时，若将样本农户按是否是草莓协会会员分成两组，发现会员农户脱毒苗的种植面积占总面积的73.0%，而非会员农户脱毒苗的种植面积占总面积的9.2%。草莓协会会员的脱毒苗采用率明显高于非会员，说明草莓协会对莓农新技术采用起着积极的正面影响。

三、草莓协会在农户草莓脱毒苗采用后经济收益实现方面所起的作用

从理论上讲，协会在"公司＋协会＋农户"推广模式中应该是双方利益的"代言人"(公司与农户)。但是调查发现，如皋市草莓协会更多地代表着公司的利益，而不是一个完全意义上的"金桥"。从成立到现在，四届理事会的理事长都是公司领导，秘书长都是公司的职员，协会的工作人员也大多是公司的职工，协会实际上成了公司的一个部门。草莓协会更多地代表着公司的利益，而不是一个完全意义上的农户、公司双方利益的"代言人"。这种模式也容易造成垄断，农户选择公司的自主权几乎为零，农户在价格问题上几乎没有"发言权"。因此，农户采用脱毒苗后提高了质量，而递增的报酬有很大一部分成为公司的收益。从长远来看，对农户今后信任协会和采用新技术是不利的。

教学指南

一、教学目标

通过本案例的学习，学生能够对农业协会的职能和作用有较深层次的了解。同时，对比自己了解的协会或其他合作组织，讨论这类组织应该如何发展。

二、理论参考

民间组织包括各种协会、合作社等，是我国多元化农业推广组织体系的重要组成部分，在各种推广中具有重要的地位和作用。但是，它的发展还处于起步阶段，需要不断地改进才能适应农业推广不断发展的需要。

三、思考题

1.草莓协会在脱毒草莓推广中发挥着重要的作用，但同时自身也存在着诸多问题，你认为应该怎样解决？

2.举一个你了解的农业合作组织的例子，谈谈它的运行机制、作用和实际中遇到的困难。结合案例，谈谈你对农业合作组织发展前景的看法，说明其原因。

3.如果该协会没有挂靠在这个公司，协会的工作人员也不是公司的工作人员，请你为这个协会的组织、经费及技术服务方面做一个简单规划。

(高启杰)

案例38

昌乐县华安瓜菜专业合作社开拓高端农产品市场的途径

案例背景

昌乐县属于山东省潍坊市，这几年农民专业合作社发展迅速，其中很多都将产品成功打入了高端农产品市场，取得了很好的经济效益。例如，华安瓜菜专业合作社成功开拓农产品高端市场的过程和途径，对其他地区合作社的发展和壮大具有一定的启示。

案例内容

一、昌乐县华安瓜菜专业合作社概况

昌乐县华安瓜菜专业合作社成立于2007年12月25日，最初入社农户21户，注册资金3万元，瓜菜生产基地面积不足100亩。经过5年的发展，合作社入股社员达到205户，注册资金389万元，总资产1 200万元。生产基地位于五图街道庵上湖村，总面积2 000亩，其中，瓜菜基地面积1 500亩，水果、小杂粮等基地面积500亩；年产销优质瓜菜8 000多t，大果樱桃、罗汉参、小杂粮及其加工产品200 t，产值2 600多万元，纯收入1 600多万元。目前，“华品”和“庵上湖”牌韭菜、西瓜、黄瓜、套菜、大果樱桃、小杂粮、石磨面粉等产品以其质量安全、品质优良等优点被广大消费者认可，成功进入了高端农产品市场，在昌乐县、潍坊市先后建设了专业超市，产品直接销往北京、青岛、济南等大中型城市的企事业单位，成为昌乐县、潍坊市乃至山东省内的知名农产品品牌。

回顾华安瓜菜专业合作社的发展历程，发现合作社自身基础条件好，合作社创办人能够准确分析形势，把握难得的机遇。2007年秋天，全国农产品质量安全专项整治会议在潍坊召开，由此拉开了我国对农产品质量安全进行专项整治的序幕，唤醒了全国人民对农产品质量安全的意识。当时，昌乐县五图街道庵上湖村的负责人针对全国农产品质量安全的发展形势，分析了未来农业发展的出路，决定带领全体村民立足本村瓜菜生产的规模优势和土地便于调整、生产环境优良的有利条件，成立瓜菜专业合作社，走出一条为社会提供质量安全、品质优良的瓜菜产品，最终实现共同富裕的路子。经过分析，认为庵上湖村成立合作社已经具备以下两个有利基础条件：一是生产环境良好，农民的安全生产水平高，有利于生产质量安全的农产品。五图街道辖区内及周边地区没有污染型工业，能够保证瓜菜生产所处环境的大气、水质良好，不

会造成土壤污染。二是土地的生产经营方式有利于种植结构的进一步调整和实行集约化生产经营。后来,合作社突破原来的村庄规划,开始以土地流转的方式兼并邻近村庄的农民土地,大棚瓜菜的面积不断增加。

二、昌乐县华安瓜菜专业合作社开拓高端市场的途径分析

伴随着合作社的发展,"华品"和"庵上湖"牌瓜菜、水果、小杂粮等优质产品相继上市,产品所到之处,均受到消费者的青睐,并且赢得了社会的广泛赞誉。其成功的经验除了政府部门的扶持外,主要在于做好了以下几方面工作。

(一)通过基地建设和质量管理保障产品的优良品质

许多农产品基于气候或地理环境的因素,本身的品质就非常突出,如烟台苹果、莱阳梨、潍坊萝卜等,都是以优良的品质进入高端市场。一些合作社依托当地的这些优势,从育种改良、种植工艺、加工标准等方面进一步提升、改良产品品质,以优良的产品品质进入高端市场。合作社为了摆脱低价值的农产品经营,想方设法在产品品质上做到与众不同、出类拔萃,这样就有可能卖出高于普通产品数10倍的价格,取得高于普通产品的经济效益。

昌乐县华安瓜菜专业合作社就非常注重产品品质,依托当地良好的生态环境,生产优质瓜菜,靠优良的品质赢得客户的认可,将产品成功打入高端农产品市场。例如,按照有机标准生产的优质韭菜,每年换茬种植,产品的品质、色泽、口感等都大幅度提升,每斤售价高达58元,是普通韭菜的10倍,因为品质好,上市期间产品供不应求,成为城镇高端消费人群日常生活中的礼品或必需品。

1.建设高端农产品生产基地

采取的主要措施如下。

(1)严格实施农业标准化生产。按照有关的生产技术规程组织生产,并结合实际,制订了先进、实用、可操作性强的主栽瓜菜果品种生产技术规程,为标准化生产提供了技术支撑。

(2)狠抓关键生产技术的示范与推广。重点示范了瓜菜果安全生产技术、不同栽培设施建造技术及配套技术。一是示范推广了标准化安全生产技术。集中展示和推广了瓜菜果优良品种、防虫网、粘虫板、频振式杀虫灯、性诱剂、避雨栽培、防雾滴棚膜、膜下滴灌、高温闷棚、生物秸秆反应堆等物理和生物关键防控技术,减少了瓜菜果生产农药用量50%以上,大大提升了农产品的质量安全。二是示范推广了栽培设施建造技术及配套技术。采用国家棚体结构建造标准,建成了性能稳定、高效节能的日光温室及大中拱棚,推广了防寒保温高效栽培、阻隔防虫栽培、遮阳降温栽培和避雨防病栽培等配套技术。

2.建立健全全程质量管理控制制度

为了搞好基地瓜菜果等农产品的安全生产,合作社在生产过程中建立了全程质量管理控制制度。一是完善了投入品管理制度。合作社建立了自己的农资超市,对农业投入品建立了采购、保管和发放使用制度,杜绝使用国家禁止及限制使用的农业投入品,严格执行农业投入品使用安全间隔期的规定。二是建立了生产档案制度。基地建立了生产管理档案,每家每户都按要求做好基地生产记录,记载使用投入品的名称、来源、用法、用量和使用、停用日期,确保产品质量可追溯。三是建立了产品检测制度。合作社建立了农残检测室,配备了先进的进口检测设备,建立了自检与上级抽检相结合的检测制度,对基地生产出售的产品进行严格检测。

四是建立了基地准出制度。根据检测结果、生产档案记录，对产品质量安全状况做出科学判断，不合格的产品不采收、不出售，严把基地准出关。五是建立了质量追溯制度。基地产品全部实行包装销售，并在包装上标明产品生产者、质量状况等内容。基地标准化生产的实施，使瓜菜果等产销实现了“六统一”，即“统一品种、统一购药、统一标准、统一检测、统一标识、统一销售”，做到100％统防统治、100％测土配方施肥、100％产品订单生产。

（二）依靠精美包装打开高端市场

一些管理较为严格的合作社尽管能生产出优良的产品，但是由于产品包装相对土气，往往让人感觉档次低，缺少让人眼前一亮的感觉，高端的消费者群体很难喜欢上这样的产品。因此，农产品在保证质量的基础上，也要注重产品包装，这样才能相得益彰，塑造品牌价值。不少研究也发现，一个产品的价值多半来自包装，因为消费者有时候并不了解产品本质，往往只是借助于包装形象和文字说明等来判断商品，这一点却是许多合作组织所忽视的。

昌乐县华安瓜菜专业合作社在保证产品质量的前提下，外包装设计了一个鲜明的形象，并采用了图片配合文字的说明方式，介绍产品的来源、历史、产地、文化、特色、营养成分、食用人群、食用方法等；有时也根据产品特点，采用了比较新颖的包装方式，从而突出形象，彰显农产品的价值。同时，内包装也制作了一些精美的折页和手册，介绍产品和产地的人文背景、自然环境、风土人情等，加深消费者对产品的了解、信任与好感，使产品更易于被高端消费人群所接受，便于产品成功进入高端农产品市场。

（三）宣传企业，注册商标，积极培育品牌

为了宣传合作社的亮点和独特优势，千方百计提高合作社的知名度，昌乐县华安瓜菜专业合作社在中小型城市设立了自己的农产品专卖店，打造合作社产品品牌，靠品牌将产品打入高端市场。例如，华安瓜菜合作社开展了“认种园”活动，即在基地内单独划出一块土地，并分成一分地左右的地块，每年以一定的价格租给城里上班族种植，认种人只需在周末空余时间到地里享受一下劳动的快乐，其余时间由合作社工作人员进行统一管理，地里种植生产的瓜菜等产品由认种人支配。这种独特的活动，既有效地宣传了合作社，提高了合作社知名度，又增加了企业经济收入。

在瓜菜果等标准化生产基地品牌建设中，合作社注重商标注册和产品认证。目前，合作社已注册了“华品”“庵上湖”两个商标，认证了5个无公害食品，9个绿色食品，并在昌乐县城和潍坊市设立了自己的农产品专卖店，产品实现了100％品牌化销售，扩大了影响，增强了市场竞争力，提高了经济效益。

（四）加强配套设施建设，走产业化经营的路子

为了搞好产品的加工与销售，合作社建造了1 000多 m^2 的产品加工包装车间和500多 m^2 的产品保鲜库，产品销售前，建立清洁、分级、包装、保鲜、贮运为一体的商品化处理体系，实现100％商品化处理。通过在潍坊市区和昌乐县城设立直销门店，以及与超市和农产品批发市场进行产销对接等形式，使产品销售走上产业化经营之路。

教学指南

一、教学目标

通过本案例的学习，学生能够加深理解营销组合策略以及农民合作社在开拓农产品高端市场方面的做法和存在的问题。

二、理论参考

合作社的发展要借鉴市场营销的理念与模式，市场营销需要在产品、价格、渠道和促销等方面进行决策，即制订营销组合策略。在实践中，农民合作社开拓高端农产品市场时采取的方法不是单一的，而是多种方法的复合体，优良的产品品质是农民合作社开拓高端农产品市场的基础，精美的包装是农民合作社打造品牌的基础，而打造品牌又与独特营销手段是相辅相成的，政府的扶持是农民合作社开拓高端农产品市场的坚强后盾和有益补充。现阶段，这 5 点对于农民合作社成功开拓高端农产品市场是极其重要的。

三、思考题

1. 如何评价华安瓜菜专业合作社开拓农产品高端市场的途径？

2. 合作社开拓高端农产品市场的过程中主要存在哪些困难与问题？你认为应该怎样解决。

（高启杰）

案例39

寿光市化龙镇胡萝卜专业合作社的运营模式和问题分析

案例背景

山东省寿光市是著名的“中国蔬菜之乡”，是全国最大的设施蔬菜生产基地，拥有一流的蔬菜栽培技术、先进的蔬菜经营管理经验和中国北方最大的蔬菜批发市场，是我国重要的蔬菜价格形成中心和信息交流中心。

化龙镇位于山东省寿光市西部，总面积 87.75 km^2，耕地面积 1.7 万 hm^2，下辖 53 个行政村，人口 5.3 万。自 20 世纪 90 年代以来，胡萝卜生产已逐渐发展成为促进当地镇域经济发展的支柱产业，化龙也由此成为寿光市典型的以蔬菜生产为主业的农业乡镇，先后获得“中国胡萝卜第一镇”“国家级胡萝卜标准化生产示范区”“农业标准化生产示范区”等荣誉称号，所辖裴岭胡萝卜加工园区是“全国农产品加工创业基地”，农业产业特色明显。2009 年，全镇胡萝卜种植面积达 2 700 hm^2，建成了我国江北最大的胡萝卜交易市场和加工园区，年交易额 2 亿元，形成了“市场加龙头企业连基地带农户促出口”的一条龙产业化格局。经多年发展，化龙镇已成为我国北方重要的胡萝卜优势产区，具有较高的产业化水平，为促进当地农民增收致富和镇域经济发展做出了重要贡献。

化龙镇胡萝卜产业的发展离不开合作社的努力。化龙镇胡萝卜专业合作社最早成立于 2002 年，成立的背景是 2000 年胡萝卜在前几年市场需求大增的情况下，价格随之上涨达到 5 元/kg，胡萝卜种植面积也在较短时间内扩增至 3 334 hm^2。但买方市场随之出现，胡萝卜初级产品积压严重，价格降至 0.2 元/kg，农民损失较大。为克服一家一户小农种植模式的缺陷，抵御胡萝卜生产大起大落导致市场风险，在市政府统一部署下，化龙镇政府最初扶持发展了 7 家以胡萝卜生产为主业的农民合作社。后来发展到 18 家，入社总人数 8 600 人，占该镇农业人口总数的 19.2%。合作社的成立和运作为稳定当地胡萝卜生产，打造地方胡萝卜品牌，预防胡萝卜生产周期性大起大落发挥了重要作用。但是，当时该镇农村专业合作社发展尚处初级阶段，合作社在很大程度上存在着如无章可循、无正规组织机构、效率较低、结构松散、农民参与人数少等问题。因此，如何让合作社这种农民专业合作组织更好地发挥作用值得深入研究。

案例内容

一、化龙镇胡萝卜合作社的基本运营模式

化龙镇有代表性的6个合作社基本情况和运营模式如下。

(一)绿岭胡萝卜专业合作社

该社入社人数320人,主要从事胡萝卜的种植和销售。该合作社的基本特点是以社员为主体成立股份公司,社员均占有一定股份,且不限股份多少均具有表决权。公司设法定代表人1名,主要业务单位是技术部和销售部,负责对社员种植胡萝卜的日常监督管理和产后销售。采取的是合伙成立公司,成员既是股东又是社员的运营模式。该合作社运营模式的优点是社员均拥有数量不等的股份,结成了利益共同体,因此社员对合作社事务参与积极性较高,但该模式未改变农民在农产品市场中的主体地位,专业性不足,运营效率较低。

(二)龙翔胡萝卜专业合作社

该社入社人数660人,主要从事胡萝卜的加工和销售。该合作社的运营模式是"公司+社员",即由龙翔食品科技有限公司作为发起人成立胡萝卜合作社,入社的460个农户一般不持有公司股份,也不参与公司日常经营。但公司和农户在合作社内分工明确,公司主要业务范围是与社员签订下一年购销订单和市场保护价;负责对社员生产进行技术咨询服务;规范社员的生产标准;优先收购社员产品并进行加工和销售。社员的义务是根据公司要求确定胡萝卜种植面积,并按照公司技术要求进行生产;产品按照上一年购销合同优先供应公司。社员不持有公司股份,也不参与公司日常经营。该模式下,企业作为市场主体对社员的生产和产品销售具有一定的引导和帮扶作用,但由于社员并不拥有公司股权,因此实际上在同一个合作社内公司与社员利益关联并不紧密,有时甚至分化成公司和农户两个利益团体,俗语"两条心",在市场疲软等不利情况下就会产生利益矛盾。另外,在该模式下公司和社员地位并不对等,农民在产品定价等很多方面并无话语权。

(三)绿春园胡萝卜专业合作社

该社入社人数580人,主要从事胡萝卜的种植、加工销售和物流运输。该合作社的运营模式是"公司+基地(园区)+社员",即由绿春园绿色食品股份有限公司发起成立合作社,公司选择生产技术相对较好,土地基本连片的社员成立胡萝卜生产基地(园区),面积200余亩。公司另租有20亩作为园区核心示范区。核心示范区与部分社员种植区共同组成合作社胡萝卜生产基地(园区)。公司的主要业务是为社员提供品种和技术示范;统一园区生产管理;无条件以保护价收购按照公司要求生产的胡萝卜产品,优先收购社员产品,并进行加工销售。社员的主要责任是根据与公司达成的订单进行生产,产品按照合同优先供应公司。社员不持有公司股份,也不参与公司日常经营。该模式对社员胡萝卜产前、产中、产后科技示范服务较为具体,有利于生产标准化。公司负责合格产品的销售和加工,对社员的产品销售提供了一定保障,但该模式的缺点是把社员完全作为初级产品供应商对待,不参与更高端产品开发,且社员不参与公司事务,自己的命运完全寄托于公司。

(四)振鹏果蔬专业合作社

该社入社人数220人,主要从事胡萝卜种苗、农资销售服务。该合作社的运营模式是"公司+农户",由振鹏农业服务股份有限公司发起成立。公司向社员及其他农户提供农资、种苗服务和技术咨询,但不负责社员产品的出售等服务。该模式能够为农民供应货源一致的农资,对实现生产的标准化具有一定作用,但服务仅限于产前和产中,并且合作社若缺乏必要的监管,本模式下的合作社很可能成为公司向农户推销农资的渠道,较难达到预期效果。

(五)赛维胡萝卜专业合作社

该社入社人数403人,主要从事胡萝卜的深加工和有机胡萝卜生产。该合作社运作模式是"公司+社员",结构较为松散,即公司发展一定数量的社员组成合作社,合作社的主要业务范围是收购社员和非社员的胡萝卜,组织社员参与胡萝卜的深加工,然后回收社员粗加工产品,并引导部分能力较强的社员开展有机胡萝卜等高端产品的生产。该模式在加工层面增加了社员的部分参与,但社员日常不参与公司的管理,不持有公司股份,因此在合作社内部公司和社员仍处于不对等状态,社员在合作社业务上话语权缺失。

(六)树美胡萝卜专业合作社

该社入社人数316人,主要从事胡萝卜种苗、器械的生产和销售。该合作社采取相对松散的运营模式,带有农民协会的特点,即由致富能人张树美联系本村部分农民联合成立合作社,围绕胡萝卜的生产、销售和加工等业务,推选本社头脑灵活的人员在生产销售的关键环节开展工作,业务花费由社员均摊。该模式不是严格意义上的合作社,没有固定的机构和办公场所,只是农民自发组织起来抱团应对市场挑战的行为和组织,但由于业务花费较少,社员不必承担风险,在很多社员看来可有可无,因此此类合作社还在一定范围内存在。

上述6家不同类型的合作社基本代表了化龙镇农民专业合作社的特点。从合作社专业分类角度来看,化龙镇的农民专业合作社的业务范围较为全面,基本覆盖了胡萝卜生产、加工和销售的整个流程,但上述运营模式在取得一定成效的同时均存在一定的局限性。

二、化龙镇胡萝卜合作社运营特点和绩效

第一,在政府扶持下,专业合作社紧密依托加工园区、示范基地和创业基地,专业性和针对性增强。

化龙镇18家胡萝卜专业合作社成立的目的主要是为寿光市(重点集中在寿光市化龙镇)胡萝卜种植、运输、贮存、加工、销售企业和个人提供权益保护、行业规范、技术咨询、技术中介以及人力资源开发等工作。会员主要是当地与胡萝卜产业相关的中小企业和入社农民,还有部分外地胡萝卜产品销售人员或企业。不论单位还是个人均具有胡萝卜专业生产背景。经多年发展,2009年各类合作社参加会员企业已达37家,占全市同行业企业数量的23%以上,会员企业销售额8.5亿元,占全市同行业销售额的78%以上。

各类合作社紧密依托胡萝卜生产技术示范基地、胡萝卜精深加工园区和创业基地,专业人才聚集效应明显。以绿园春胡萝卜专业合作社为例,入社人数580人中有38人为中高级专业技术人员,占该合作社从业人数的6.6%。具有专业背景的中高级知识人才加盟合作社,为合作社发挥科技服务和加强新产品开发及市场开拓提供了人才智力保障,对入社和非入社农民起到了较好的示范带动作用。

第二,实施“政策引动、效益驱动、科技促进、能人带动”的发展战略,探索建立了“合作社+企业+基地+农户”的管理模式。

合作社成立的宗旨是为产业发展服务,服务的对象是相关企业和农民,因此合作社必须成为联系市场、企业和农民之间的桥梁或纽带。化龙镇“合作社+企业+基地+农户”的运作模式的下游是农民,上游是市场和企业,中间桥梁是各类合作社。

而合作社把相关科技和市场信息传递给企业和农民的最快捷的方式是建立示范基地。市场通过企业将需求信息反馈基地,合作社则通过能人管理基地,基地示范农户的流程模式有效搭建了企业和农户之间联系的桥梁或纽带,从而在很大程度上保障了相关信息交流畅通。

同时,合作社作为媒介,与企业签署下一年胡萝卜供应总量和生产面积订单,然后将订单指标下达给会员和非会员农民,实行最低保护价收购,保障了农民权益。较为合理的合作社运营思路既增强了农民的市场应变能力,克服了生产盲目性,又满足了企业的市场需求,取得了双赢效果。2007 年以来,甚至 2009 年世界金融危机期间化龙镇胡萝卜生产也基本没有出现大的波动即为例证。

第三,专业合作社注重市场开拓,突出科技兴农和标准化生产,在一定程度上保障了胡萝卜产品质量的稳定性,提高了胡萝卜产品深加工水平。

专业合作社的业务范围基本覆盖了胡萝卜的产前、产中和产后各个生产、销售和加工环节。合作社在产前主要为农户提供优质胡萝卜种苗、各类农资等,所提供生产资料均采取统一进货途径和价格,合作社规范化服务和公益性的特点最大限度地减少了假冒伪劣生产资料坑农害农的现象。产中主要为农户提供技术服务、技术咨询、技术中介,力求以规范的服务实现生产过程标准化。例如,合作社在胡萝卜生产的关键环节定期邀请市、镇农技中心技术干部到田间地头实地指导、推广胡萝卜育苗技术、病虫害生物防治技术、地膜覆盖技术、测土配方施肥技术、胡萝卜采后保鲜技术、无公害生产技术规程以及有机胡萝卜生产技术等各项先进技术,从而提高了化龙镇胡萝卜生产的科技含量。

经过一段时间的运营,各类合作社已成为化龙镇政府相关部门推行蔬菜生产标准化的一条重要途径,对胡萝卜产品质量的稳定发挥了不可或缺的作用。以绿春园胡萝卜专业合作社为例,该社通过举办胡萝卜种植和加工技术培训班、开展技术咨询、传播科技信息、开展技术中介服务等,有力地提高了该社会员胡萝卜种植、加工技术和科技知识水平。

在政府的支持下,各类合作社均比较重视胡萝卜产品的市场开拓,每年在胡萝卜产后环节均派出得力人员积极联系客商,拓展销售渠道;建立了互联网销售平台,积极为农户、胡萝卜加工企业及时发布产品市场信息,抢抓黄金销售时段从快销售;并在每个胡萝卜生产专业村建设了胡萝卜原产品和粗加工产品简易购销点,每个购销点连在一起形成了遍布全乡的胡萝卜销售网络,农民足不出村即可销售产品。上述措施有效地推动了胡萝卜产业化经营,从而保证和维护了农户和加工企业的利益。

为进一步提高胡萝卜产品附加值,合作社积极引进技术,协助整合现有 54 家胡萝卜加工企业资源,开发出脱水胡萝卜片、胡萝卜食品添加剂等,有效提高了胡萝卜产品档次。

第四,合作社注重市场体系建设和管理,有效协调了人力资源等市场要素配置。

寿光市胡萝卜生产合作社在做大做强胡萝卜这一支柱产业的同时,积极为种植户、胡萝卜加工企业提供系统化服务。一是在政府支持下协调成立了市场管理办公室,由合作社、工商所、派出所、镇政府等有关单位组成,通过规范和加强市场管理,胡萝卜种植户和加工企业做到了合法经营，杜绝了胡萝卜加工行业无序竞争、恶性竞争和窝里斗、欺行霸市等不利于产业发展的行为，规范了行业秩序，有力地维护和保障了业主的合法权益；二是为了解决种植、收购、加工、销售、出口期间人力资源短缺问题，合作社积极协调、配套发展了劳务市场两处，为种植户和胡萝卜加工企业及时、足额提供了充足的人力资源，并协调发展物流运输企业 23 家，确保了产、供、销一条龙。

第五，合作社机构设置较为合理，运作主体准确，采取了适应市场经济规律的管理体制和运行机制，取得了一定成效。

化龙镇胡萝卜专业合作社采取了镇、村两级合作机制，选举产生了合作社法人，合作社日常运作采取企业化管理。合作社日常运作经费来源由两部分组成：示范基地产品营业性收入和会员单位会费。会员单位会费对企业以每年每单位 1 000 元收取，对种植户以每年每人 30 元收取。以地方法规形式规定了合作社的主要业务范围，如定期举办胡萝卜种植技术培训，向种植户传授生产管理新技术，及时发布胡萝卜产销信息，帮助种植户搞好胡萝卜销售等。化龙镇典型合作社的组织结构图如图 39-1 所示。即在镇政府的统一指导和监管下，合作社实行法人负责制。根据不同业务范围下设：农资购销部，主要负责统一农资购销；市场管理办公室，主要负责交易市场安保、落实各种服务、价格稽查等管理工作；科技联络办公室，主要负责生产和加工技术引进和推广；营销部，主要负责胡萝卜产后销售市场开拓。相对合理的组织结构保障了合作社的运行效率，绩效较为明显。

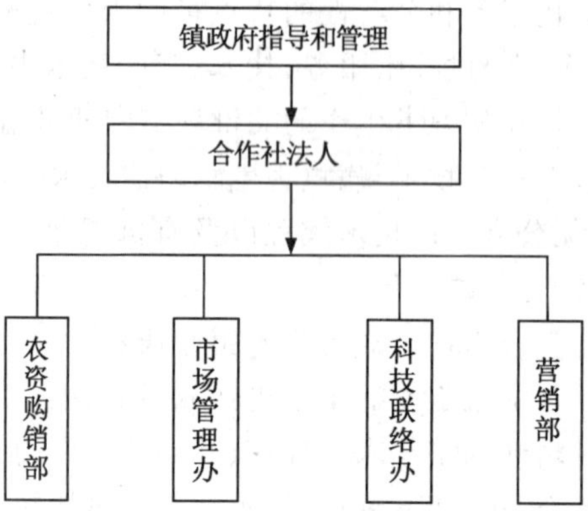

图 39-1　化龙镇专业合作社组织结构

在各类胡萝卜专业合作社的协调和支持下，化龙镇胡萝卜生产初步摆脱了早期生产的无序性、盲目性和生产标准不统一、产品质量难保证的不利局面，胡萝卜生产逐渐走上了健康发展之路。2010 年，化龙镇胡萝卜种植面积已超过 3 000 hm^2，辐射周边种植面积 6 000 hm^2，碧龙、欣欣、龙源、红参、福来、绿馨、裴岭蔬菜等食品加工企业已发展优质胡萝卜示范基地 700 hm^2。相关加工企业在合作社的支持下，胡萝卜产品年产销量已占据全国总量的 1/3 以上，成为河北、内蒙古、福建、山东等胡萝卜主产区的重要的运输、管理、销售中心。

寿光市胡萝卜产业合作社还定期和不定期地考察指导各会员企业，先后帮助 50 多家企业办理商检，确保了各企业的产品质量，增强了企业的市场竞争力。合作社相对科学的管理模式为实现化龙镇胡萝卜规模化生产、产业化经营、创新发展以及充分促进胡萝卜加工增值发挥了一定作用。

三、化龙镇胡萝卜合作社运营过程中的问题分析

化龙镇胡萝卜专业合作社在取得一定成效的同时，也存在体制机制和工作思路上的种种问题，制约了化龙镇胡萝卜专业合作社的发展和效能提升。主要问题有以下几点。

第一，较大比例的合作社无固定组织结构和章程或组织结构和章程不完备，合作社的公益性和企业化运作契合亟待加强。

化龙镇已成立的18家合作社中，实际上仅有5家具有固定法人代表。这5家合作社运作的基本模式是会员自愿入股，在承担公益服务的前提下实行企业化运作。相对规范的合作社的基本组织结构具有共同特征，即合作社由以下行政管理机构组成：法人以下设置总经理1名，根据情况设副总经理1～2名。日常业务机构包括市场管理办、营销办、农资代销部、科技联络部等。主要业务范围是规范市场管理，为会员和非会员提供统一标准的优质农资，聘请专家对会员进行技术培训，同时提供产品销售信息等。其他13家合作社则普遍存在组织结构较为松散、运作思路不清晰、公益服务不到位、运作不规范等问题。调查还发现，不论组织结构完善还是不完善的合作社，均在不同程度上存在合作社公益服务性质与企业化运作利益相矛盾的情况，很多合作社不能很好解决上述矛盾，尊崇本社小团体利益至上的原则，不能切实维护多数会员的基本利益。更有甚者，个别合作社只是成了向农民推销农资产品的一条渠道而已。目前很多的合作社是企业说了算，社员要服从企业安排，跟着企业思路走。农民在购进种苗、生产资料品牌等业务活动中很少有话语权，由于农民文化水平相对较低，也无法判断企业是否存在欺诈行为，只要生产不出太大的问题就很满足了。合作社除了发布通知外，基本不开全体会员会议，会员与企业是两条心。

第二，合作社体制机制和工作方法创新能力不足，对外科技交流和技术引进渠道不畅限制了化龙镇胡萝卜优势产区科技支撑体系的构建。

目前已成立的77%的合作社法人和总经理聘任均从会员中推选产生。被推选人员80%以上为农民、村支部书记、企业退休人员，熟悉现代企业管理制度的人员比例不足20%(表39-1)。在此情况下，合作社很难按照现代企业管理制度进行体制和机制创新，难以维护和实现会员利益的同时有效提高本单位的效益。

表39-1 化龙镇典型合作社的法人身份

合作社名称	职务	身份
绿岭胡萝卜专业合作社	法人	农民
龙翔胡萝卜专业合作社	总经理	退休职工
绿春园胡萝卜专业合作社	总经理	农民
振鹏果蔬专业合作社	总经理	农民
赛维胡萝卜专业合作社	法人	公司经理
树美胡萝卜专业合作社	法人	支部书记

目前化龙镇多数合作社的主要运行模式是“合作社＋企业＋基地＋农户”，基本框架合理，但在具体环节中存在较多问题和矛盾，限制了该模式的实现。该模式的基本方法是：合作社处于生产和销售间的桥梁地位，是联系市场、企业和种植户的纽带，而其本身功能的实现则主要

通过其所属的示范基地，示范内容主要是企业的农资产品、需求标准、市场产品导向、农民需求的技术等。但调查发现，事实上，很多合作社示范基地因管理不善而出现亏损，很难对农民起到示范作用。

由于合作社人员与大专院校、科研部门未能建立畅通的联系渠道，因此农民最需要技术的时候请不来专家也是常事。在我国目前的科技推广体系下，企业反倒成为向农民推广产品和技术的一条重要途径，但由于企业自身利益驱使，有时很难保证其技术和产品的实用性和可靠性。有些小的民营企业信誉不好，合作社开会很多时候成了它们的产品推介会，至于产品质量好坏主要靠其良知和农业局执法检查，经常不能保证质量，坑农害农现象不少。因此，合作社在现阶段农村科技支撑网络建设中应该发挥更大的作用。

第三，不同合作社间信息沟通偏少，产区市场信息网络建设滞后，生产和市场风险预警机制尚未建立。

化龙镇已成立的专业合作社业务范围虽有重叠，但各自侧重点不同。其中 6 家以农资服务为主营业务，其余 12 家以加工和市场营销为主营业务，拓展的业务范围遍及全国各地。但目前各个合作社之间产品和市场信息互通明显不足或根本没有来往，因此不能将年度产品市场信息综合形成完整的信息网络。

同样，基于该网络的不完整的综合信息反馈，很难对生产和市场进行风险预警，因此胡萝卜年度生产风险事实上仍然存在。以 2006 年为例，2005 年胡萝卜产销两旺价格为 5 元/kg，种植户受益后盲目扩大生产，2006 年底胡萝卜收获后即出现买方市场，胡萝卜降至 0.3 元/kg，对化龙镇胡萝卜生产造成了沉重打击。到 2008 年，胡萝卜生产有所恢复后又遭遇 2009 年世界金融危机，部分出口产品积压，生产波动较大。因此，以合作社为基础，借助科研院所的智力支持，加快化龙镇胡萝卜优势产区生产预警风险机制的研究和建立迫在眉睫。

第四，入社会员数偏少，对合作社的监督机制缺位导致入社会员权益得不到有效保障，限制了企业和农民的入社积极性。

根据 10 个样本村的调查资料，化龙镇各类专业合作社农民入社率为 19.2%，总体而言比例较低。另据调查，大多数合作社缺乏必要的自我监督机制，对合作社的审计监察管理缺位。在此情况下，有些合作社本身运行机制处于不透明状态，如果再缺乏必要的监管措施，合作社则会不能正确处理本合作社少数决策人员的个人利益和入社会员的利益保障之间的关系。有的合作社名义上是为社员服务，但实际上主要的工作就是向会员推销农资或收取回扣和提成。

入社会员的基本利益得不到保障或得不到应得的收益，入社积极性就会明显下降，农民不入社或中途退社的现象在化龙镇合作社中较为普遍。

第五，合作社在实现土地流转、有效组织农民实行土地集约化经营以及助推胡萝卜产品深加工方面作为不足。

农民合作社是现阶段我国农村重要的专业组织形式，可以联合能力强、头脑灵活的农民社员进行土地集约化经营，以此实现胡萝卜的标准化生产以及提高产业整体抵御市场风险的能力。但根据调查，化龙镇的 18 家合作社至今没有 1 家能够组织社员或非社员进行土地流转和大面积土地连片统一经营，只有赛维和绿园春两家合作社征用了农民的少量土地进行示范和推广，因此依托合作社进行土地的适度规模经营值得提倡。

此外，合作社应发挥必要的协调、引导和组织功能助推胡萝卜产品深加工水平的提高。现代农业的重要特征之一是产业链条拉长，并产生较高生产附加值。目前化龙镇尽管胡萝卜加工企业多达 15 家，各专业村均设有简易加工购销点，但大多属于速冻和保鲜处理等粗加工，农民参与产品深加工并从中获得的收益较少。另外，附加值更高、增值空间更大的胡萝卜的精深加工技术，如 β-胡萝卜素的提取和相关保健品的开发等技术落后，降低了胡萝卜产业整体效益。为此，合作社应协调会员企业统一规划发展布局，组织或邀请科研部门与企业协同公关，争取尽快在胡萝卜深加工产品的研发和投放市场方面尽快取得突破。

教学指南

一、教学目标

通过本案例的学习，有助于学生加深理解农民组织在多元化农业推广组织体系中的重要地位，了解农民组织运行的特点、组织发展中存在的问题和发展的趋势。

二、理论参考

自助型推广组织是我国现行多元化农业推广组织体系的重要组成部分，在农业推广实践中具有重要的地位和作用。

近年来，各地结合本地实际产生了不同类型农民专业合作社，可以借助农业推广组织分析框架，分析其外部环境、内部环境、组织结构、运行过程和运作表现。

三、思考题

1. 依据农业推广组织分析理论框架，分析化龙镇胡萝卜专业合作社的外部环境、内部环境、组织结构、运行过程和运作表现。

2. 化龙镇胡萝卜专业合作社在胡萝卜产业发展中发挥了重要的作用，但自身也存在着诸多问题，你认为应该怎样解决？

（高启杰）

案例40

草莓产销中的"公司+协会+农户"推广模式

案例背景

江苏省如皋市是个农业大市，位于长江三角洲北翼，东濒黄海，南临长江。经过几年的农业结构调整，如皋市农业规模化生产基地已经形成，近年来大力发展包括草莓等外向果蔬在内的六大农业特色支柱产业，效果明显。针对草莓产销的特点，采用了"公司＋协会＋农户"的推广模式，对这一模式运行的成效与存在的问题进行分析，有助于改进和完善相应的推广工作，并进行推广方式的创新。

案例内容

如皋市1983年开始引种、栽培日本的"宝交早生"草莓。该品种肉质细软，芳香多汁，但不耐贮藏、运输。刚开始时，大多在城郊地区种植，且以鲜果在市场销售为主，亩产仅为500 kg。1988年，如皋市罐头厂根据外商需要，开始收购草莓鲜果，进行加糖速冻加工。由于公司收购原料大增，从而带动了草莓基地的发展。1989年，从江苏省农科院园艺所引进耐贮藏、运输的"硕丰""硕蜜"草莓新品种。这两个新品种的推广，使如皋市草莓面积在1990年首次突破千亩，种植乡镇由城郊发展到马塘、下原、郭园等边远乡镇。1992年，又从日本引进加工型草莓"马歇尔"新品种，并对其快速繁殖及高产综合配套栽培技术进行了研究。在此期间，如皋市草莓发展迅速，种植面积每年增加1 000多亩。1997年，全市草莓种植面积达6 500多亩，平均亩产量提高到650 kg。1998年，如皋市罐头厂实行破产重组，进一步刺激了草莓生产，种植面积突破万亩。

1991年9月20日，在罐头厂、科协、民政局等部门的关心和支持下，如皋市草莓协会成立，并挂靠在如皋罐头冻菜制品总厂。但是由于公司实行破产重组，草莓协会从1995年下半年起名存实亡，瘫痪近3年之久。为了进一步巩固发展草莓生产，破产重组后的如皋市罐头冻菜制品总厂根据草莓协会理事会和广大草莓农户的要求，于1998年12月召开了草莓协会第三届会员代表大会，选举产生了新一届理事会，修改、审议通过了《草莓协会章程》。2001年，公司改制，公有制改为私有制，公司改名为长生食品罐头有限公司。同时，公司内部另有几个人自筹资金，组建了一家新公司，即南通光远集团如皋速冻制品有限公司，草莓协会从此挂靠在光远。

一、草莓产销中三方的联结机制

公司和农户之间的利益是相辅相成的。一方面，公司是农户的强大后盾，有了公司的稳定收购，农户种植草莓才有销售保障；另一方面，只有广大农户种植好草莓，公司才有充足的优质原料，才能获得好的经济效益。为了真正做到“利益共享、风险共担”，如皋市的草莓产销采用了以下的利益联结机制。

(1)公司与农户签订草莓栽培、购销合同。明确规定双方在生产、销售、服务及利益分配和风险分摊等方面的权利和义务，建立一种相对稳定的“利益共享、风险共担”的合作关系。

(2)在收购价格上，采用“保护价＋浮动价”的方式。在收购期间，公司先按保护价支付给农户，浮动价不出台；收购结束后，由草莓协会与公司根据市场行情、收购数量、质量、合同执行情况，参照当年和往年各厂家的实际收购价格，洽谈、确定最终结算价。

(3)为了维护合同的严肃性，防止原料外流，在签订草莓购销合同时，农户要交保证金。农户每出售 600 kg(含 600 kg 以下)交保证金 50 元，每增加 100 kg 增交 5 元。如完成合同数，保证金如数退还，并计利息；如完不成合同任务，则视实际情况扣发，上下浮动 10%都视为完成合同任务。

(4)对日出售量和总出售量进行规定，高峰期的日出售数量不超过总出售量的 1/10。

(5)草莓协会制定有关具体规定，约束公司的行为。草莓协会制订了 6 个保证，即保证提供信息、保证提供技术、保证保护价收购、保证计划内合格原料全部收购、保证在原料基地附近设点收购、保证按时结算货款。

(6)为保证草莓协会正常的运行，草莓协会收取会员一定的会费。草莓协会会员费为个人会员(即农户会员)10 元/年，集体会员 500 元/年，技术咨询辅导服务费是每出售 600 kg(含 600 kg 以下)为 30 元，每增加 100 kg 增交 5 元。

(7)草莓协会会员享有的权利。草莓协会会员享受 6 个优先的权利，即优先参加协会举办的各种活动，优先取得协会提供的科技资料，优先接受技术培训，优先获取市场信息，优先、优价出售草莓。

二、“公司＋草莓协会＋农户”推广模式的成效

(1)推动农村种植业结构调整，加快专业化生产基地形成。公司把草莓基地的建设与发展看作公司的第一车间。2002 年，如皋市草莓种植面积已发展到 1.5 万亩，草莓种植户达 10 600 户，形成具有特色的草莓生产基地，从而带动了如皋市特色农业的发展，使如皋市农业资源的整合、生产结构调整的步伐明显加快。

(2)有利于疏通农产品销售渠道，增加农民收入，加快农村致富奔小康的步伐。“公司＋协会＋农户”模式实现了单个农户的“小生产”与整体“大市场”之间的有效对接，解决了草莓农户卖草莓难的问题，解除了草莓种植农户的后顾之忧。

(3)有利于维护市场秩序，促进草莓市场健康、稳定发展。草莓协会制订了详尽的行规行约，规定草莓加工企业不得为了争抢货源而哄抬收购价，也不得为了降低成本，肆意压低收购价；加工企业要按事先与种植户签订的收购合同进行收购，不得单方毁约。同时，对草莓种植户也约法三章，必须按合同保证种植面积和草莓质量。这样，既有效地保证了加工企业有充足的货源，也保证了草莓种植户的切身利益。

(4)引导农民进入市场，推进农业产业化经营，实现公司与农户双赢。草莓协会通过"章程"和"合同"把千家万户有机地联结起来，协会提供有关的科技服务，向生产基地发布草莓市场需求信息，组织农民有计划地生产所需的初级农产品——草莓。龙头企业运用现代技术，加工或销售草莓，促进了加工企业和生产基地的有效对接。公司可以确保以较低的交易成本和适宜的价格获得稳定的原料来源；农户可以以较低的交易成本按照较为稳定的价格销售自己的草莓，并在信息、技术和生产资料等方面得到优惠的服务，从而实现公司与农户双赢。

(5)有利于加快新技术、新品种的推广应用，提高农产品的经济效益。几年来，草莓协会自办《草莓报》和《基地通讯》，向农户介绍科学的种植技术和采售要求，介绍先进典型和经验教训，及时向农户、会员发布市场信息和科技信息。在播种、育苗、假植、定植、覆膜、采售等关键时刻及时举办技术讲座或召开现场会，每年还邀请外商来基地现场指导。

三、"公司＋协会＋农户"推广模式的局限性

(一)草莓协会更多地代表公司的利益

草莓协会更多地代表着公司的利益，而不是一个完全意义上的农户与公司间的"金桥"。从成立到现在，4 届理事会的理事长都是公司领导，秘书长都是公司的职员，协会的工作人员也大多是公司的职工，协会实际上成了公司的一个部门。

(二)"公司＋协会＋农户"模式容易形成垄断

这种垄断至少带来了以下两个方面的问题。

1. 农户选择公司的自主权几乎为零

2001 年以前，如皋市只有一家公司即如皋罐头冻菜制品总厂收购草莓，农户几乎没有选择公司的余地。2002 年起情况略有好转，有两家公司收购草莓，但由于两家公司生产的草莓都是通过南通外贸给日本同一客商，草莓基地、品种经过协调两家有明确的划分，在草莓收购上统一规格、统一要求、统一价格，农户的选择自主权并没有得到根本改变。

2. 价格垄断

在草莓产业化经营中，由于农户与公司双方的"势力"悬殊，农户在与公司进行合同谈判时处于不利地位，在价格问题上几乎没有"发言权"，农户的生产与交易几乎完全受公司控制。按合同规定，"宝交早生"的公司收购价为 1.8 元/kg，而同样规格的草莓市场零售价为 5.0 元/kg，相差 3.2 元/kg，以亩产 650 kg 计，则每亩损失 2 080 元。

(三)草莓农户生产的风险依然很大

草莓不易贮运，易受气候侵袭，与其他农作物相比较，草莓的产量、质量波动大，具有高度的不确定性。例如，如皋市 1994 年夏季高温干旱，草莓苗损失惨重，造成 1995 年种苗紧缺。1994 年冬天气温较高，草莓生长发育基本没有停止，导致 1995 年春出现了严重的早花现象，当年产量、质量又大打折扣，随之而来的恰恰是市场风险。在这种情况下，如何准确预测草莓的产出水平？怎样精确度量草莓质量的优劣？无论是事前的谈判签约，还是事中的计量与监督，或是事后的履约执行，公司与农户的有限理性，都使双方难以形成和有效运作完全涵盖所有不确定性因素的完善合同。

(四)"订单农业"也不能避免诚信失落

在草莓生产过程中，公司与农户的利益独立，两者的目标并不一致。对于公司而言，与农

户联系的根本目的在于得到质优价廉的原料，提高自身的经济利益。只有在对其经营有利时，他们才能和农户发生特定的交易行为，并为之提供相应的服务。对农户而言，其利益主要与草莓的销售有关，通过合同关系提高其草莓的销售保障，尽可能地将市场风险让给公司。如皋草莓生产过程中，1995 年前后，国内外草莓市场行情看好，供不应求，草莓种植农户为了自身利益宁愿交纳违约金，也将草莓转卖给外地厂家，出现了政府为了保证公司货源，防止草莓外销，派公安、工商、农林部门上路堵、查、卡、刹的现象。

教学指南

一、教学目标

通过本案例的学习，学生能够对“公司＋协会＋农户”这种农业推广模式有一个全面的认识，包括这种模式的优点和不足。对于不足之处，学生通过讨论的形式，提出一些改进建议。

二、理论参考

以企业（公司）为主体的推广方式（公司＋农户）和自助型组织为主体的推广方式（民间组织＋农户）是两种重要的推广方式。“公司＋协会＋农户”是两种推广方式的结合。实践证明，在我国市场经济不断完善的今天，这种推广模式能够适应市场经济发展的需要，有利于克服小生产与大市场之间的矛盾，提高农民进入市场的组织化程度。同时，企业和农民存在着利益冲突的可能，协会是这种冲突的协调者。

三、思考题

案例中给出了一些关于“公司＋协会＋农户”推广模式的局限，为了解决这些问题，你觉得应该怎么做？

（高启杰）

案例41

锦宁村以合作社为主体的农业推广服务

案例背景

农业推广的主要目标是农民行为的改变。为了改变农民行为，一方面要创造农民改变的可能性，也就是提供给农民行为改变的各种条件、助力、指导；另一方面要创造农民行为改变的必要性，也就是通过改变会带来他们自身利益的改变，产生行为改变的动力。

四川省成都市郫都区唐元镇锦宁村是有名的锦宁韭黄产地。该地种植韭黄有300多年的历史。2002年，锦宁村开始推动“一村一品”建设；2009年，锦宁韭菜获得国家地理标志保护产品认证；2014年，锦宁村获得“全国一村一品示范村镇”称号；2017年，锦宁村成为市级“四好”村。在韭黄种植的推广过程中，需要降低推广成本，提升推广效益。那么，将农民组织起来成立合作社是否可以降低成本？从产业链各个环节上的鼓励与监督是否能提高推广效益？这将是本案例要讨论的问题。

案例内容

一、锦宁韭黄专业合作社的发展之路

2004年7月，在韭黄经营大户李某某的领办下，锦宁村的韭菜种植农户成立了锦宁村韭黄专业合作社。合作社成立后，一方面向外界推广锦宁韭菜和韭黄，另一方面在内部进行了技术创新和技术推广，得到了很好的效果。2006年，锦宁村韭黄专业合作社被评为“省级农村专业合作经济组织”；2007年，锦宁牌韭黄获得首届中国成都国际农业博览会金奖；2008年，锦宁牌韭黄获中国绿色食品发展中心颁发的“绿色食品A级证书”；2009年，锦宁村韭黄专业合作社被授予“全省农民专业合作社示范社”称号；2011年，锦宁村韭黄专业合作社被农业部授予“部级合作社”称号。

以锦宁韭黄专业合作社为中心，成立了合作社联社。联社现有合作社成员4个，家庭农场1家，种植大户代表2户，适度规模经营农户762户，普通种植农户1 200户。

二、锦宁韭黄专业合作社引领韭菜产业发展的成效

韭黄和韭菜原本是锦宁村传统、分散的种植业。在合作社成立后，韭菜生产达到了品种的

标准化、技术的标准化、产品的标准化、生产的规模化、产品销售的多样化。合作社引领广大农户提高了产量、产值，实现了增收。2018年，韭菜、韭黄达到每亩产值3万～4万元，户均收入(5亩)15万元，户均纯收入10万元，收入增长率3%以上。以锦宁村为核心产区，推广到整个唐元镇约1 500亩韭黄，占该镇耕地面积约20%，韭黄、韭菜总产值5 000万元左右。

锦宁村韭黄和韭菜产业实行“大园区＋合作社＋小业主”的发展模式，由政府建设配套基础设施，合作社负责农业推广和产品推广。合作社实行实体化运作，形成以营销大户牵头营销，种植户参与，进行标准化生产，一般成员分级管理的运行机制。目前，全村有初、中级加工工场8个，实现了与国际接轨的标准化水平。

三、锦宁村韭黄专业合作社推广标准化生产体系

为了实现与国际市场和国内高标准市场的接轨，锦宁村韭黄专业合作社实行了标准化生产体系的推广。标准化生产体系包括以下4个方面。

(一)标准化栽培措施

合作社作为生产的实际组织者和创新者，采取了一整套锦宁韭黄的标准化栽培措施。从选育良种、培育菜苗、韭菜生产、韭黄生产(韭菜生产的一种方式)的系列生产过程中，都形成了自己一整套标准，用精细化的栽培保证韭菜健康生长，用精细化的管理保证韭黄的高产、稳产。通过合作社内部的经验交流、互相学习、合作社社长和技术人员的指导，实现了栽培过程中的标准化。

从韭菜生产转化为韭黄生产，采用了一系列黄化生产措施。合作社采用了标准的韭黄生产措施，保证韭黄的茎秆高度、直径、含水量、弹性和柔韧性的规范。这些标准是通过合作社不断向种植户传授并监督执行的。

合作社还建立了“韭黄(韭菜)出口备案迹地”，以标准化的生产向外部推广锦宁村和唐元镇的韭黄、韭菜，也向广大社员树立了生产标准化的样板。

(二)标准化的韭黄加工措施

合乎规范的韭黄收割后进入加工环节，合作社要求所有的加工工场和加工厂都使用标准化的加工工艺。以标准化的加工，生产出品质、品相都一致的韭黄包装产品。这些产品一方面保证了韭黄品质，另一方面又用统一的品牌和质量标准扩大和稳定了市场。统一的品质保证了客商的忠诚度，还降低了宣传成本。

(三)标准化的农资投入

合作社在标准化生产的要求下，也提倡社员使用标准化农资投入，包括化肥、农药。锦宁村本处于都江堰灌区中最好的一片灌区，水质良好，土壤肥沃。标准化的农资投入让消费者吃得放心，让农民种得省心。合作社有固定的场所出售和配送肥料、农药，也经常对非合作社店铺的农资进行调查，以使农民使用的农资达到生产的要求。

(四)标准化的商标使用规范

锦宁韭黄商标在注册时制订了一套产品标准，在多次送展和申报过程中完善了这个标准。只有达到了这个标准的韭黄才能使用“锦宁牌”这个商标，而使用了商标的产品就可实现较高的价格。也就是说，以统一的质量标准实现价格的合理化，以有效的营销渠道实现生产规模和产量的稳定化。目前，社员如果把合作社作为营销的主要渠道，能保证比卖给外来经销商获得

更多的利润。合作社还能在韭菜、韭菜花价格较低时以保护价收购韭菜和韭菜花，将农民的利益与合作社的利益捆绑在一起。这样农民减少了市场风险，而标准化的种植生产又得到有效激励。

四、锦宁村韭黄专业合作社推广手段“五统一”

在锦宁村，在整个唐元镇，合作社力争创造最好的品质，保护品牌，实行“合作社＋农户＋基地”的“三级”监管网络模式。整个监管网络的重点是对农资投入品购销源头、基地生产过程、产品加工及产品销售的4个环节点严格控制。具体的做法是合作社在生产链的全部环节实现“五统一”。

(一)统一技术培训

合作社开展定期和不定期的培训。合作社针对锦宁韭菜的品种、土壤和气候特点，针对生产过程中的普遍问题，编制了合作社使用的培训教材。用此教材对所有的生产农户进行技术培训，使用同样的标准培训，要求农民达到同样的技术掌握程度。

(二)统一农资供应

农业投入品是农产品质量的关键。在农资市场上品种繁多、良莠不齐的情况下，合作社采用统一农资供应配送的方法，来达到控制产品品质的目的。统一供应的农资采用透明的市场价格，规定统一的品种和剂量，统一对农资的使用进行培训。这样的统一农资供应，使农民在使用农资方面既有经济性，又有安全性。

(三)统一生产过程

韭菜生产和韭黄生产是同一套生产体系，在不同的季节面对不同的市场采用不同的生产手段。针对市场需求，将韭黄收割集中在春节前后的时间段。对于堆土时间、遮草帘时间、盖膜时间、起垄高度等，进行统一指导，统一要求，使韭黄上市的时间能与市场最高价格的时间吻合，有利于销售渠道的高效运转。

(四)统一质量检测

合作社有自己的质量检测中心，对不同批次韭黄进行随机抽样检测。普通农户的种植面积都有五亩左右，每次收割韭黄的产值都在万元以上。由于合作社是农户销售韭黄的主要渠道，合作社的抽样检测就能对农民的产品质量起到很好的控制作用。访问农民时，农民说：“现在谁都不敢乱用农药，检测到一次就一年都赔了，而且名声也不好听”。这说明，统一质量检测在这种较为专业的，家庭种植又有一定规模的农产品上还是很有效果的。

(五)统一商标管理

“锦宁牌”商标由合作社申请并管理。只有通过合作社出售，或者经过合作社检测达到标准的韭黄才能使用这一商标。在商标与质量的匹配方面，合作社起到了监督执行和承担风险的作用。合作社领办人李某某个人就有500万元投入到这个合作社，锦宁韭黄(韭菜)的声誉也就是他个人的身家性命，因此他的利益完全被捆绑在这个品牌上。合作社的其他社员，虽然没有李某某投入的资金这么多，但是如果损害了商标的声誉，或不能获得商标的许可，一年的收入就没有了保障，所以他们也主动地维护商标的声誉，保证自己的产品达到商标使用的标准。

五、锦宁村农业推广服务的启示

锦宁村的农业推广服务是有效的，将原来一家一户小规模生产并就近销售的农产品，变成了远距离销售的，甚至出口的农产品，而这主要是农业推广的成就。那么，锦宁村、唐元镇、锦宁村韭黄专业合作社给我们提供了哪些启示？

以合作社作为农业技术服务的主体，以合作社联系农业服务的对象，以合作社监督农业推广的效果，以合作社的销售收入来激励农业技术学习的行为，既是有效的，也是低成本的。

合作社的农业推广服务使用了综合的方法——提供试验示范，提供跟踪服务，提供质量标准，监督质量标准的执行，提供农资服务。从产业链的开端——农资服务，到产业链的末尾——农产品销售，都有合作社的积极介入，使合作社的社员、领办人的利益和推广行为互相促进，使农业推广的方法有效。

在韭黄（韭菜）产业链中，政府在基础服务、技术服务、市场服务方面的作用，都依赖于合作社、村社组织与农民的联系。以合作社为中介，避免了政府与单个农民联系的高成本和无效性，又实现了政府机构与合作组织的相互沟通和相互督促。在锦宁村乃至唐元镇的韭黄产业发展过程中，锦宁村韭黄专业合作社起到了枢纽作用，也起到了推动作用（图 41-1）。

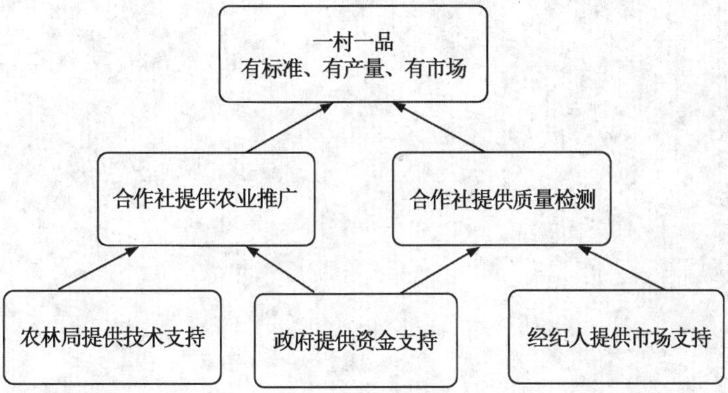

图 41-1 锦宁村韭黄专业合作社在农业推广中的枢纽和推动作用

教学指南

一、教学目标

通过本案例的学习，有助于学生理解农业推广过程中，推广人员和推广对象之间的相互关系，了解农民行为改变过程中的影响因素，合作社在农业推广过程中的核心作用以及合作社如何通过产品质量监测促使农民改变自己的生产行为。

二、理论参考

(1)农业推广经营服务就是在涉农经营过程中运用经济手段进行农业推广。经营活动与农业推广是一种相互促进的关系。从推广机构本身来看，它的内部效益是企业经营，企业获利。推广机构的外部效益是帮助农民，提高农民的技术水平，改善农民的经营模式。

(2)农民专业合作社是具有双重身份的机构。一方面，它是企业，推动农民使用新技术，企业获利；另一方面，农民本身就是合作社的股东，他们不仅从新技术中获利，也从合作社的经营中获利，使农民有更大积极性使用新技术，并在生产中共同学习和相互监督。

(3)农业推广经营服务是真正灵活的推广机制，鼓励多渠道的农业推广；是真正的利益机制，鼓励有效的农业推广，推广者从中得到好处。农业推广经营服务也鼓励推广对象真正地参与和投入，因为农民对花了钱的事情可能更在乎，对于与收入挂钩的技术，农民也会更积极地去学习和使用。

三、思考题

1.请站在合作社负责人和普通社员的角度，分析他们使用或不使用标准化生产技术的利弊，从而分析在这个案例中，是什么力量在推动标准化技术的使用。

2.农产品质量监督对于不同规模的生产者，其监督效果是不同的。本案例中，合作社对不同批次的韭黄进行抽样检测，能起到对质量的监督作用吗？为什么？

（李晓铃）

案例42

河北省鹿泉区农业推广区域站的探索

案例背景

河北省石家庄市鹿泉区有 4 个区域站,推广人员 17 人,每个区域站的服务半径超过了 20 km,推广人员与农户的比例超过了 1∶10 000,推广人员严重不足。依靠政府增加农技人员数量非常困难,且农业部门无力掌控。因此,鹿泉区域站通过服务手段的创新和组织管理的创新发挥了推广人员潜力,提高了区域站的服务水平。

案例内容

一、鹿泉区农业推广区域站的服务手段创新

(一)远程服务

鹿泉区农业推广区域站综合运用电视、电话、网络等现代化服务手段,加强远程服务能力。该站开通了智能咨询和人工咨询电话相结合的农业科技咨询热线,方便了群众全天候查询;建立了上联省市专家的农技面对面视频系统,实现了专家远程技术会诊,拉近了专家与农民的距离;在全市 208 个村开通了党员远程教育网,农民不出村可随时收看专家科技讲座;搭建了农民与农技人员交流的平台,解决了与专家见面难的问题;建设村村通大喇叭工程,每天定时播报生产、生活等信息,对农民进行再教育。

(二)一线式服务

该区域站以指导、培训、示范等手段组织推广人员走向一线开展服务,做到"问题在一线解决,服务在一线体现,经验在一线总结";坚持把包村联户示范活动作为农技服务的重要抓手,每个区域站建立一个科技示范基地,每个推广员联系 3～5 个示范户,以少数人带动多数人。

(三)大众传播服务

该区域站在村里建设科技宣传栏,发放技术明白纸,加深农户对关键技术的记忆;收集整理了大量的包括乡村干部、快易通进村服务站、科技示范户、专业合作组织、农户等在内的手机号码,利用政府专网的短信发送功能,及时发送科技、病虫害防治等信息,提高了服务时效性,较好地解决了农业科技服务入户难的问题。

（四）多元化协作推广

该区域站积极与农业院校、科研院所合作，引进先进技术，推广先进项目，引导产业发展；发挥农技推广体系的技术、信息优势，扶持发展农民专业合作社，形成了上联市场、下联基地和农户的新型生产方式，解决了综合服务效能不高的问题。

二、鹿泉区农业推广区域站的组织管理创新

鹿泉区将 ISO 9001 质量管理体系国际标准引入农业推广区域站的组织管理中，建立 PDCA[计划（plan）、执行（do）、检查（check）、处理（action）]工作循环管理制度。PDCA 工作循环是质量管理活动的基本方法（图 42-1），区域站的所有工作都要按照计划、执行、检查、总结处理改进 4 个环节的工作模式实施。每循环一周就要解决一部分需求问题，并为下一个循环提出新的要求，进而实现农技推广服务质量的螺旋式上升。

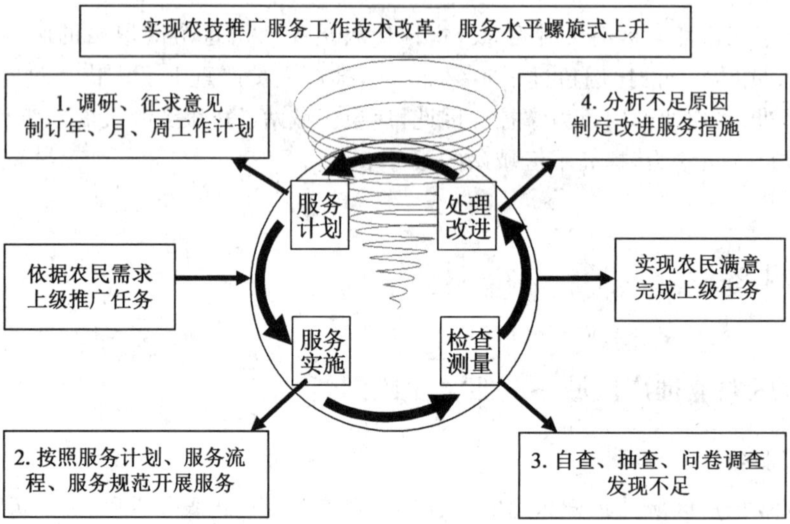

图 42-1　区域站持续改进（PDCA 循环）流程图

PDCA 工作循环管理制度的主要内容是“五化”：管理文件化、工作流程化、工作改进化、服务规范化、管理亲情化。

（一）管理文件化

在农业推广服务过程中，伴随服务活动会产生大量的信息，这是实现农业推广服务规范化和可持续改进的主要依据。为此，重点建立了三级控制文件：质量手册为第一层次文件，这是质量管理的纲领性文件；管理手册为第二层次文件，这是服务工作的标准程序；工作手册、质量记录、评审记录为第三层次文件，这是服务工作的真实反映，也是改进工作的重要依据。

（二）工作流程化

制定了工作月历、业务服务工作流程和管理控制程序。岗位工作月历主要解决谁来做、什么时候做的问题；专业服务工作流程主要解决做什么、怎么做的问题；管理控制程序主要解决支持该程序运行的制度问题。

(三)工作改进化

在服务实施过程中,按照服务计划和服务流程实施服务,填好工作日志和各种工作记录,每周召开一次调度会,每季度召开一次总结分析会,认真查找服务过程中存在的不足和问题,为改进服务奠定基础。

(四)服务规范化

按照每项工作有制度的原则,建立了包村联系制度、定期培训制度、人员管理制度等11项管理制度,做到了用制度管人。区域站每天安排一名推广人员在大厅坐诊,其余推广人员每周保证2/3时间在一线服务。

(五)管理亲情化

完善工作设备、改善工作条件,为推广人员搞好为农服务创造了宽松的条件;通过传帮带、技术培训,提高推广人员业务能力;开办推广人员讲课、讲评会,激发推广人员学业务的积极性。通过营造亲情化的工作环境打造坚强服务团队。

鹿泉区域站通过服务模式创新和组织管理创新,解决了"农民不满意、政府不满意、推广人员不满意"的问题,为其他区域站的建设、运行提供经验。

三、启示

推广人员不足是河北省的普遍现状,通过增加推广人员的数量可以在一定程度上增强服务力量,但并不一定能够提高服务效率和效果,且将给政府造成较大的财政压力,面临较多的后续问题。鹿泉区域站对服务手段进行创新,利用科技手段来化解人员的不足,同时提高了技术的入户率和服务的时效性;并通过组织管理的创新打造一支高活力的推广队伍。从这两方面来保障推广工作的高效进行。

面对服务范围过大的问题,很多区域站选择的是建立分站的方法,从实际运行情况发现,建立分站并不能够实质性地解决这个问题。同时又为基层农技推广体系的改革带来新问题,即选择跨乡镇的区域站模式还是一乡一站的模式。鹿泉模式的创新为如何解决这个问题提供了答案。创新不仅可以解决问题,还能带来更高层次的收获,这是鹿泉模式带给我们的启示。

教学指南

一、教学目标

通过本案例的分析和学习,学生能够加深对农业推广工作中怎样更有效地开展工作,现代农业推广工作必须从方式方法、组织方式上进行创新的理解和认识。

二、理论参考

一方面,对服务手段进行创新,利用科技手段来提高推广效率,同时提高技术的入户率和服务的时效性;另一方面,通过组织管理的创新打造一支高活力的推广队伍。这两方面相结合是现代农业推广的有效途径。

三、思考题

1. 政府公益性农业推广组织管理中存在哪些问题？
2. 政府公益性农业推广组织在我国的农业推广体系中的职能是什么？
3. 如何有效发挥政府公益性农业推广组织在农业推广中的作用？

（陶佩君　张瑞芳　袁伟民）

案例43

“绿岭”龙头企业牵动核桃产业的推广

案例背景

临城县地处太行山东麓，地势自西向东倾斜，丘陵山区占全县总面积的85%，人均耕地2.01亩，土地贫瘠，产出率低，农民收入一直低于国家贫困线，是国家扶贫开发重点县。河北绿岭果业有限公司(以下简称为“绿岭公司”)成立于1999年，是由临城县电信公司的几位职工自愿集资400万元，承包了位于临城县城北5 km的3 500亩荒岗秃岭组建的股份制企业。经过10余年努力，绿岭公司现已拥有员工400余人，1个总部，20万亩标准化生产基地，1 300多亩苗木繁育基地，1个餐饮文化企业，9个共计10万多m^2的核桃系列产品深加工车间及1个“河北省核桃工程技术研究中心”，注册资金9 503万元，成为北方最大的优质薄皮核桃繁育、生产、加工、销售基地。

绿岭公司作为龙头企业，通过发展薄皮核桃产业，带动和催生了绿蕾、新惠通等股份制公司37家，惠农、富民等核桃专业合作社43家，薄皮核桃栽植面积近5.5万亩，涉及农户近1万户。尤其是近5年，面积已达20多万亩，遍及全县8个乡镇、惠及10余万农民，成为临城第一富民产业。

案例内容

一、公司与农户的3种利益联结方式

该公司在经营管理上，采用“公司＋基地＋专业合作社＋农户”的产业化经营模式，通过果树承包、企业务工和返租倒包3种利益联结方式将公司、基地、专业合作社及农户连接起来。其目的就是通过与农户的利益联结，改变一家一户的分散经营，从而优化配置各种资源，让企业和农户在产、加、销各个环节中受益。

(一)果树承包利益联结方式

由该公司派生出的农民专业合作社为农民提供产、供、销全程系列化服务，降低市场风险，实现公司、合作社与农户的多赢。例如，公司实行对周边核桃种植户差价销售苗木和农资，免费提供核桃管理技术，按保护价回购核桃产品等政策。据统计，每年仅减免苗木差价和保护价回收核桃就让农民增收近500万元。果树承包利益联结方式如图43-1所示。

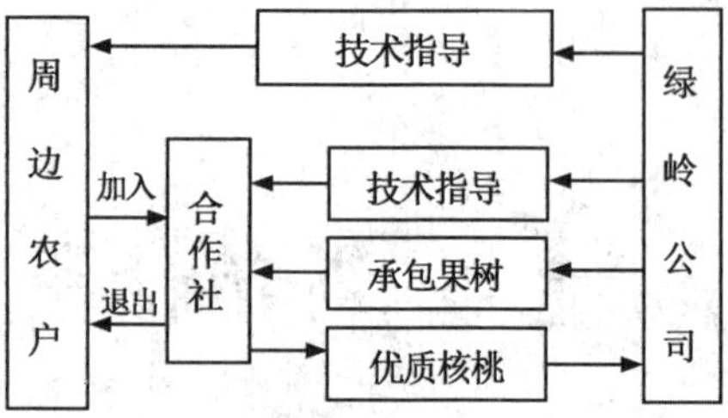

图 43-1　果树承包利益联结方式

(二)企业务工利益联结方式

农民与合作社签订用工合同,到公司务工赚取工资收入,其中土地入股的农民可优先到公司务工。通过与公司签订务工合同形成雇用关系,公司每年可雇用周边打工农民 6 万人次,为农民支付工资 500 多万元。企业务工利益联结方式如图 43-2 所示。

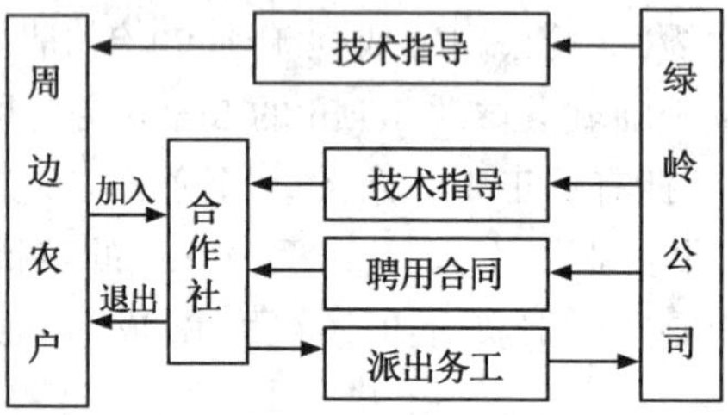

图 43-2　企业务工利益联结方式

(三)反租倒包利益联结方式

农户通过租赁、转包、入股、置换等方式进行土地合理流转,有效地盘活岗坡资源,实现土地资源优化配置。通过这种反租倒包的方式,农户不但能直接收取租金、承包费,而且还能参与年终股份分红(不参与公司的生产经营管理和投资)。反租倒包利益联结方式如图 43-3 所示。

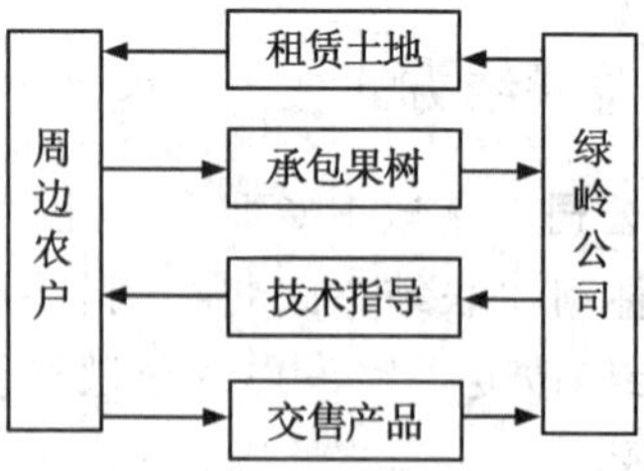

图 43-3　反租倒包利益联结方式

二、公司与专家的利益联结机制

专家以技术入股方式为绿岭公司提供关键技术服务,并通过技术、利益结合与周边农户结成利益共同体。公司为农户提供生产技术、市场信息、销售等服务，最终达到农户与企业的双赢。

绿岭公司以河北农大为技术依托，成立核桃种植技术一线帮扶团，着力培育重点村户典型，形成村帮村、户帮户、企业带农户的推广模式。

在专家指导下，全县有300多名技术能手迅速成长起来。每年5、6月份苗木嫁接时期，他们成了抢手货。他们手拿小刀、剪子，东坡走走，西沟转转，每人收入都在5 000元以上，仅此一项，就能让一个四口之家脱贫。

三、用科技创新支撑核桃产业的持续发展

十几年来绿岭公司坚持走产、学、研结合之路，将科技成果全方位地融进产前、产中和产后完整的产业链中，提升产品的附加值，抢占市场先机；先后与河北农大合作承担了国家科技部、林业局科技攻关项目4项，河北省科技攻关项目8项；“干旱丘陵岗地核桃高效生产技术研究及推广”“美国优质食用核桃、扁桃品种及栽培技术引进研究”“绿色核桃生产技术体系的研究及示范”等多项科研成果达到国际先进水平，取得了“核桃青皮脱皮机”等5项专利。

(1)针对产前，该公司在高标准机械化整地基础上，对土质较差的地块进行换土，在栽植穴里回填鸡粪与底层土充分混合，栽植时全面应用造林新技术，每年造林成活率均在95%以上。

(2)针对产中，该公司以河北农业大学为技术依托，成功选育出拥有自主知识产权的“绿岭”和“绿早”两个薄皮核桃新品种；制订了《绿色核桃生产管理技术》《绿色食品·早实薄皮核桃生产技术体系规程》两个省级技术标准，达到国际先进水平；从苗木繁育的土质要求到果树栽植的间距等多道工序，都严格按照行业标准组织生产，例如，每亩栽植核桃40～50株，全部使用有机肥、生物农药，实行单株根部滴灌、黑光灯诱杀害虫，采用全自动脱青皮机脱皮、烘箱烘干等先进技术，确保产品达到绿色、无公害标准。绿岭公司先后被国家质监局、国家林业局授予“早实核桃标准化示范基地”称号，并通过了国家绿色食品认证。

(3)针对产后，瞄准高起点、高标准的深加工，实现产业的高效益、产品的高附加值。2011年总投资3.2亿元，占地200余亩，成立了河北绿岭庄园食品有限公司。该食品公司建设了9条核桃系列产品深加工生产线(现已有5条投产达效)，项目全部投产后，年可加工核桃原果3万t，年销售额20亿元，利税1.6亿元，为社会提供3 000个就业岗位。一流的生产、研发、检测设备，保障了核桃油、核桃液(固)态蛋白饮料、核桃营养糊(粉)、核桃奶片、核桃肽、核桃胶囊6大类、20多个单品的高品质。2011年首届中国核桃节上，该公司的“绿岭智U核桃乳”荣获核桃乳类唯一金奖。

教学指南

一、教学目标

通过本案例学习，学生能够对“公司＋基地＋专业合作社＋农户”这种农业推广模式有全面的认识，并能深入了解这种农业推广组织模式的含义。

二、理论参考

(1)公司在农业推广体系中采用“公司＋基地＋专业合作社＋农户”的产业化经营模式。通过与农户的利益联结机制，改变一家一户分散经营、优化配置各种资源，让企业和农户在产、加、销各个环节中受益。

(2)企业日益成为农业推广的主体，需要有效地把企业的经济效益与农民收入结合起来，从而使农民主动学习和相互学习的机制成为农业技术推广成功的关键因素。

三、思考题

1. 以涉农企业为主体的农业推广组织管理中存在哪些问题？

2. 以涉农企业为主体的农业推广组织在我国农业推广体系中的地位和作用是什么？

3. 如何有效发挥以涉农企业为主体的农业推广组织的作用？

（陶佩君　张瑞芳　袁伟民）

案例44

基层农资经营人员资格认证与管理

案例背景

农资经营人员在农技推广工作中扮演了重要的角色，他们为农民群众提供种子、农药、化肥等农业生产资料的同时，积极开展配套的便民技术服务，为促进农业增效、农民增收做出了积极的贡献，被农民群众称作乡村“土专家”、农民的“贴心人”。但是，随着我国经济的进一步发展，市场经济的进一步完善，特别是我国加入 WTO 后，对农业职业实行职业准入制度，规范农资经营人员的行为势在必行。安徽省舒城县农委针对本县的实际情况，开展了农资经营人员从业资格的认证和管理工作，在农资市场进行规范管理方面进行了有益的尝试，起到了很好的效果。

舒城县位于安徽省中部，地处巢湖之滨、大别山南麓，距省会合肥市 45 km，自然形成由西南至东北的山、丘岗兼有的地形，属于亚热带季风气候，气候温和、湿润。县域面积 2 100 km^2，耕地面积 66 万亩，水田 56 万亩，山场面积 153 万亩，水域 27 万亩。农业主要以种植业、养殖业为主。全县形成了圩畈区的优质粮油、白鹅、虾蟹，城镇郊区的蔬菜、苗木花卉，丘岗区的经济林果、肉鸡、生猪，山区的名优茶、中药材等特色经济区域，现有优质粮油基地 40 万亩、名优茶基地 6 万亩、蔬菜基地 10 万亩、竹业基地 3.5 万亩、栗园 30 万亩、油茶基地 10 万亩、蚕桑基地 1 万亩、中药材基地 7 万亩，以及年产 40 万头生猪、500 万只白鹅、1 600 万只家禽和年产 1.5 万 t 水产品的畜禽水产养殖基地。全县粮经结构比例为 5.6∶4.4，种养结构比例为 5.5∶4.5，一二三产业产值比例为 37∶35∶28。全县辖 21 个乡镇、1 个经济开发区和 490 个行政村，总人口 98 万，其中农业人口 86 万，农村劳动力 48 万。

2002 年以前，该县农资经营户达 800 多家，除农业技术推广站、供销社、科普服务部经营种子、农药、化肥等产品外，小百货商店、小摊贩、村组代销店等也代销农资产品。在农资经营人员中，只有部分人员懂技术，大多不懂或懂得很少，有的没有文化或只有小学文化，不能向农民群众介绍种子、农药、化肥等的使用常识和配套的农业生产技术，不适应农资经营的基本要求。鉴此，该县农委从 2003 年开始，与县工商等有关部门联合，在加强农资市场管理的同时，注重以人为本，抓好农资经营体系建设，积极开展农资经营人员的职业技能认证和业务培训，不断提高业务素质，充分发挥他们在农技推广工作中的作用。

案例内容

一、开展职业技能认证

2003 年 9 月，根据国务院办公厅国办发[1999]60 号，农业部农人发[2000]4 号，劳动部和社会保障部、教育部、人事部、国家发展计划委员会、国家经济贸易委员会、国家工商行政管理总局联合下发的劳社函[2001]119 号，劳动部劳部发[1997]258 号和劳动部、国家工商行政管理局联合下发的劳部发[1995]459 号以及安徽省政府《关于印发〈安徽省农业科技发展纲要(2001—2010 年)的通知〉》(皖政[2001]102 号)等文件精神，并结合该县的实际情况，该县农业部门会同劳动、工商等部门联合开展农资经营人员职业技能认证培训，对全县农资经营人员进行资格审核、培训与考核，经培训考核合格后，对符合条件的经营户颁发农技推广员职业资格证书。对文化程度偏低(初中以下)、无固定经营场所等不符合条件的经营户，坚决取消其经营资格。经培训考核，获得职业资格证书的经营人员共 517 人，全部实行持证上岗，提高了农资经营从业人员的整体素质，扭转了过去经营摊点多乱杂、经营人员素质不高的现象。

二、定期开展业务培训

2003 年以来，县农委、工商局于每年春季联合举办一次全县农资生产经营人员培训班，聘请安徽农业大学、安徽农业科学研究院以及六安市等有关部门的专家授课，帮助他们学习农业法律法规，掌握新品种、新技术、新信息，更新业务知识，更好地为农民群众提供优质服务。每年培训达 400 多人次，多数经营户在培训中学到了农作物栽培、病虫草害防治、配方施肥等技术。

三、建立守法诚信经营信誉档案

县农委、工商局每年组织开展一次全县“农资守法经营先进企业(户)”评选活动，在年度培训大会上，对守法诚信经营的先进单位和经营户予以表彰奖励，授予奖牌。如 2007 年 2 月，对 2006 年度“十佳农资守法经营单位”进行了表彰奖励，通过各种途径树立先进典型，大力营造“守法经营，诚信服务”的氛围，构建守法诚信经营信誉、信念。

四、规范农资经营秩序

一是规范经营门点，严格要求证照摆在明显处，经营人员持证上岗，店面整洁，农资产品分类存放，摆放整齐；二是建立经营档案，每个经营户都要建立健全种子、农药、化肥经营档案，对县级源头单位实行农资产品经营备案制度，填报《舒城县农资产品备案登记表》，掌握产品进出库的品种和数量；三是规范经营产品，引导广大经营户坚持守法诚信经营，经营产品合法、质量合格、标签标识规范的农资产品。所经营的种子要通过国家或本省品种委员会审定(认定)，且标明适宜种植区域，经营的农药、化肥要经过国家登记备案。

五、加大监管和执法力度

县农业、工商等执法部门在搞好服务的同时，加大市场监管检查力度，严厉查处和打击违法、违规经营行为，确保农民买到合格放心的农资产品，确保农业生产安全，农民增产增收。

通过开展农资经营人员的从业职业认证和管理工作，提高了从业人员的法律观念和技术素质，规范了农资经营人员的职业行为，对全县农资市场的规范管理都起到了很好的推动作用，农民也非常放心地使用农资产品。自从开展农资经营人员的从业职业认证和管理工作以来，有关假劣农资案件明显减少，为农业增产、农民增收起到了很大的推动作用。从2003年开展此项工作以来，已有40多家经营户被授予“农资守法经营先进企业(户)”称号。在2006年稻飞虱发生时，万佛湖镇农资经营户孙良圣运用所学的技术，到田间地头手把手地帮助20多户农民购药防治稻飞虱，防治面积达300多亩，取得了良好的防治效果，防治田块基本没有造成减产损失。2006年该县粮食总产达33万t，油料总产3万t，农业总产值27亿元，农民人均纯收入2 557元。

但是也出现了新的问题，如有的经营户认为，在对农资经营人员的管理工作中过于笼统，应该根据不同从业人员性质，进行分门别类地开展培训工作，并要分类指导。因此，该县农委正组织有关人员着手研究、解决此问题。

教学指南

一、教学目标

通过本案例的分析和讨论，有助于加深学生对农业推广体系改革与发展中，农业推广服务专业技术队伍人员管理的准入制度和考核培训机制建设的必要性和紧迫性的认识，同时了解实践中具体做法与问题。

二、理论参考

(1)农资经营人员由专门推广机构、供销部门、群众性农业技术服务组织、社会团体及个体户等多种成分组成，他们属于农业技术推广服务人员的一部分，按照农业推广服务人员的管理要求，应该具备完成和胜任推广工作所必需的职业道德素质和业务素质。对这部分人员的管理，除了使其掌握相关经营技能外，还应该通过在职培训的方式，进行职业道德、基础专业知识、实用技术教育和推广理论教育，要求他们掌握新技术、新信息，不断提高服务质量。

(2)物化类科技成果将科学知识赋予有直接应用价值的有形载体中，具有商品性、时效性和适用范围的选择性等特点。这类科技成果的推广，除了体现经营者的效益外，还需突出推广使用范围的针对性和及时性。

三、思考题

1.农资经营人员进行从业资格认证工作，在农业技术推广和服务中起到什么作用？

2.针对农资经营人员进行从业资格认证工作中出现的新的问题，你认为应该采取什么样的措施？

(曹流俭)

案例45

县域多元农业推广组织协同推广

案例背景

我国目前存在着多种农业推广组织类型，其中，行政型农业推广组织在我国占据主导地位，应该发挥其协调、监督和服务的作用；企业型农业推广组织尤其在资源配置中发挥越来越重要的作用；科研型农业推广组织在农业技术研发、人才培养和促进科技成果推广和转化方面具有独特重要性。现代农业推广服务需要多元农业推广组织的互动与合作，这也是提高农业推广绩效的重要途径。在农村发展实践中，各推广组织如何协同合作服务于广大农户和农业企业？尤其对于农村特色产业发展，推广组织如何发挥协同作用以增强推广的效果？本案例中对河南省正阳县政府部门、农业企业、科研机构以及合作社协同促进地方花生产业发展的分析，有助于理解多元农业推广组织合作。

河南省正阳县地处河南省东南部的淮汝之滨，总面积1 903 km^2，其中耕地面积210万亩，总人口85万人，是一个典型的农业大县。其花生种植面积170多万亩，是该县主导优势产业，且正阳花生是国家地理标志保护产品。2017年9月，正阳县被农业农村部、财政部批准为第二批创建国家现代农业产业园。园区规划面积150 km^2，其中耕地面积17万亩，人口6万人。在一年内建成了“四个基地”和“六个中心”，花生产业也实现了六大跨越，“正阳花生”被农业农村部评为“中国百强农产品区域公用品牌”，正阳县被命名为“中国花生之都”“中国富硒花生产业化基地县”“中国(国际)花生产品交易中心”“全国花生生产第一大县”。正阳县还荣获“全国主要农作物生产全程机械化示范县”“全国种养结合整县推进示范县”“一县一业全国农产品加工发展典型”“全国农村创业创新典型县范例”等荣誉称号。正阳县花生产业在短时间内实现了大跨越，除了政策上的原因之外，多元农业推广组织互动合作也起到了非常关键的作用。

案例内容

正阳县立足于农业发展实际，以特色花生产业园建设为载体，在农业推广改革和建设中，多元农业推广组织为用户和农业企业提供农业推广服务过程中的做法如下。

一、政府部门与企业协同促进花生产业链条延伸

正阳县政府部门围绕地方特色花生产业采用自上而下的项目方式开展推广工作。政府出

台《正阳县国家现代农业产业园招商引资的优惠政策》和《正阳县加快花生食品加工企业发展的意见》，鼓励龙头企业投资花生精深加工业。2018年，在正阳县政府的努力下，鲁花“国家品牌计划”龙头企业落户正阳。投资20亿元的正阳鲁花年产15万t浓香花生油加工项目年销售收入10亿元，利税2.5亿元，带动就业300余人；投资20亿元的花生天地项目，集花生休闲食品、花生文化展示为一体，打造“农业＋旅游＋文化”的花生全产业综合体；投资15亿元的温州特色食品产业园，已开发研制花生休闲小食品12种；投资10亿元的正花食品产业园，集产品研发、食品加工、冷链物流于一体，加工各类花生食品20多种。花生系列产品加工实现集群式发展。

二、企业与合作社协同完善产业化过程中服务体系

围绕耕、种、管、收、储、销等环节，完善企业与合作社等推广组织提供全产业链闭环形式的社会化服务。

例如，正阳万邦农民专业合作社与河南邦农种业有限公司（以下简称为“邦农种业”）合作，采用邦农种业推广的新品种豫花37高油酸花生，形成统一供种、统一栽培、统一技术、统一供肥、统一管理、统一回收的“六统一”模式，探索出高油酸花生的规模化、标准化种植模式，单这一项就使亩均增收1 000元。邦农种业成立于2008年，与河南省农科院、河南省农业大学等高等科研院校结为科技合作伙伴，是按照现代企业管理制度组建的集科研、生产、销售、服务为一体的现代高新技术种子企业。公司发展至今拥有职工47人，各类专业技术人员32人，仓库面积2 800 m^2，晒场5 200 m^2，技术力量雄厚，检测体系完善，加工设备先进，管理制度严格，售后服务一流。公司在孟州、南阳、正阳等多地建有常年相对稳定的花生种繁育基地5万亩（其中绿色花生食品生产基地2 030亩），小麦种子基地3万亩，大豆种子基地2 000亩。2015年，邦农种业出资300多万元与河南省农科院张新友院士团队合作开发推广中国花生革命史上的花生新品种高油酸花生，截至2017年，推广面积达到了3万多亩，使当年正阳花生产业增收3 000多万元。

再如，正阳红旗种养殖农民专业合作社（以下简称为“红旗合作社”）成立于2017年5月，是正阳县原野科技有限公司主导创立的股份制农民合作社，主要从事土地托管业务，有5年的社会化服务经验，总投资6 000万元，占地20 000 m^2，具有农业农村部农药定点生产企业资质。红旗合作社与国内众多知名的农业生产资料制造商有合作关系，中国农科院、中国农业大学、河南省农科院均长期提供技术及产品研发支持。红旗合作社在园区内建立村级分社26个，为社员提供农业技术和农业生产资料的一站式配送服务，减少了中间环节，把优质产品、先进农业种植技术和农业机械化服务以最优惠的价格送到农民手中，亩均增收节支600元以上。合作社还提供与农业生产经营相关的植保技术的指导和培训，大力推进测土配方肥、腐殖酸、土壤修复剂的研发、生产、施用指导等，同时提供大型农机具集中租用服务，通过深耕达到改良土壤、破除板结，减少化肥、农药使用的目的，为农民生产有机绿色农产品，增收致富和国家粮食安全做出贡献。

此外，正阳县喜洋洋标普农业和正阳牛打药队聚焦农作物病虫草害的绿色防控。通过与大企业合作，他们为农户提供机械租赁、无人机植保作业等经营服务。其中，无人机植保作业不仅提高了效率，节约了成本，还为园区内土地流转、规模经营奠定了基础。

三、科研团队与企业、政府协同形成科技支撑模式

正阳县出台《正阳县高层次人才引进与管理办法》，聘请中国工程院院士、花生首席专家张新友等6个体系的60多名专家学者，现场指导园区创建和花生种植工作；成立了首个国家花生产业技术体系成果转移转化中心，建立了1个院士工作站、5个博士工作站。张新友院士团队不仅助力邦农种业研发、推广花生新品种，还针对当地的黏土地种植条件研发出起垄种植技术。这种技术能够防水分流失、防旱防涝，并有利于花生耕种和收割"全程机械化"，因此得到迅速推广。科研院所和企业研发提供优质花生品种，农业技术推广人员下村到户进行宣传或者通过讲座向农户传达新品种的优越性以此进行推广，政府出资购买新品种，然后免费发放给科技示范户，并免费提供化肥等农用物资鼓励其进行试种，由此形成了"科研院所＋农技人员＋新型职业农民"的三级技术服务体系和"专家组＋农业技术人员＋科技示范户＋辐射带动户"的技术服务模式，极大地提高了花生产业发展的科技水平。政、企、研协同推广实践还体现以下几方面。

(1)正阳县政府牵头，河南豫丰机械有限公司与青岛农业大学开展战略合作，引进花生机械并推广。

(2)以河南省农科院为依托，正阳县建成了高油酸花生良种繁育中心。花生良种与普通花生产品相比，每千克价格可增加2～3元，仅此一项，每人每年平均可增加收入1 500元左右。

(3)正阳县与中国油料加工所食品加工研发专家团队开展了合作。2018年8月，正阳县建成了以油脂加工、蛋白质加工和综合利用为重点的全国花生加工研发中心，总面积达7 000多m^2。

(4)河南省唯一的花生及产品质量检验检测中心建成，通过引进国际尖端科技和装备，引进相关人才，提高花生产品质量检测能力。

教学指南

一、教学目标

通过本案例的学习，学生能够对农业推广组织以及农业推广组织协同合作等主要内容有更深入的理解，认识到多元农业推广组织协同的重要意义。

二、理论参考

(1) 农业推广组织的类型主要分为5种，分别是行政型农业推广组织、教育型农业推广组织、科研型农业推广组织、企业型农业推广组织和自助型农业推广组织。

(2) 不同的农业推广组织内部管理需要遵循一定的原则。农业推广组织之间的互动和协调也需要注意处理好政府和非政府之间的关系，发挥自助型农业推广组织的纽带作用，突出企业型农业推广组织的资源配置作用，完善科研、教育和推广服务相结合的机制，以创新促进组织间的互动。

三、思考题

1.结合本案例,谈谈多元农业推广组织协同有哪些模式。

2.结合本案例,谈谈行政型农业推广组织主导地方产业发展推广项目有何优势。

3.促进农业推广组织之间协同合作,有哪些方面需要注意?

（乔佳梅）

案例46 中国农业大学曲周农业技术推广组织模式创新

案例背景

大学农业科技推广具体功能就是要把农业科学技术顺利地由技术源区传递和扩散到技术受益区，由潜在生产力转化为现实生产力，发挥技术的增产和增效作用。近年来，在国家科技兴农政策的支持下，农业院校部分学科结合专业特色，积极投身农业技术推广领域，在农业推广中发挥着日趋重要的作用。目前，大学推广模式主要有：河北农业大学的“太行山道路”推广模式，南京农业大学的“科技大篷车”模式，东北农业大学的“农业专家在线”模式，西北农林科技大学“专家大院”的推广模式和中国农业大学的“科技小院”模式等。其中，中国农业大学的“科技小院”模式发展态势良好。最近，在河北省曲周基地成功的基础上，相继建立了广东徐闻“科技小院”、广西隆安“科技小院”、安徽定远“科技小院”、四川射洪“科技小院”和甘肃张掖“科技小院”等，该推广模式具有很强的辐射示范效应，并已收到了良好的社会效益。

本案例从中国农业大学在曲周的农业推广组织内部结构、组织运作过程及运作表现等3个方面为切入点，介绍中国农业大学在曲周的农业技术推广组织模式，试图阐明该组织运作机制和创新点，为大学农业技术推广组织模式的研究提供可以借鉴的经验。

案例内容

中国农业大学曲周农业技术推广组织（以下简称为“中农大曲周推广组织”）是具有人才优势的小规模、有机组织机构，其去中心化的组织形式和全方位的组织成员链接模式有利于组织的沟通。通过县政府领导参与实验项目及推广计划的制订，实现该组织目标与政府农村政策目标的结合；通过与农户的沟通，研究其技术需求，尽量设计出科学、合理和高效的技术支持路径；通过在村建立农业专业合作组织及构建多元化的科技培训系统，以期实现农业技术推广的长效机制，同时也有助于形成学校、政府、农户三方互动式的激励和约束机制。基于以上要素构建了中农大曲周推广组织推广模式（图46-1）。

本组织通过组合县乡农技人员、河北农科院研究员、中国农业大学教授、农业企业和农户科技带头人，以期形成大学农业技术集成优势；以基地（示范基地、多功能科技小院、农大曲周实验站）和多元化的培训体系为农业技术扩散平台；同时，试图在有效地激励及促进学科发展的机制下，实现该组织确立的目标，促进河北省曲周农业的发展。

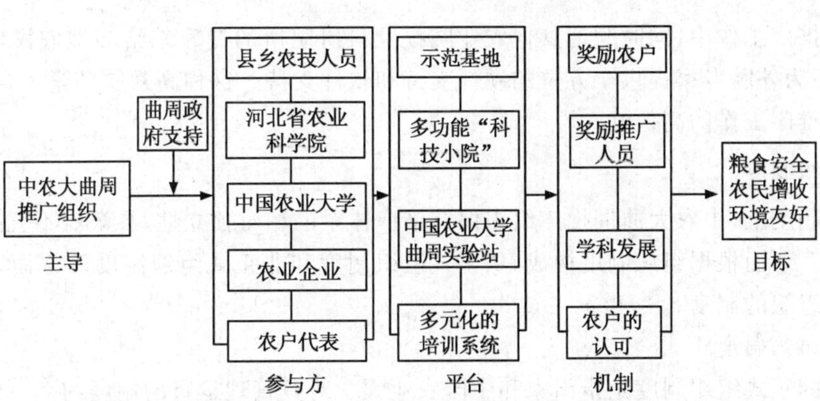

图 46-1 中农大曲周农业推广组织推广模式

来源:根据中国农业大学曲周农业技术推广组织调研资料编制。

一、组织的系统结构

(一)注重多方位链接的内部关系网络

中农大曲周推广组织主要由该校资源与环境学院的部分教师和研究生组成,直接受学院院长领导,院长主管该组织的宏观活动策划和政策方向的制订。教授为具体管理者,组织实施曲周县所有“高产和高效”示范基地的技术试验和农业技术推广工作,同时,教授也负责新技术推广基地开发及乡镇技术人员的管理等工作。

中农大曲周推广组织建构的是一个多方位链接的内部关系网络。该组织在曲周建有教学、科研和生活功能齐全的“科技小院”,主管教授、教师和研究生都住在“科技小院”的生活区。这使得组织成员教授、教师和研究生之间形成较强的连接关系,沟通方式以面对面交流等宽通道方式为主。这种沟通方式具有快捷和信息量大的优势,能保证成员遇到事情可立即和教授、教师沟通进行解决。同时,保证组织成员间的有机合作、共同实验、技术互补和相互支持,突出了团队作战在农业技术推广中的优势。该组织的教师与县农技人员和农户代表也建立起强连接的关系,从而有利于组织准确了解农户的技术需求和实验基地的实际情况。

这种多方位链接的内部关系网络,使组织内部形成去中心化的组织形式,所有组织成员都是直接服务农户。在具体工作中,组织成员共同制订试验和推广计划。聘请农户代表参加田间试验的工作,以便直接反映农户们的技术需求,也有助于及时修改试验内容和技术服务方法。而且乡技术员和农大师生们一起工作,随时可以相互交流和学习。

(二)注重效率、素质和合作的推广组织

中农大曲周推广组织属于小规模的组织,由 18 人组成,其中 5 人具有高级职称,13 人是研究生。尽管规模小,但该组织却在较短时间内实现了对全县农村全覆盖的技术培训和技术推广,在曲周的农业技术推广中发挥了较大的作用。这种有效运作的实现,重要的原因之一是农业院校具备人才优势。该中农大曲周推广组织的成员全部为研究生以上学历,38%为高级职称,与政府的农业技术推广组织成员结构相比,具有明显的高素质人力资源优势。同时,该组织不仅注重内部成员之间的通力合作,也很注重与组织外部的合作。首先是与曲周县农业局技术员和县农技推广站人员密切合作,还把其中的 3 名乡镇技术员编入组织,参与到具体的

实验和技术推广工作中,同时聘请其他农业院校及科研院所的专家来给当地农民和技术员进行指导,组织为外聘专家提供全方位的硬件支持和软件支持。这种高素质和紧密合作的组织,保证了组织推广工作的高效性。

(三)组织制度

在组织制度上,中农大曲周推广组织保持推广体系的相对独立性,县政府不直接干预组织的推广活动。下面根据组织制度构成,从正式组织制度和非正式组织制度两方面来介绍中农大曲周推广组织的制度。

1. 正式组织制度

该组织的正式组织制度是指国家和中国农业大学对其管理运行的制度约束。中农大曲周推广组织所进行的科学研究及农业技术推广内容是结合当地的农业生产现状,围绕国家立项的“黄淮海平原中低产土壤综合治理技术模式研究与示范”子课题的项目目标与内容而展开的。该项目研究目标是“系统研究本地区后,提出促进作物高产和高效的技术模式。建立示范基地 4～6 个,通过技术示范,土地生产力提高 25%～30%”。这一目标就是中农大曲周推广组织的正式组织制度之一,教师根据目标设计研究子课题,研究生围绕目标作毕业论文,组织成员的工作内容都是以最终实现项目目标而进行的。中国农业大学的相关政策也被列为该组织的正式组织制度。从 2006 年开始,中国农业大学试行农业推广教授制度,5 年累计选派 100 名教授奔赴试点农村,每人每年都将在农村服务 6 个月。这些教授的年终考核破除只看论文的规则,考核结果直接与教授在农村的实际工作效果挂钩,并建立当地农民对教授的评估系统等。学校的这一政策极大地促进了中农大曲周推广组织中主导教师的工作积极性。

2. 非正式组织制度

中国农业大学的校园文化是该组织的非正式组织制度。中国农业大学的校园文化本身就赋予了该组织成员全心全意服务于农业技术推广的责任感和使命。教授和研究生受身份一致性影响,教师要为人师表,以身作则,学生要尊敬老师,虚心学习,听从老师的指导等,这些都是自然的规则,已经注入人们的惯性之中。同时,中农大曲周推广组织具有良好的组织文化,组织成员倡导“善于总结和学习、领袖精神和高情商”等组织文化,激励教师和研究生努力工作,全力推进农业技术推广工作。

二、组织运作过程

组织运作过程是指组织结构内各个工作单位或人员在执行组织计划、实施组织预定工作活动时的决策和控制过程。以下将从 6 个方面研究中农大曲周推广组织的运作过程。

(一)长期与短期目标的构建

有效的组织运作首先是明确组织运作目标。根据承担的国家项目目标及曲周县农业发展的现状,中农大曲周推广组织制订的短期目标是建立 200 亩核心示范区,辐射 20 000 亩,实现玉米万亩集中连片亩产 700 kg,核心示范区达到 800 kg,冬小麦亩产达到 500～600 kg,提高 10%～20%的肥料利用效率;长期目标是探索新型高产、高效技术推广模式,发展现代农业并实现该推广模式由曲周扩散到华北地区。该组织在充分调研基础上,提出改善当地土壤质量和提高农业生产效率是实现项目目标的关键,在具体工作中采取“以点带面”的策略,先建立示范基地,技术和经验成熟后再大面积推广。

(二)与政府关系平台的构建

中农大曲周推广组织积极与曲周县政府和相应各级乡镇组织合作，这是该组织顺利展开农业技术推广工作的关键环节。经过学校和学院领导与曲周县领导的协商，双方共同创建曲周县高产和高效万亩示范基地领导小组，县政府以正式文件将具体实施方案和办法通知全县各级乡镇组织和农户。这为中农大曲周推广组织的具体运作提供了制度保证，搭建了良好的全方位开展工作的基础。

(三)与农户沟通平台的构建

中农大曲周推广组织在曲周白寨乡建起了最直接与农户对接的平台——“科技小院”，“科技小院”紧邻农村和农田，具有保证组织成员生活、学习和科研的功能，更重要的是提供了直接与农户沟通的平台。农户可随时到此反映他们生产中遇到的实际问题，组织成员在小院内也根据具体生产情况召集农户，举办相应的培训，指导生产。“科技小院”已成为中农大曲周推广组织成员接触村民、增进感情、参与生产、学习提高、举办活动和扩大组织影响的平台，因此其推广模式也被称为“科技小院”模式。该组织在曲周建立了 3 类典型科技小院，即“小麦/玉米科技小院”“西瓜科技小院”“果树科技小院”。

(四)根据农户的农业技术需求建构服务策略

中农大曲周推广组织基于农户的技术需求，设计技术支持路径。经过向农户调研，发现阻碍技术应用效果的五大因素是地块小不成规模、机械化程度较低、肥料施用不合理、技术服务不到位和农民科技素质低。该组织在白寨乡选定的核心示范区土地面积 163.8 亩，分属 72 块田地和 59 个农户。针对土地过于分散而不能使用大机械和规模化生产的实际问题，该组织建议对土地进行联合“大方”操作。“大方”是指把分散土地联合成大块土地。为了便于农户在“大方”土地上找到属于自家的土地，他们在地下埋有分界用的橛子，上面有农户的编号。地块联合成“大方”实现了规模作业、统一操作、集中服务，大机械有了用武之地，明显提高了土地利用率。这既实现了“土地不流转”，又能规模化耕作，而且农民满意，同时也为现代农业技术的有效利用提供了保证。

由于这些土地大约 20 年未深耕过，于是该组织指导农户利用大型农业机械深松土壤和追肥，从而为小麦和玉米等农作物提供最适宜的土壤生长环境。中农大曲周推广组织经过两年多的实践探索出适合双高示范基地的技术为：选用优良品种、测土配方施肥、深耕深松土壤、精量播种技术、机械追肥技术、化控防倒技术、玉米晚收保产技术和病虫害综合防治等(图 46-2)。

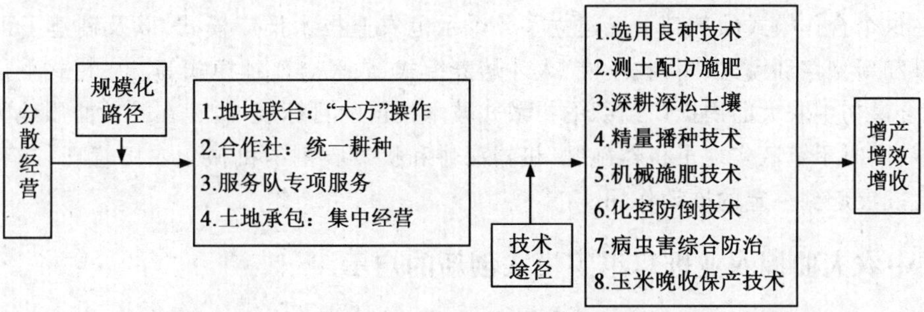

图 46-2　中农大曲周推广组织技术应用模式

来源：根据中国农业大学曲周农业技术推广组织调研资料编制。

(五)协助农户建立农民专业合作组织

中农大曲周推广组织提出农户建立自己的专业合作组织可以实现自我管理,有助于实现持续性发展和推广的农业技术有效应用,于是协助建立了多个专业合作组织。如协助北油村农民吕玉山在村里成立了玉山农业机械合作社,然后由他组织利用机械对全村"大方"土地进行深耕松土、播种、追肥、喷药和收获,大大提高了农业管理的效率,实现粮食增产,提高农户的收入。这种类型的农民专业合作组织也能有效地协助该组织进行推广,并有助于实现农业技术推广的长效机制。

(六)构建多元化科技培训系统满足不同农户需求

科技培训是农业推广过程的重要方式。中农大曲周推广组织通过两年的实践,在曲周创建了完整而系统的技术培训服务体系,形成了县有技术服务中心,乡有区域站,村有"科技小院"的三级体系。其具体培训方式分为:"户"有科技长廊自学培训和科技小车流动培训,"村"有进村入户上门培训、现场观摩互动培训和田间学校系统培训,"乡"有科技讲堂集中培训。

中农大曲周推广组织主管教授较好地概括了培训结果及意义:传递政府关怀,拉近了政府与农民的距离;传授了知识技术,提高了农民的科技素质;了解了农民需求,加强了相关研究的针对性;锻造了农技队伍,加强了农技人员的服务能力;构建了服务网络,提高农业技术入户的效率和促进了县、校融合,形成了农业跨越发展的合力。

三、组织的运作表现

(一)短期目标的评价

第一,从覆盖面积看,2010 年末,中农大曲周推广组织建立核心示范区 280 亩,辐射到 60 000 多亩,已远超预期目标。目前,该组织的示范基地技术正在向全县区域扩展。第二,从产量目标看,万亩示范区小麦和玉米比没有采用双高基地技术的平均亩产均增产 17%,已经接近预期目标。如果考虑效率因素的话,实际粮食增加应该到了 20%以上,因为在该组织的技术支持下,每亩地减少了化肥的投入,"大方"土地也提高了播种、施肥和收获的效率。第三,从农户收入变化上看,小麦每亩增产 63 kg,增加收入 165.06 元/亩。玉米每亩增产 84 kg,增加收入 188.16 元/亩,基本实现预期的增收目标。

(二)长期目标的评价

通过两年多的农业技术推广,该组织建立和完善了本组织与县政府合作的农业技术推广模式。在这个合作模式的基础上又建立了 4 个示范农业技术推广模式,以及创建了可操作的技术模型和新型培训模式、"科技小院"人才培养模式、农民合作社模式等。主模式下衍生出子模式,符合最初中农大曲周推广组织的扩散式技术推广的目标规划,正在推动曲周地区的农业技术发展,同时示范区实现了机器施肥、机器深耕和机器收割的机械化农田管理,这对曲周现代化农业发展起到一定的推动作用。

四、中农大曲周农业推广组织模式创新的启示

(一)动力机制创新带动组织模式的创新

动力机制是组织行为最重要的激励因素,良好的组织行为应建立在明确的动力机制基础

之上。中农大曲周农业推广组织的动力主要来源于国家和学校，县政府(县农业局、县农技推广中心)和农业企业或农户。政府推动力、技术推广力和需求拉引力是农业推广动力系统中3种最基本的动力要素。该组织成功因素之一就是这三方面全面协调配合的结果。县政府借助农大技术实现粮食增产，农业大学借助农业推广可以得到政府支持，可以申请到国家科研资金，有了科研资金可以促进学科发展，应用型科研成果才能满足农户的需求，农户需求的增加才能继续进行农业技术推广。曲周县政府的推力巨大是因为他们要实现吨粮县，农业大学的推力大是学科发展的需要，农民需要农业技术的引力大是因为当地土地分散，土壤长期没有深松已经变结块，农业植物病虫害等急需技术支持，这3种合力推动了中农大曲周推广组织模式的有效发展。

(二)中农大曲周推广模式存在差异性和多功能性

中农大曲周推广组织根据乡、村的技术需求建立推广模式，所以他们的技术模式是满足农户不同需求的技术模式。如白寨乡为小麦玉米技术服务模式，大河道乡为西瓜玉米间套技术服务模式，槐桥乡为特色林果产业服务模式和生态保护服务模式等。它的多功能性表现在既为农村发展服务，又为大学培养人才服务。以农业技术推广为载体，实现了理论与实践相结合，形成中农大独特的研究生培养模式。曲周县县长和书记被聘为学生的指导教师，他们与教授一起来指导研究生。学生的选题来源于他们自己在农村的实践中发现的问题，而不是在书本上找到的问题。这样学生可以把理论与实践相结合，学习与农业技术服务相结合。学生被县里聘为农业技术员，增强了他们解决实际问题的动力。教授对学生的评价是综合能力的考核，而不只是看他们的论文水平，还要看他们到底为“三农”服务做了什么贡献等，这在人才培养上是值得借鉴的。

教学指南

一、教学目标

通过本案例的学习，有助于学生认识农业技术推广组织的多元化发展现状，了解大学农业技术推广的运作模式和内在发展动力以及内在关系结构，从而培养学生对农业推广组织制度的创新思维。

二、理论参考

农业推广组织是为实现特定的农业推广目标执行特定的农业推广职能，并根据一定的规章、程序而进行活动的人群共同体，是农业推广从无序到有序发展的一种状态和过程，是农业推广人员所采取的某种社会活动的方式。作为多元化农业推广组织体系的重要组成部分，教育型农业推广组织主要是指农业高等院校以及农业中等职业学校所设置的农业推广组织。对组织特性的分析主要可以从组织的外部环境、内部环境、内部结构、运作过程、运作表现5个维度进行。

三、思考题

1. 中国农业大学曲周农业推广组织模式的主要构成要素是什么？它们充当着什么角色？
2. 农业大学进行农业推广的优势和不足是什么？
3. 大学如何有效和持续地进行农业推广？

（李争鸣）

附录

“十二五”普通高等教育本科国家级规划教材

《农业推广学》(第4版)主要内容

目前,农业推广课程教学中使用的教材主要是教育部认定的“十二五”(也是“十一五”和“十五”)普通高等教育本科国家级规划教材《农业推广学》,《农业推广学案例》(第3版)是该书的配套教材。为了让读者对“农业推广学”课程内容有一个全面的了解,这里附上“十二五”普通高等教育本科国家级规划教材《农业推广学》(第4版高启杰主编,中国农业大学出版社,2018年)的主要内容。

第一章 导论

第一节 农业推广发展的历史与模式

第二节 现代农业推广的含义与功能

第三节 农业推广学概述

第二章 农业推广对象的行为改变

第一节 行为产生与行为改变理论

第二节 农业推广对象的行为特征

第三节 农业推广对象行为改变

第三章 农业推广沟通

第一节 农业推广沟通的基本概念与分类

第二节 农业推广沟通的构成要素与沟通网络

第三节 农业推广沟通的障碍与策略

第四章 创新的采用与扩散

第一节 创新采用与扩散的基本概念

第二节 创新采用与扩散的过程

第三节 采用率及其决定因素

第五章 农业推广的基本方法

第一节 农业推广方法的类型与特点

第二节 参与式农业推广

第三节 农业推广的程序与方法选用

第六章 农业推广写作与语言运用

第一节 农业推广论文写作

第二节 农业推广科技报告写作

第三节 农业推广应用文写作

第四节 农业推广语言与演讲

第十六章　农业推广工作评价
第一节　农业推广工作评价概述
第二节　农业推广工作评价的指标体系
第三节　农业推广工作评价的步骤与方法
第十七章　农业推广政策与法规
第一节　农业推广政策与法规概述
第二节　国外农业推广立法
第三节　中国农业推广立法
第十八章　农业推广研究方法
第一节　农业推广研究的程序
第二节　农业推广资料收集方法
第三节　农业推广研究的基本方法